完全适合自学和教学辅导

职场求生

中文版

双剑合璧 SketchUp 和 Photoshop

景观效果设计范例基础教程

云杰漫步多媒体科技　编著

精通 软件操作

高手 活学活用

全能 职场选手

U0312545

S+P

专门为零基础渴望自学成才在职场出人头地的你设计的书

机械工业出版社
CHINA MACHINE PRESS

本书采用基础讲解和项目实战相结合的写法，针对景观设计的特点，书中内容由简单到复杂，进行了周密的编排，全书共分为 11 章，除了对 SketchUp 和 Photoshop 软件应用和景观设计方法进行深入的讲解以外，还精选了多个典型的景观设计案例，使读者在实战中真正掌握景观设计的方法和技巧。另外，本书还配备了多媒体资源下载，将范例制作为多媒体视频进行讲解，便于读者学习使用。

　　本书主要针对使用 SketchUp 和 Photoshop 进行景观设计和绘图的广大初级、中级用户，也可作为广大读者快速掌握景观设计的自学实用指导书。

图书在版编目（CIP）数据

双剑合璧：Sketchup 和 PhotoShop 景观效果设计范例基础
教程 / 云杰漫步多媒体科技编著 . -- 北京：机械工业出版社，2015.9
ISBN 978-7-111-51593-7

Ⅰ . ①双… Ⅱ . ①云… Ⅲ . ①景观设计 – 计算机辅助设计 – 图形
软件 – 教材 Ⅳ . ① TU986.2-39

中国版本图书馆 CIP 数据核字（2015）第 222893 号

机械工业出版社（北京市百万庄大街 22 号 邮政编码 100037）
策划编辑：刘志刚　　责任编辑：刘志刚　叶蔷薇
封面设计：张　静　　责任校对：白秀君　　　　　责任印制：李　飞
北京铭成印刷有限公司印刷
2017 年 5 月第 1 版·第 1 次印刷
184mm×260mm·19.75 印张·545 千字
标准书号：ISBN 978-7-111-51593-7
定价：89.00 元

凡购本书，如有缺页、倒页、脱页，由本社发行部调换

电话服务　　　　　　　　　　　　　　　网络服务

服务咨询热线：（010）88361066　　　　机 工 官 网：www.cmpbook.com
读者购书热线：（010）68326294　　　　机 工 官 博：weibo.com/cmp1952
　　　　　　　（010）88379203　　　　教育服务网：www.cmpedu.com
封面无防伪标均为盗版　　　　　　　金 书 网：www.golden-book.com

前　言

SketchUp 是一款面向设计师且注重设计创作过程的软件，其操作简便和即时显现等优点使它灵性十足，给景观设计师提供了一个在灵感和现实间自由转换的空间，让景观设计师在设计过程中享受创作方案的乐趣。SketchUp 的种种优点使其很快风靡全球，很多景观设计师都采用 SketchUp 来进行创作，近年来在国内景观设计行业也开始迅速流行，同时，结合 Photoshop 的后期制作，就能制作出非常好的景观设计效果。使用 SketchUp 和 Photoshop 创作景观效果的优秀作品层出不穷。

为了使读者能够在最短的时间内掌握使用 SketchUp 和 Photoshop 进行景观效果设计的诀窍，笔者根据多年使用 SketchUp 和 Photoshop 进行景观设计的经验，编写了这本景观设计教程。本书采用基础讲解和项目实战相结合的写法，针对景观设计的特点，书中内容由简单到复杂，进行了周密的编排。全书共分为 11 章，前 5 章介绍了景观设计和软件基础，主要包括 SketchUp 景观设计的方法和 Photoshop 后期处理应用的讲解，以及景观小品设计方法，后 6 章讲解了景观设计实战范例，精选了多个典型的景观设计案例，使读者在实战中真正掌握景观设计的方法和技巧。

本书突破了以往 SketchUp 书籍的写作模式，主要针对使用 SketchUp 的广大初级和中级用户，同时本书中还精选了专业论坛的问题解答和建筑效果设计的专业知识，使读者不仅能掌握设计技巧，还可以举一反三应对问题。本书还配备了多媒体教学资源网络下载，案例讲解细节清楚、方便实用，便于读者学习使用。

本书由云杰漫步科技 CAX 设计教研室策划编著，参加编写工作的有张云杰、尚蕾、刁晓永、张云静、郝利剑、周益斌、杨婷、姜兆瑞、贺安、董闯、宋志刚、李海霞、贺秀亭和彭勇等。书中的设计范例，多媒体资料内容均由北京云杰漫步多媒体科技公司设计制作。

由于本书编写时间紧张、编写人员的水平有限，在编写过程中难免有不足之处，在此向广大用户表示歉意，望广大用户不吝赐教，对书中的不足之处给予指正。

编者

目　录

第1章
景观设计概念

 本章导读

环境艺术设计是建立在现代环境科学研究基础上的一门学科。它是时间与空间艺术的综合，设计的对象涉及自然生态环境与人文社会环境的各个领域。

环境是一个极其广泛的概念。它不能孤立地存在，总是相对于某一中心（主体）而言。不同的中心相应有不同的环境范畴，这里所讲的环境中心就是人类本身，所要进行的环境艺术设计就是人类生存空间的综合设计。

涉及艺术门类同时又与环境有关的传统专业是建筑、美术、园林和城市规划。在从农耕时代开始到工业化时代的漫长发展过程中，每一个专业都形成了自己完整的理论体系和设计系统。与其他环境科学专业的配合下，在地球上建成了适合人类生存需要的人工环境。

人类社会所创立的艺术门类有建筑、音乐、美术和文学，它们都要寻找表现自己的时空；手工艺美术行业进入现代工业社会，已发展成为与人类生活息息相关的各种艺术设计门类，如室内设计、工业设计、平面设计和染织服装设计等。所有门类都在突出自己的个性，寻求发展。当它们共同相处于这个越来越狭小的世界时，就不免产生各种碰撞。相容的就显得和谐和优美，不相容的就显得对立和丑陋，因此需要去协调关系，寻找融合的规律。为了创造更加美好的生活，艺术家和设计师们在不断地进行探索，以求形成符合时代要求的全新环境艺术设计概念。

学习要求	学习目标 知识点	认 识	理 解	应 用
	了解景观的概念	√		
	了解景观设计的概念	√		
	了解景观设计的分类	√		
	了解景观设计原则发展趋势	√		
	了解景观设计构成要素	√		
	了解不同景观主要类型与特点	√		

1.1 景观设计概念与分类

环境艺术与环境设计，在概念上具有不同的含义。环境艺术品创作与环境艺术设计，同样在概念上具有不同的含义。这里似乎有点游戏式的咬文嚼字，但是如果不清楚环境艺术与设计之间的关系，就不能确立全新的环境艺术设计概念。

1.1.1　景观的概念

景观是对被围绕人的环境的观察，或者说景观是围绕人的环境。

景观，无论在西方还是在中国都是一个美丽而难以说清的概念。地理学家把景观作为一个科学名词，定义为一种地表景象，或综合自然地理区，或是一种类型单位的通称，如城市景观、森林景观等；艺术家把景观作为表现与再现的对象；建筑师则把景观作为建筑物的配景或背景；生态学家把景观定义为生态系统或生态系统的系统；旅游学家把景观当作资源；而更常见的是景观被城市美化运动者和开发商等同于城市的街景立面、霓虹灯、园林绿化和小品。而一个更文学和宽泛的定义则能用一个画面来展示，能在某一视点上浏览全部的景象，尤其是自然景象。但哪怕是同一景象，对不同的人也会有不同的理解。本文则从景观与人和物的关系及景观的艺术性、科学性、场所性及符号性入手，由表及里，揭示景观是审美的、景观是体验的、景观是科学的、景观是有含义的。景观的视觉美的含义即外在人眼中的景象。

1.1.2　景观设计的概念

景观艺术设计是一门表现时空的艺术。它源于现代物理学的时空概念，按照爱因斯坦的理论，即人们生存的世界是一个四维时空的统一连续体。

在景观艺术设计中，时空的统一连续体是通过客观空间静态实体与动态虚形的存在，和主观上人的时间运动相结合来实现其全部设计意义的。因此，空间限定与时间序列成为景观艺术设计最基本的构成要素。

在景观艺术设计中，只有对空间加以目的性的限定，该设计才具有实际的意义。空间三维坐标体系的三个轴 x、y、z，在设计中具有实在的价值。x、y、z 相交的原点，沿 x 轴运动，其运动轨迹形成线段；线段沿 z 轴垂直运动，产生了面；整面沿 y 轴运动，又产生了体。体由于点、线、面的运动方向和距离的不同，因而呈现出不同的形态，如方形、圆形和自然形等。不同形态的单体与单体并置，形成集合的群体，群体之间的虚空，又形成若干个虚拟的空间形态。

从空间限定的概念出发，景观艺术设计的实际意义，就是研究各类环境中静态实体、动态虚形以及它们之间功能与审美的关系问题。

由空间限定要素构成的建筑表现为存在的物质实体和虚无空间两种形态。前者为限定要素的本体，后者为限定要素之间的虚空。从景观艺术设计的角度出发，建筑界面内外的虚空都具有设计上的意义。显然，从环境的主体——人的角度出发，限定要素之间的“无”，比限定要素本体的“有”，更具有实在的价值。

时间和空间都是运动中物质的存在形式。环境中的一切现象，都是运动中物质的各种不同表现形态。其中，物质的实物形态和相互作用场的形态成为物质存在的两种基本形态。物理场存在于整个空间，如电磁场和引力场等。带电粒子在电磁场中受到电磁力的作用，物体在引力场中受到万有引力的作用。实物之间的相互作用就是依靠有关的场来实现的。场本身具有能量、动量和质量，而且在一定条件下可以和实物相互转化。按照物理场的这种观点，场和实物并没有严格的区别。景观艺术设计中空间的“无”与“有”的关系同样可以理解为场与实物的关系。

“时间序列”作为实物的空间限定要素，使建筑成为一个具有内部空间的物质实体。当建筑以独立的实物形态矗立于环境之中，它同样会产生场的效应，从而在它影响力所能及的范围内形成一个虚拟的外部空间。

空间限定场效应最重要的因素是尺度。空间限定要素的实物形态本身和实物形态之间的尺度是否得当，是衡量景观艺术设计成败的关键。协调空间限定要素中场与实物的尺度关系，成为景观艺术设计师最显功力的课题。

景观艺术设计是一门时空连续的四维表现艺术，主要点在于它的时间和空间艺术具有不可分割性。虽然在客观上，空间限定是基础要素，但如果没有以人的主观时间感受为主导的时间序列要素穿针引线，景观艺术设计就不可能真正存在。景观艺术设计中的空间实体主要是建筑，人在建筑外部和内部空间中的流动，是以人的主观时间的延续来实现。人在这种时间顺序中，不断地感受到建筑空间实体与虚形在造型、色彩、样式、尺度和比例等多方面信息的刺激，从而产生不同的空间体验。人在行动中连续变换视点和角度，这种在时间上的延续移位就给传统的三度空间增添了新的度量，于是时间在这里成为第四度空间，正是人的行动赋予了第四度空间以完全的实在性。在景观艺术设计中，第四度空间与时间序列要素具有同等的意义。

景观艺术设计中常常提到空间序列的概念，所谓空间序列，在客观上表现为建筑外部与内部空间以不同尺度的形态连续排列的形式，而在主观上，这种连续排列的空间形式则是由时间序列来体现。由于空间序列的形成对景观艺术设计的优劣有最直接的影响，因此从人的角度出发，时间序列要素就成为与空间限定要素并驾齐驱的景观艺术设计基础要素。

景观设计正是建立在空间限定与时间序列两大基础要素概念之上的景观艺术设计子系统。

提示：环境设计以原来的自然环境为出发点，以科学与艺术的手段谐调自然、人工和社会三类环境之间的关系，使其达到一种最佳的运行状态。

1.1.3　景观设计的分类

伴随国内房地产业的迅速发展，景观行业进入了前所未有的快速发展期，越来越被人们所认可，并已成为决定楼盘品质的最重要因素。景观设计的风格随着人们不断提升的审美要求，呈现多元化的发展趋势，但值得提出的是，环境景观如同其他事物一样，备受时尚影响，它会随着人们生活方式的改变而变化，景观设计要做的是应该考虑景观环境的可持续性、经济性、实用性及合理性。人来自于自然，同样回归于自然，设计也应尊重自然，因地制宜，充分利用大自然原本的环境和原有特色，达到设计与当地风土人情、文化氛围相融合的境界。

随着国内景观设计的不断成熟，现有的设计风格已不再仅仅是卖楼的概念，而是要切实让人体会某种纯正风格的生活，把设计风格真正融入实际景观中，打造经济、实用且合理的景观环境，让人们在中国就能感受纯粹的异国风情，感受不同风格的景观设计所带来的不同生活感受。

提示：城市美化运动作为一个专用词，出现于1903年，启发者是专栏作家马尔福德·罗宾逊（Mulfoed Robinson），他借乘1893年芝加哥世博会的巨大城市形象冲击，呼吁城市的美化与形象改进，并倡导以此来解决当时美国城市的脏乱差的问题。后来，人们便将在他倡导下的所有城市形象改造活动称为城市美化运动。尽管作为一种城市设计的主流思潮发端于美国，始于1893年美国芝加哥的世博会，但"城市美化运动"形式的来源实际上可以追溯到欧洲15和16世纪文艺复兴的理想城市模式，而更直接的形式语言则来自于16~19世纪的巴洛克城市设计。

1. 国外风格

（1）泛东南亚

1）泰式。该风格形成于东南亚风情度假酒店的基础之上，具有相当高的环境品质。其空间富于变化，植被茂密丰富，水景穿插其中，小品精致生动，廊亭较多且体量较大，具有显著特征，适用于营造精品和中等面积以下的项目。一般元素有多层屋顶和高耸的塔尖，用木雕、金箔、瓷器、彩色玻璃和珍珠等镶嵌装饰，宗教题材的雕塑，植物题材的花器，泰式凉亭以及茂盛的热带植物。它的特点是，由于泰国是北方文化和南方文化接轨碰撞的地区，因此泰式风格既有南方的清秀和典雅，又有北方的雄浑和简朴，既有北方居民喜欢私密的格局，又有江南宅第活泼的艺术风格，豪华的皇家园林风格，瑞象金壁与水榭曲廊相谐成趣，古木奇石同亭台楼阁皆入常景。泰式风格如图 1-1 所示。

图 1-1　泰式风格

2）巴厘岛风情。相对泰式来说，巴厘岛风格更显自然、朴素及轻松随意，适用于南方沿海区域营造精品和中等面积以下的项目。具有相当高的环境品质，空间富于变化、植被茂密丰富，水景穿插其中，小品精致生动，廊亭较多，具有显著热带滨海风情度假特征。一般元素有花园水景、游泳池、瀑布、喷泉，还有大大小小的百合花池、莲花池、气势宏大的无边水池、雕塑花园、种有莲花或百合的水院、或以种植花卉为主的花园和巴厘亭阁，莲花池畔的亭阁、茅草屋顶、木材和热带植物以椰子树为主。它的特点是传统建筑形式与现代观念的空间组织方式。在外部空间组织上，集中表现为杆栏式建筑和院落式建筑的组织方式，利用水院来组织建筑，各个功能的房间以百合花池和莲花池隔开，铺着木地板的走廊如桥一般将它们连接起来。该风格还包含独特而浪漫的建筑元素——巴厘亭。简单的茅草屋顶遮盖着一个方形的木平台，这种形如帐篷的亭是巴厘岛古老的传统建筑。它是全开敞的，非常适合炎热的热带气候，人们聚集在这里聊天、纳凉甚至睡觉。巴厘岛风情如图 1-2 所示。

图 1-2　巴厘岛风情

（2）泛欧

1）北欧。该风格具有北部欧洲凝练庄重的厚实感，色调深沉，气势宏大，植被浓密丰富，适用于长江以北地区以打造欧陆风情为主的大面积项目。一般元素有木屋、明镜的湖水、木栈道、原石散布的广场、宽阔的草坪、茂密的森林、湛蓝的天空和清新的空气等。园林中的山石、水、植物和建筑四大要素，在北欧的园林中以最自然和最纯粹的方式展现于人们的视野中，所以现代北欧园林设计中，多是在保持自然风貌的前提下再做人工雕琢。北欧园林的特点是除了考虑北欧园林发展的历史背景因素外，还考虑了西方的哲学思想、宗教信仰以及神化人物。希腊文明孕育了西方民族的个性，加之北欧特有的气候因素，乐天、充满人性是北欧民族的性格特征。北欧人也在征服自然和改造自然的艰苦生活中寻找快乐的人本心态。其生活理念也延伸到演绎到北欧的园林风格中并逐渐形成了现今北欧园林的特点——"重于自然"。从尊重自然出发的北欧园林即一切空间都自然化，一切环境都生态化，一切尺度都宜人化，一切细节都人性化，一切功能都人性化。北欧风格如图 1-3 所示。

图 1-3　北欧风格

2）法式地中海。该风格具有南部欧洲的滨海风情，与北欧风格相比显得更加精致秀气，色调明快，点状水景多，小品雕塑丰富，宏大精致兼具自然随意，适用于大中型打造欧式风情的中高档项目。法式元素有整形的植物、法式廊柱、雕饰精美的花器、园林家具及雕塑。它的特点是布局上突出轴线的对称，带有恢宏的气势。地中海式元素有开放的草地，精修的乔灌木，地上、墙上和木栏上处处可见的花草藤木组成的立体绿化，手工漆刷白灰泥墙，海蓝色屋瓦与门窗，连续拱廊与拱门以及陶砖等建材。地中海颜色明亮、大胆、丰厚且简单。重现地中海风格就要保持简单的意念，捕捉光线，取材天然。法式地中海风格如图 1-4 所示。

图 1-4　法式地中海风格

3）美式欧陆。该风格建立在欧洲大陆景观风格的基础上，具有简洁明快的特点，与繁复冗长的传统欧洲风格相比，美式欧陆更倾向于实用主义，在保持一定程度欧洲古典神韵的同时，形式上趋于简练随意、现代自然，适用于温带和亚热带区域力图打造欧陆风格的大中型项目。一般元素有景观天桥、空中廊道和屋顶花园。美式园林的特点是布局开敞，现代而且自然，沿袭了英式园林自然别致的风格，展现了乡村的自然景色，让人与自然互动，同时讲究线条、空间和视线的多变，集绿化、休闲于一体的实用乡村风格。美式欧陆风格如图 1-5 所示。

图 1-5　美式欧陆风格

4）西班牙。该风格与其他临地中海欧洲国家一样，具有浅色甚至白色立面外观、宁静的庭院和红色的屋顶，映衬在蓝天白云下显得格外耀眼，但由于西班牙先后受过罗马人、哥特人及阿拉伯人的长期统治，其景观风格是一种欧式与阿拉伯风格的混合体，庄重中透出随意、隆重中透出宁静的多元、神秘和奇异的特征，适用于南方尤其是沿海地区大中型山地别墅项目。西班牙自然庭院中多为自然绿化结合古朴的饰面材料，局部以细腻的水景雕塑作为点睛元素，形成宁静、自然和质朴的人文景观空间。西班牙园林的主要元素有跌级的水景、雕塑群、细长或十字交错的水带、肌理涂料、精致的铁花、陶罐、彩色瓷片铺贴、台地、无边界泳池、阳光草坪、整齐的乔木、溪流和果岭等。西班牙地处地中海的门户，面临大西洋，多山多水，气候温和。由于西班牙园林的历史非常悠久，受到不同时期的文化影响，因此景观风格变化随着历史的改变有所不同，被不同的殖民地占领，他们的审美同时也发生着不同的变化，造就了西班牙景观的多元化发展。西班牙式园林在规划上多采用曲线，布局工整严谨，气氛幽静；西班牙园林分为西班牙皇家园林与西班牙自然庭院两大体系，前者服务于西班牙皇室与贵族，主要突出人气与尊贵，来显耀皇室贵族的地位，结合建筑，通过空间轴线设计，以主景雕塑和水轴为核心元素，结合规则式绿化设计，形成尊贵的皇家园林空间。西班牙风格如图 1-6 所示。

图 1-6　西班牙风格

5）新古典。新古典主义其实是经过改良的古典主义风格，欧洲文化丰富的艺术底蕴，开放、创新的设计思想及其尊贵的姿容，一直以来颇受众人喜爱与追求。新古典风格从简单到繁杂、从整体到局部，精雕细琢，镶花刻金都给人以一丝不苟的形象。一方面保留了材质和色彩的大致风格，仍然可以使人强烈感受传统的历史痕迹与浑厚的文化底蕴，另一方面又摒弃了过于复杂的肌理和装饰，简化了线条。

　　6）古典意大利。在经历古罗马帝国与文艺复兴二次波澜壮阔的洗礼之后，意大利景观以无比华丽壮美的姿态呈现在世人面前，其气势恢宏的建筑、精工细琢的雕塑、华丽无比的细部，洋溢着浓郁的文化艺术气息，是最有代表性且最具显著地位的欧式风格，适用于打造精品欧式风格的大中型项目。一般元素有台地、雕塑、喷泉、台阶水瀑和整型植物。意大利台地园林因为意大利半岛三面濒海而又多山地，所以它的建筑都是因其具体的山坡地势而建的，因此它前面能引出中轴线开辟出一层层台地，分别配以平台、水池、喷泉和雕像等；然后在中轴线两旁栽植一些高耸的植物，如黄杨、杉树等，与周围的自然环境相协调。意大利的山地和丘陵占国土总面积的80%，是个多山多丘陵的国家，台地园正是在特殊的地理条件下，融合意大利卓绝的哲学思想与务实造园理念的伟大艺术精品。世界公园内的台地园由黑白两色大理石建成，形成了极大颜色反差与层次感，并配有雕塑、围柱和花坛等附属建筑，这种巧妙的组合，构成了它独特的建筑风格。古典意大利风格如图 1-7 所示。

图 1-7　古典意大利风格

　　7）英伦风情。通常传统英式园林形成于 17 世纪布郎式园林的基础之上，并不断加以发展变化，其撒满落叶的草地、自然起伏的草坡和高大乔木，有着自然草岸的宁静水面，具有欧式特征的建筑与庭院点缀于其间，洋溢出一种世外桃源般田园生活的欧陆风情，适用于低容积率和最好无地库顶板的低层大中型项目。一般元素有阳光草坪、造型灌木、鲜花、喷泉、英式廊柱、英式雕塑、英式花架、景观小品、皇家林荫道、广场、花坛、蔷薇花篱和独特的景观轴线，规则工整的英式园林，洋溢着经典的英伦风雅。它的特点是英式风格的景观小品，有机结合地块的天然高差进行景区转换和植物高低层次的布局，形成明显浪漫的英伦情调和坡式园林的景观特点。英伦风情大气、浪漫和简洁，是对欧式风格的综合化和简约化，其中丰富的自然，如森林、草原、沼泽、溪流、大湖、草地、灌木和参天大树，构成了广阔景观。英伦风情如图 1-8 所示。

图 1-8　英伦风情

（3）现代派

1）现代简约。该风格是在现代主义的基础上简约化处理，更突出现代主义中少就是多的理论，也称为极简主义。它几何式的直线条构成，以硬景为主，多用树阵点缀其中，形成人们的活动空间，突出交接节点的局部处理，对施工工艺要求高，适用于市政广场、滨河带、商业广场及青年人为主的现代公寓住宅项目。该风格以简单的点、线、面为基本构图元素，以抽象雕塑品、艺术花盆、石块、鹅卵石、木板、竹子和不锈钢为一般的造景元素，取材上更趋于不拘一格。这类景观大胆地利用色彩进行对比，主要通过引用新的装饰材料，加入简单抽象的元素，景观的构图灵活简单，色彩对比强烈，以突出新鲜和时尚的超前感。景观元素主要是现代主义风格，景观中的构造形式简约，材料一般都是经过精心选择的高品质材料。现代简约风格如图 1-9 所示。

图 1-9　现代简约风格

2）现代自然。该风格是现代主义的硬景塑造形式与景观的自然化处理相结合，线条流畅，注重微地形空间和成型软景的配合，材料上多运用自然石材和木头等，适用于无大面积地库顶板地形条件的项目。通过现代的手法组织景观元素，运用硬质景观（如铺装、构筑物和雕塑小品等）结合故事情景，营造视觉焦点，运用自然的草坡和绿化，结合丰富的空间组织，凸显现代园林与自然生态的完美结合。它的特点是，现代主义在平面与单体塑造上达到极致，设计上强调形式的简洁大方；自然主义倡导生态和原始至上的原则，崇尚对环境、人文、历史的尊重和传承。现代自然主义是将现代与自然的完美结合，是对任何一种风格更高的超越。运用现代主义的手法，融入传统历史、文化和地域风情，揉入自然主义的现代地域风情景观设计应该在景观设计上强调形式的简洁、建筑与环境空间的和谐、空间的概念和节奏，景观的艺术性和功能性完美结合，共同书写独具地域风情的现代自然主义新乐章。现代自然风格如图 1-10 所示。

图 1-10　现代自然风格

3）现代亚洲（新亚洲）。该风格是现代主义的硬景塑造形式与亚洲的造园理水相结合，或者是对亚洲传统的园林形式进行现代手法的演绎，在保留其传统神韵的同时结合当地文化元素进行大胆创新，呈现一种新的亚洲风格，多见于日本和东南亚等亚洲地区的新式园林项目，中国地区近年也有所呈现，适用于现代风格定位并趋向于地方性风格化特征的项目。一般元素有 SPA，指温泉、疗养和度假，进一步引申为星级酒店的景观品质。现代亚洲风格把个性化的建筑风格及现代、独特、精致的景观结合起来，走差异化高端路线，也是在国内景观风格的独有全新尝试，在这里可以理解为现代，也就是说，是建立在现代感的基础上。现代亚洲风格如图 1-11 所示。

图 1-11　现代亚洲风格

2. 中式风格

（1）传统中式。典型的中式园林风格特征，设计手法往往是在传统苏州园林或岭南园林设计的基础上因地制宜，进行取舍融合，呈现一种曲折转合中亭台廊榭的巧妙映衬、溪山环绕中山石林荫的趣味渲染的中式园林效果，适用于建筑中式风格定位明显的项目。一般元素有粉墙黛瓦、亭台楼阁、假山、流水、曲径和梅兰竹菊等。它的特点是庭院浑然天成、幽远空灵，以黑白灰为主色调。在造园手法上，中国传统园林讲究"崇尚自然，师法自然"，追求"虽由人做，宛自天开"，在有限的空间范围内利用自然条件，模拟大自然中的美景，把建筑、山水和植物有机地融为一体。此外，在造园上还常用"小中见大"的手法，采用障景、借景、仰视、延长和增加园林起伏等方法，利用大小、高低、曲直和虚实等对比达到扩大空间感的目的。充满象征意味的山水是庭院最重要的组成元素，然后才是建筑风格和花草树木。传统中式风格如图 1-12 所示。

图 1-12　传统中式风格

（2）现代中式。该风格在现代风格建筑规划的基础上，将传统的造景理水用现代手法重新演绎，有适当的硬景满足功能空间的需要，软硬景相结合，适用于建筑中式风格定位趋向或现代风格建筑定位明显的项目。该风格建筑和墙体的颜色为黑、白、灰及淡色系，吸收中国古典园林和现代园林的要素。现代中式风格，被称作新中式风格，是中国传统风格文化在当前时代背景下的演绎，是对中国当代文化充分理解的基础上的当代设计。现代中式风格不是纯粹的元素堆砌，而是通过对传统文化的认识，将现代元素和传统元素结合在一起，以现代人的审美需求来打造富有传统韵味的事物，让传统艺术的脉络传承下去。建筑单体风格吸收了部分古典园林元素的概念，"厅""廊""桥""院""巷"都可以找到原型，但具体呈现的形态却大相径庭。可触摸的构筑物仅仅作为构成空间的界面而存在，建筑的线条、装饰和力度被严格控制，建筑和墙体只存在着白、浅灰和深灰三种色彩区别，以不同的叠加方式构成对深度和节奏的呼应，其余都保持简约、冷静和隐退的状态，只有建筑形象呈现"极少"时，"负形"的空间才得到感知和体验。因此，现代中式风格注重空间结构和景观格局的塑造，强调空间胜于实体的设计理念。现代中式风格如图 1-13 所示。

图 1-13　现代中式风格

提示：工业遗产具有历史价值、社会价值、科技价值、审美启智价值和独特稀缺性价值。

1.2　景观设计的原则与发展趋势

1）在保护的前提下，合理利用开发资源，只有这样才能保证景观设计的可持续发展和连续利用。

2）全面规划和分期实施，强调景观设计的整体优化原则。景观设计是一系列生态系统组成的有机整体，其景观序列是连续而完整的，景观设计系统具有功能上的整体性和连续性。规划时应保证其完整性，将其作为一个整体来考虑，同时根据资金状况和景观的保护需要，分期实施。

3）景观设计的异质性原则。异质性本是系统或系统属性的变异程度，而对空间异质性的研究成为景观设计生态学别具特色的显著特征，它包括空间组成、空间形态和空间相关等内容。异质性同抗干扰能力、恢复能力、系统稳定性和生物多样性有密切关系，景观异质性程度高，则有利于物种共生而不利于稀有物种的生存。景观异质性也可理解为景观要素分布的不确定性。

4）景观设计的尺度性原则。尺度是研究客体或过程的空间维度和时间维度，时空尺度的对应性、协调性和规律性是重要特征之一。生态平衡与尺度性有着密切的联系，景观设计范围越大，自然界在动荡中表现出与尺度有关的协调性越稳定。具体到景点设计，尺度性越发显现出来，如比例协调和均衡，往往使建筑与周围环境相得益彰，《园冶》中所说的"精在体宜"正反映了这一点。

> 提示：乡土景观是当地人为了生活而采取的对自然过程、土地及土地上的空间和格局的适应方式，是当地人当时的生活方式和价值观在大地上的投影。因此，乡土景观是包含土地及土地上的城镇、聚落、民居和寺庙等在内的地域综合体。这种乡土景观反映了人与自然、人与人及人与神之间的关系。乡土景观的这种理解包含几个核心的关键词，它是适应于当地自然和土地的，它是当地人的，它是为了生存和生活的，三者缺一不可。

1.2.1 景观设计的原则

休闲生活可以逃避城市的紧张和喧嚣，是对大自然的回归，故而园林景观的影响和作用十分突出。一般来说，园林景观的安排一定要自然，要么体现出大自然的原始美，要么体现田园风光，避免过分人工雕琢的痕迹。即使是在原生态系统已遭到严重破坏的废弃地方，也应尽量恢复当地原生态系统的面貌或营造与当地大环境条件相适应的田园风光。植物是景观园林的第一要素，应多使用当地的乡土树种，其生长快，能提供最大的生态服务功能，维护成本又低。

1. 主题原则

任何景观设计都应有其主题，包括总主题和各分片、分项主题，它是景观园林规划的控制和导引，起到提纲挈领的作用。但在浮燥的城市住区规划中，主题往往被取消。只有选一个有思想深度的主题，才能做出真正好的景观园林规划。

2. 点—线—面原则

所谓面，是指整个小区或小区中某个相对独立的部分，是从事景观园林建设的空间。但整个小区平面的均质化不能造成良好的视觉效果，就要有一些界限用于分割空间、强调差别、引导或阻隔视线。线和线会有交叉，太长的线易引起视觉模糊也需要间断，就会有点的存在。景观园林需要处理好这三者的关系。如果把握不住，细部做得再多，图纸画得再"好看"，也做不出好景观来。

3. 收放原则

一个好的景观园林规划，应把放开视线和隐蔽景物尽量结合起来。开放式大空间给人的震撼是其他手法无法替代的，只要有足够的空间，都应该给出适当的大空间，如成片的绿地、水面、酒店和公共设施等。隐蔽的含义有两层，一是指把有碍观瞻的东西藏起来，如垃圾站、园艺堆肥场、管线井、过滤池和挡土墙等，这是一种被动的应付。更重要的一层含义是把景观有层次地布局，在最佳时机展现（就像说相声的"解包袱"），这是一种主动的造景。当然还有半隐半现的意思，如山地的休闲别墅，在景观上处理成若隐若现于树林中是很好的选择。

4. 均衡原则

在总体布局中贯彻"尽量尊重自然地形"的原则，这是一种维护和强调差别的作法。但这不等于说不要均衡，即使是在自然地形地貌十分复杂的地段，也要尽量使各部分、各主题和各细部有所响应，避免杂乱。当然，也不是追求绝对化的几何或力学对称，应当给人一种活泼而不是死板的感觉。实现这条原则的难度很大，对规划师素质的要求极高。

5. 节点原则

节点是由线的交叉而产生的，是网络中聚合视线和辐散视线的地方，最先引起人的注意，留下的印象也最深，因此应竭力处理好节点。节点是属于不同层次的，如有的节点是整个小区这个层次的，有的节点则是住宅组团这个层次的，但在相应的层次上，都应注意强调它们，使之在整个面上凸显出来。

1.2.2 景观设计的发展趋势

所谓景观，简而言之，就是具有观赏和审美价值的景物。它是人类世界观、价值观和伦理道德观的反映，是人类情感在大地上的投影。而景观设计是人们实现梦想的途径。在农业时代，人们对自然敬畏和崇拜，不敢有违天地之格局与过程，便用心目中的宇宙模式来设计神圣的景观，以祈天赐福；中世纪的欧洲，神权高于一切，万能的上帝成为人类生活和设计的中心，因此有了以教堂为中心的城市和乡村的布局形式；文艺复兴解放了人性和科学，因为有了以人为中心和推崇理性分析的世界观和方法论，对古希腊和罗马贵族奢侈与肉欲生活的向往，然后有了几何对称和图案化的理想城市模式和随后的巴洛克广场及景观设计，甚至于将自然几何化；工业革命带来了新的设计美学，因此才有了柯布西耶的快速城市模式。近几十年来，人口爆炸，生产力飞速发展，人类整体生活水平和物质能量消耗水平成倍增长，环境问题越来越明显。这些状况使人类认识到其活动对自然环境的破坏已经到了威胁自身发展和后代生存的地步。随着新世纪和新时代的来临，人类一方面在深刻的反省中重新审视自身与自然的关系，重新谋求建立人文生态与自然生态的平衡关系，以图重建已遭破坏的家园；另一方面，新时代的来临使人们更加需要建立一个融社会形态、文化内涵、生活方式且面向未来的、更具人性的、多元综合的理想生存环境空间，这是新时代赋予景观设计师责无旁贷的责任和义务。

1. 景观设计的内涵

景观设计是一个庞大而复杂的综合学科，融合了社会行为学、人类文化学、艺术、建筑学、当代科技、历史学、心理学、地域学、自然和地理等众多学科的理论，并且相互交叉渗透。景观设计是一个古老而又崭新的学科。从广义上来讲，从古至今人类所从事的有意识的环境改造都可称之为景观设计。它是一种具有时间和空间双重性质的创造活动，随着时代的发展而发展。每个时代都赋予它不同的内涵，提出更新、更高的要求，它是一个创造和积累的过程。

景观设计是指在某一区域内创造一个具有形态的、形式因素构成的较为独立的、具有一定社会文化内涵及审美价值的景物。它必须具有两个属性：一是自然属性，它必须作为一个有光、形、色、体的可感因素，有一定的空间形态，较为独立并易从区域形态背景中分离出来；二是社会属性，它必须具有一定的社会文化内涵，有观赏功能和使用功能，能够改善环境，可以通过其内涵，引发人的情感、意趣、联想、移情等心理，即所谓景观效应。如果把景观设计理解为一个对任何有关于人类使用户外空间及土地的问题、提出解决问题的方法以及监管这一解决方法的实施过程，景观设计的宗旨就是为了给人们创造休闲和活动的空间，创造舒适宜人的环境，而景观设计师的职责就是帮助人类，使人、建筑物、社区、城市以及人类的生活方式与地球和谐相处。

2. 生态化设计

近年来，生态化设计一直是人们关心的热点，也是疑惑之点。生态化设计在建筑设计和景观设计领域尚处于起步阶段，对其概念的阐释也各有不同。概括起来，一般包含两个方面：应用生态学原理来指导设计；使设计的结果在对环境友好的同时又满足人类需求。参照西蒙范迪瑞恩（Sim Van der Ryn）和斯图亚特·考恩（Stuart Cown）的定义，任何与生态过程相协调、尽量使其对环境的破坏影响达到最小的设计形式都称为生态设计，这种协调意味着设计尊重物种多样性，减少对资源的剥夺，保持营养和水循环。维持植物生态环境和动物栖息地的质量，有助于改善人居环境及生态系统。笔者认为："生态化设计就是继承和发展传统景观设计的经验，遵循生态学的原理，建设多层次、多结构和多功能的科学植物群落，建立人类、动物和植物相关联的新秩序，使其在对环境破坏最小的前提下，达到生态美、科学美、文化美和艺术美的统一，为人类创造清洁、优美和文明的景观环境。"而目前条件下，景观的"生态化设计"还未成熟，处于过渡期，需要更清晰的概念、扎实的理论基础以及明确的原则与标准，这需要进一步研究和探讨，并进行不断的实践。

生态化设计原则就是应尊重传统文化和乡土知识，吸取当地人的经验。景观设计应根植于所在的地方。由于当地人依赖于其生活环境以获得日常生活和物质的资料和精神寄托，他们关于环境的认识和理解是场所经验的有机衍生和积淀，所以设计应考虑当地人及其传统文化给予的启示。其次，顺应基址的自然条件。场地外的生态要素对基址有直接影响与作用，所以设计不能局限在基址的范围以内；任何景观生态系统都有特定的物质结构与生态特征，呈现空间异质性，在设计时应根据基址特征进行具体的对待；考虑基址的气候、水源、地形地貌、植被以及野生动物等生态要素的特征，尽量避免对它们产生较大的影响，从而维护场所的健康运行。生态化设计如图 1-14 所示。

图 1-14　生态化设计

景观空间主要是指建筑的外部空间，它没有具体的形状和明确的界限，因此具有不确定性。这种不确定性具体表现为空间的模糊性、开放性、透明性和层次性，如图 1-15 所示。

图 1-15　景观空间

13

容积空间：由实体围合而构成的空间形式，也叫作围合空间。

辐射空间：空间中的一个实体对其周围一定范围的空间产生凝聚力所界定的空间领域，具有扩散和外射的特点，人可以感受到它主宰周围空间的辐射力。

立体空间：由数个实体组合而形成一个无边界的空间，从而限定出一个空间范围，也就是在立体空间中，既有实体占领形成的局部空间，又有实体之间的张力相互作用而界定的复合空间。

当前中国人居住景观设计方面还存在着诸多问题，如建筑强调个性与张扬，规划、建筑、景观设计与公众参与四者间缺乏协调与统一，传统建筑景观保护不够等。有关统计显示，未来 10 年内，我国城镇将增加住宅需求 36.68 亿平方米。其中相当一部分是来满足康居需求的改善型消费。这就预示着今后我国的城市化将进入快速发展的历史时期。碧水微波如图 1-16 所示。

图 1-16　碧水微波

随着我国城市化进程的日益加快和国民经济发展水平的不断提高，人居环境的景观设计也越来越受到人们的关注。人居环境的优劣不仅关系到人们的生活质量与健康，而且是体现城市文化的一个重要组成部分。为此，居住区的房地产开发出现了以"景观""环保""文化""休闲""智能"和"绿色健康"等内容为主题的人居景观设计理念。也就是说，住区的开发设计已经开始向更多地关注景观和文化，倡导新生活方式的方面发展。

人居景观设计的发展趋势如下。

1）以人为本的设计理念将进一步深入和细化。21 世纪进入网络时代，一方面使人的社会分工更加细化，合作更为广泛，更能左右环境；另一方面，也使人更为独立，一切东西——水、电、新闻、邮件、广告甚至基于电脑的工作都可以直通家中，人与人之间直接接触与交往变得更加简单和稀少，人与社会和自然环境更为分离。但这同时也使人们意识到面对面交流的重要性，更渴望回归自然，怀念里弄、胡同那种富有人情味的社区生活。例如，上海"新天地"的改造，就是在保留传统石库门里弄建筑空间格局、人文景观的基础上对建筑内部重新改造，对外部环境进行适当的调整，从而唤起了人们对过去生活的回忆。同时这也是充分尊重历史和文化而成功开发的典范。

因此，以人为本中"人"的范畴包括社会的人、历史的人、文化的人、生物的人、不同阶层的人和不同地域的人等。也就是说，景观设计只有在充分尊重自然、历史、文化和地域的基础上，结合不同阶层人的生理和审美需求，才能体现设计以人为本的真正内涵。

2) 强调住区环境景观的共享性。使每套住房都获得良好的景观环境效果，是设计的首要目的。

首先在规划设计时应尽可能地利用现有的自然环境创造人工景观，让人们都能够享受这些优美环境，共享住区的环境资源；其次，加强院落空间的领域性，利用各种环境要素丰富空间的层次，为人们提供认识和交流的场所，从而创造安静、温馨、优美和安全的居家环境。

3) 住区环境景观突出文脉的延续性。崇尚历史和文化是近年来住区环境设计的一大特点，开发商和设计师开始不再机械地割裂居住建筑和环境景观，开始在文化的大背景下进行居住区的规划，通过建筑与环境艺术来表现历史文化的延续性。

住区环境作为城市人口居住的空间，也是住区文化的凝聚地与承载点。因此在住区环境的规划设计中要认识到文化特征对于住区居民健康和培育高尚情操的重要性。而营造住区环境的文化氛围在具体规划设计中应注重住区所在地域自然环境及地方建筑景观的特征，挖掘、提炼和发扬住区地域的历史文化传统，并在规划中予以体现。同时还要注意到住区环境文化构成的丰富性、延续性与多元性，使住区环境具有高层次的文化品位与特色，如北京菊儿胡同和苏州桐芳巷的改造都在建筑符号语言、空间形态和色彩等方面继承了传统民居文化的精髓，受到了人们的高度好评。

4) 环境景观的艺术性向多元化发展。随着设计师们日益成熟，盲目模仿和抄袭现象逐渐趋少；住区环境设计开始关注人们不断提升的审美需求，呈现多元化的发展趋势。同时，环境景观更加关注居民生活的方便、健康与舒适性，不仅为人所赏，还要为人所用，尽可能创造自然、舒适、亲近和宜人的景观空间，实现人与景观的有机融合。例如，亲地空间可以增加居民接触地面的机会，创造适合各类人群活动的室外场地和各种形式的屋顶花园等；亲水空间营造出人们亲水、观水、听水和戏水的场所；硬软景观有机结合，充分利用了车库、台地、坡地和宅前屋后，构造充满活力和自然情调的亲绿空间环境；儿童活动场地和设施的合理安排，可以培养儿童友好、合作和冒险的精神，创造良好的亲子空间。

5) 住区环境设计向可持续的生态方向发展。住区环境质量的高低除艺术性的层面外，还要体现生态的一面。就微观的环境景观设计而言，好的住区环境就是通过环境设计为居民提供良好的日照、通风、阻隔噪音、吸附有害气体的条件，同时对住区地域的自然景观、自然生态及除人之外物种保持尊重与关怀，实现住区地域生物的多样性。例如在住区环境中留出一定比例的"自然空间"，可以有效地调节住区的生态环境，而自然空间的生态功能主要体现在保持水土、固碳制氧、维持大气成分稳定、调节气温、增加空气湿度、改善住区气候、净化空气、吸尘滞尘和消减噪音等方面。因此，对于人居景观生态环境而言，共生与再生原则就要求特别注意和自然环境的结合与协作，善于因地制宜、因势利导，利用一切可以运用的因素，高效地利用地质因素和自然资源，减少人工层次而注意自然环境设计。

> **提示**：节约型城市园林绿地就是"以最少的用地、最少的用水、最少的财政拨款，选择对周围生态环境干扰最少的绿化模式"。从广义上来讲，节约型城市园林绿地就是生态化的城市绿地，也是可持续的绿地。这样的绿地的设计才能成为可持续景观设计或生态设计。

1.3 景观设计构成要素

景观设计构成要素是多项工程配合且相互协调的综合设计，就其复杂性来讲，需要考虑交通、水电、园林、市政和建筑等各个技术领域。各种法则法规都要了解掌握，才能在具体的设计中运用好各种景观设计要素，安排好项目中每一地块的用途，设计出符合土地使用性质、满足客户需要、比较适用的方案。景观设计中一般以建筑为硬件、绿化为软件，以水景为网络、小品为节点，采用各种专业技术手段辅助实施设计方案。从设计方法或设计阶段上来讲，构成要素大概的有以下几个方面。

（1）构思　构思是一个景观设计最重要的部分，也可以说是景观设计的最初阶段。从学科发展方面和国内外景观实践领域来看，景观设计的含义相差甚大。一般的观点都认为景观设计是关于如何合理安排和使用土地，解决土地、人类、城市和土地上一切生命的安全与健康以及可持续发展的问题。它涉及区域、新城镇、邻里和社区规划设计，公园和游憩区规划，交通规划，校园规划设计，景观改造和修复，遗产保护，花园设计，疗养及其他特殊用途区域等很多的领域。同时，从目前国内很多实践活动或学科发展来看，着重于具体的项目本身的环境设计，是狭义上的景观设计。但是这两种观点并不相互冲突。综上所述，无论是关于土地的合理使用，还是一个狭义的景观设计方案，其构思是十分重要的。构思是景观规划设计前的准备工作，是景观设计不可缺少的一个环节。构思首先考虑的是满足其使用功能，充分为地块的使用者创造满意的空间场所，又要考虑不破坏当地的生态环境，尽量减少项目对周围生态环境的干扰，然后采用构图以及下面将要提及的各种手法进行具体的方案设计。

（2）构图　构思是构图的基础，构图始终要围绕着满足构思的所有功能，在这当中要把主要的注意力放在人和自然的关系上。在造园构景中运用多种手段来表现自然，以求得渐入佳境、小中见大和步移景异的理想境界，以取得自然、淡泊、恬静和含蓄的艺术效果。而现代的景观设计思想也在提倡人与人、人与自然的和谐，景观设计师的目标和工作就是帮助人类，使人、建筑、社区、城市以及他们的生活与地球和谐相处。景观设计构图包括两个方面的内容，即平面构图组合和立体造型组合。平面构图主要是将交通道路、绿化面积、小品位置，用平面图示的形式，按比例准确地表现出来。立体造型从整体来讲，是地块上所有实体内容的某个角度的正立面投影；从细部来讲，主要选择景物主体与背景的关系来反映，从以下的设计手法中可以体现出这层意思。景观构图如图 1-17 所示。

图 1-17　景观构图

1）对景与借景。景观设计的构景手段很多，如讲究设计景观的目的、景观的起名、景观的立意、景观的布局、景观中的微观处理等，这里就一些在平时工作中使用很多的景观规划设计方法做一些介绍。景观设计的平面布置中，往往有一定的建筑轴线和道路轴线，在轴线尽端的不同地方，安排一些相对的、可以互相看到的景物，这种从甲点观赏乙点，从乙点观赏甲点的方法（或构景方法），就叫对景。对景往往是平面构图和立体造型的视觉中心，对整个景观设计起着主导作用。对景可以分为直接对景和间接对景。直接对景是视觉最容易发现的景，如道路尽端的亭台和花架等，一目了然；间接对景不一定在道路的轴线或行走的路线上，其布置的位置往往有所隐蔽或偏移，给人以惊异或若隐若现之感。借景也是景观设计的常用手法。通过建筑的空间组合，或建筑本身的设计手法，将远处的景致借用过来。大到皇家园林，小至街头小品，其空间都是有限的。在横向或纵向上要让人扩展视觉和联想，才能以小见大，最重要的办法便是借景。所以古人计成在《园冶》中指出，"园林巧于因借"。借景有远借、邻借、仰借、俯借、应时而借之分。借远方的山，叫远借；借邻近的大树叫邻借；借空中的飞鸟，叫仰借；借池塘中的鱼，叫俯借；借四季的花或其他自然景象，叫应时而借。例如苏州拙政园，可以从多个角度看到几百米以外的北寺塔，这种借景的手法可以丰富景观的空间层次，给人以极目远眺、身心放松的感觉。对景与借景如图 1-18 所示。

图 1-18 对景与借景

2）添景与借景。当一个景观在远方，或自然的山，或人为的建筑，如没有其他景观在中间和近处作过渡，就会显得虚空而没有层次；如果在中间或近处有小品和乔木作为过渡景，景色就显得有层次美，这中间的小品和近处的乔木，便叫作添景。例如当人们站在北京颐和园昆明湖南岸的垂柳下观赏万寿山远景时，万寿山因为有倒挂的柳丝作为装饰而生动起来。"佳则收之，俗则屏之"是我国古代造园的手法之一，在现代景观设计中，也常常采用这样的思路和手法。借景是将好的景致收入景观中，将乱差的地方用树木和墙体遮挡起来。借景是直接采取截断行进路线或逼迫其改变方向的办法，用实体来完成。添景与借景如图 1-19 所示。

图 1-19 添景与借景

3）引导与示意引导。引导采用的材质有水体和铺地等很多元素。例如公园的水体，水流时大时小、时宽时窄，将游人引导到公园的中心。示意的手法包括明示和暗示。明示指采用文字说明的形式，如路标、指示牌等小品暗示可以通过地面铺装、树木的规律布置指引方向和去处，给人以身随景移、"柳暗花明又一村"的感觉。引导与示意引导如图 1-20 所示。

图 1-20　引导与示意引导

4）渗透和延伸。在景观设计中，景区之间并没有十分明显的界限，而是你中有我，我中有你，渐而变之。渗透和延伸使景物融为一体，景观的延伸常引起视觉的扩展。例如用铺地的方法，将墙体的材料使用到地面上，将室内的材料使用到室外，互为延伸，产生连续不断的效果。渗透和延伸经常采用草坪、铺地等部分，起到连接空间的作用，给人在不知不觉中景物已发生变化的感觉。人们在心理感受上不会"戛然而止"，给人良好的空间体验。渗透和延伸如图 1-21 所示。

图 1-21　渗透和延伸

5）尺度与比例。景观设计的主要尺度依据在于人们在建筑外部空间的行为。例如学校教学楼前的广场或开阔空地，尺度不宜太大，也不宜过于局促。太大了，学生或教师使用和停留时会感觉过于空旷，没有氛围；过于局促则会使得人们在其中会觉得过于拥挤，失去一定的私密性。因此，无论是广场、花园或绿地，都应该依据其功能和使用对象确定其尺度和比例。合适的尺度和比例会给人以美的感受，不合适的尺度和比例则会让人感觉不协调。以人的活动为目的，确定尺度和比例才能让人感到舒适、亲切。具体的尺度和比例，许多书籍资料中都有描述，但最好的是从实践中把握和感受。如果不在亲自运用的过程中加以把握，那么无论如何也不能真正掌握合适的比例和尺度。比例有两个度向，一是人与空间的比例，二是物与空间的比例。在其中一个庭院空间中安放点景的山石，应该照顾到人对山石的视觉，把握距离以及空间与山石的体量比值。太小，不足以成为视点；太大，又变成累赘。总之，尺度和比例的控制，单从图画方面去考虑是不够的，综合分析及现场的感觉才是最佳的方法。尺度与比例如图 1-22 所示。

图 1-22　尺度与比例

6）质感与肌理。景观设计的质感与肌理主要体现在植被和铺地方面。不同的材质通过不同的手法可以表现出不同的质感与肌理效果。例如花岗石的坚硬和粗糙，大理石的纹理和细腻，草坪的柔软，树木的挺拔，水体的轻盈。这些不同的材料加以运用，有条理的变化，将使景观富有更深的内涵和趣味。质感与肌理如图 1-23 所示。

图 1-23　质感与肌理

7）节奏与韵律。节奏与韵律是景观设计中常用的手法。在景观的处理上，节奏包括铺地中材料有规律的变化，灯具、树木排列中相同间隔的安排，花坛座椅的均匀分布等。韵律是节奏的深化。例如临水栏杆设计成波浪式，一起一伏很有韵律，整个台地都用弧线来装饰，不同的弧线产生了向心的韵律。节奏与韵律如图 1-24 所示。

图 1-24　节奏与韵律

以上是景观设计中常采用的一些手法，但它们是相互联系且综合运用的，并不能截然分开。只有了解这些方法，加上更多的专业设计实践，才能很好地将这些设计手法熟记于胸，并灵活运用于方案之中。

> 提示：工业遗产廊道（Industrial Heritage Corridor）是遗产廊道（Heritage Corridor）的一种特殊类型，是将工业遗产作为其核心构成资源的线性遗产区域（Heritage Area）或文化景观。它通过构建绿色通道（Greenway）和解说系统的方式，将呈线性分布（主要沿交通运输线路分布）、具有共同历史主题的工业遗产资源以及沿线其他自然和游憩资源串连起来，实现地区工业遗产保护、生态与环境、休闲与教育、社会经济发展等综合目标。

1.4　不同景观主要类别与特点

景观设计的含义比较广泛，按工作范围可分为宏观景观设计和微观景观设计，从功能上可分为公园景观、居住区景观、道路景观、滨水景观、办公景观、科技园景观和校园景观等。

居住区景观设计的分类是按照居住区的居住功能特点和环境景观的组成元素而划分的，不同于狭义的园林绿化，是以景观来塑造人的交往空间形态，突出了场所和景观的设计原则，具有概念明确和简练实用的特点，有助于工程技术人员对居住区环境景观的总体把握和判断。

下面具体讲解不同景观类型设计的原则与特点。

1. 居住区景观

居住区景观的设计包括对基地自然状况的研究和利用、对空间关系的处理和发挥、与居住区整体风格的融合和协调，具体包括道路的布置、水景的组织、路面的铺砌、照明设计、小品的设计、公共设施的处理等，这些方面既有功能意义，又涉及视觉和心理感受。在进行景观设计时，应注意整体性、实用性、艺术性和趣味性的结合。居住景观如图1-25所示。

图1-25 居住景观

1）空间组织立意原则。景观设计必须呼应居住区整体设计风格的主题，硬质景观要同绿化等软质景观相协调。不同居住区设计风格将产生不同的景观配置效果，现代风格的住宅适宜采用现代景观的造园手法，地方风格的住宅则适宜采用具有地方特色和历史语言的造园思路及手法。当然，城市设计和园林设计的一般规律如对景、轴线、节点、路径、视觉走廊、空间的开合等，都是通用的。同时，景观设计要根据空间的开放度和私密性来组织空间。例如，公共空间为居民提供服务，景观设计要追求开阔、大方和闲适的效果；私密性空间为居住在一定区域的住户服务，景观设计则须体现幽静、浪漫和温馨的意旨。

2）体现地方特征原则。景观设计要充分体现地方特征和基地的自然特色。我国幅员辽阔，自然区域和文化地域的特征相去甚远，居住区景观设计要把握这些特征，营造出富有地方特色的环境。例如青岛的"碧水蓝天白墙红瓦"体现了滨海城市的特色，海口的"椰风海韵"则是一派南国风情，重庆的错落有致是山地城市的特点，而苏州的"小桥流水"则是江南水乡的韵致。同时，居住区景观还应充分利用区内的地形和地貌特点，塑造出富有创意和个性的景观空间。

3）使用现代材料的原则。材料的选用是居住区景观设计的重要内容，应尽量使用当地较为常见的材料，体现当地的自然特色。在材料的使用上有以下几种趋势：①非标制成品材料的使用；②复合材料的使用；③特殊材料的使用，如玻璃、荧光漆、PVC材料；④注意发挥材料的特性和本色；⑤重视色彩的表现；⑥DIY材料的使用，如组合的儿童游戏材料等。当然，特定地段的需要和业主的需求也是应该考虑的因素。环境景观的设计还必须注意运行维护的方便。一个好的设计在建成后因维护不方便而逐渐遭到破坏，这种情况也经常出现，因此，设计中要考虑维护的方便易行，才能保证高品质的环境历久弥新。

4）点线面相结合的原则。环境景观中的点，是整个环境设计中的精彩所在，这些点元素由相互交织的道路和河道等线性元素贯穿起来，点线景观元素使得居住区的空间变得有序。在居住区的入口或中心等地区，线与线的交织与碰撞又形成面的概念，面是整个居住区中景观汇集的高潮。点线面结合是居住区景观设计的基本原则。在现代居住区规划中，传统空间的布局手法已很难形成有创意的景观空间，必须将人与景观有机融合，从而构筑全新的空间网络。

2. 工业区景观

在城市发展战略层面的规划中，需要确定各种不同性质的工业用地，如机械、义工和制造工业，将各类工业分别布置在不同的地段，形成各个工业区。工业区中包含有基层工业区，属工业枢纽的组成部分，是由一个或数个较强大的工业联合企业为骨干组成的工业企业群所在地区。工业区大多以企业地域联合为基础，由一群企业或数群企业组成，有共同的市政工程设施和动力供应系统，各企业间有密切的生产技术协作和工艺联系，其范围常在几到十几平方千米。工业企业群或协作制造配套产品，或在共同利用市政工程设施的基础上组成。关于工业区的景观设计一定要注重工业区的定位，不同性质的工业区来选择不同类型的景观设计。因为景观不单具有美化环境的作用，同时可以改善周边环境。例如重工业的定位是以改善周边环境为目的。

由于工业区建筑单一，所以景观也就单一，主要起到辅助工业的作用，并且充分考虑基础设施的作用，能够更好地保证工业的正常生产，不能因为景观影响到工业生产。工业区景观如图 1-26 所示。

图 1-26　工业区景观

3. 商业区景观

商业区的建筑设计肯定是要考虑怎么样才会吸引顾客前来购物、怎么样营造商业气氛，这个是商业建筑的目标与要求，但是景观目的是要改善这样的环境，毕竟商业氛围太浓的地方，人们感觉并不是很舒服。如果能够充分考虑景观设计的本质，充分考虑人们需求（如需要休息的地方，需要绿色的地方养眼，需要新鲜空气），而不是以营造商业氛围为目的，或许更能发挥景观的意义。当然，与建筑相协调，与功能相适应，这个是景观的基本要求。商业区景观设计如图 1-27 所示。

图 1-27　商业区景观

4. 度假区景观

（1）旅游度假区景观规划的生态学原则

1）整体优化原则。把景观作为系统来思考和管理，实现整体最优化利用。生态整体性和景观异质性原理是景观生态学中的核心理论。生态整体性认为景观是由景观要素组成的复杂系统，含有等级结构，具有独立的功能特性和明显的视觉特征。景观要素的时空分布总是不均匀的，这种不均匀构成了景观的异质性。异质性同景观生态系统的抗干扰能力、恢复能力、系统稳定性和生物多样性密切相关。旅游度假区景观规划是对该区生态系统及其内部多个部分、要素进行规划，密切协调宏观和微观之间的关系。因此，在旅游度假区景观规划过程中应遵循两大基本思路，即景观生态整体性的保证和空间异质性结构图式的设计。同时，景观生态系统在结构和功能方面随时间的推移而不断发生变化，而景观的变化具有不可逆性。这就要求景观规划必须走可持续利用的道路，要对旅游设施和游客数量进行严格控制，设计合理的旅游生态容量和景观生态安全格局，对旅游活动进行严格的功能分区等，从整体的高度上强调生态系统的稳定性和自然规律。

2）多样性原则。景观多样性是指景观单元在结构和功能方面的多样性。多种多样的生态系统存在并与异质的立地条件相适应，才能使旅游景观的美学效果达到最高水平；多种多样的生态系统并存，才能构成异质性的景观格局，形成具有不同功能的旅游景观，使其稳定性达到一定水平，保障景观功能的正常发挥。一个理想的旅游景区应是含有各种景观成分所组成的综合体，这样既可增强旅游度假区整体的抵抗力和恢复力，提高旅游度假区生态系统的总体稳定性，又能保证旅游类型的多样性，满足不同游客的需求。因此，旅游度假区景观规划的重点是景观多样性的维持和旅游空间多样化的创造。

3）个性与特殊保护原则。景观具有不同的个体特征，景观规划设计不能简单套用和沿袭旧模式，否则个性的魅力将散失殆尽。旅游度假区内有特殊意义的景观资源，如历史遗迹或对保持旅游地生态系统具决定意义的斑块。

4）综合效益原则。综合考虑景观的生态效益和经济效益。注重生态平衡，结合自然，协调人地关系，体现自然的生趣美、生态和谐美及艺术与环境融合美，这在旅游度假区的人文景观规划设计中尤为重要。将旅游服务设施和景观生产价值的有效利用融于山水之中，使旅游度假区的景观美不被减弱又能产生经济效益。

（2）旅游度假区景观规划的生态学途径 景观生态规划是一个综合性的规划过程，涉及景观生态调查、景观生态分析、景观综合评价与规划的各个方面，具体程序如下。

1）确定旅游度假区景观生态规划的目标和范围。在规划之前必须明确旅游度假区将要被规划的范围和目标。规划的范围是由管理决策部门确定，规划目标依旅游度假区自身特点和原有资源而定。

2）旅游度假区景观生态调查。通过调查和收集旅游度假区的资料与数据，了解规划区域的景观结构、自然过程、生态潜力、社会经济与文化情况，获得对该区域的整体认识，一般分为历史调查、实地考察、社会调查和遥感等类型。

3）旅游度假区景观格局与生态过程分析。按照人类活动对景观的影响程度，景观可分为自然景观、经营景观和人工景观三大类。不同的景观具有明显不同的空间格局，如自然景观具有原始性和多样性特点，经营景观单一且面积大，人工景观表现为人工建筑物完全取代原有的地表形态和自然景观。景观生态过程包括能流、物流和有机体流，它们通过水、风、飞行动物、地面动物和人类五种驱动力的作用，发生扩散、传输和运动，从而导致能量、物质和有机体在景观中的重新集聚与分散，形成不同的土地利用格局。通过前一步骤的景观生态调查，确定旅游度假区的景观格局，对该区域内的生态过程有个初步的了解。

4）旅游度假区景观分类与制图。景观分类和制图是景观生态规划的基础。景观分类是以功能为出发点，根据景观的结构特点，对景观进行类型的划分。通过景观分类，全面反映旅游度假区域内景观的空间差异和内部联系，揭示景观的空间格局和生态功能特征。景观的生态分类包括单元的确定和类型的归并等方面的内容。根据景观生态分类结果，客观而概括地反映景观类型的空间分布特征及其面积比例的关系，即景观生态制图，这是景观生态规划的基础图件。

5）旅游度假区生态适宜性分析。景观生态适宜性分析是景观生态规划的核心，它以景观生态类型为评价单元，根据其所处的资源与环境特征、发展需求与资源利用要求，选择一些有代表性的生态特征，评价景观类型对某一用途的适宜性和限制性，划分旅游度假区景观的生态适宜性等级。

6）旅游度假区的景观功能区划分。每一种景观类型都可能有多种利用方式，在旅游度假区景观生态适宜性评价的基础上，还要考虑目前已有利用方式的适宜性、改变现有利用方式有无可能、在技术上是否可行、景观特性与人类活动的分布等问题，最终确定旅游度假区的景观功能分区。

度假区景观如图 1-28 所示。

图 1-28　度假区景观

综合以上分析，运用景观生态学的相关理论，与旅游度假区的景观规划相结合，探讨旅游度假区的景观生态规划途径，这不但是景观生态学应用研究的一个新方向，也是旅游度假区景观规划值得深入研究的一个方面。二者的结合，对调整或构建新的旅游度假区景观格局，对提高区域整体生态环境、改善区域旅游环境和维持区域景观资源的可持续发展都具有重要的现实意义。

1.5　本章小结

通过学习本章可以了解景观的概念、景观设计原则和景观主要类型，了解景观大概包括四个内容：风景，视觉审美过程的对象；栖居地，人类生活的空间和环境；生态系统，一个具有结构和功能，具有内在和外在联系的有机系统；符号，一种记载人类过去、表达希望与理想，赖以认同和寄托的语言和精神空间。

第2章
SketchUp 景观设计基础

本章导读

SketchUp（草图大师）是一款极受欢迎并且易于使用的 3D 设计软件，它操作简单而又能够极其快速地表现设计构思，官方网站将它比喻为电子设计中的"铅笔"。

"工欲善其事，必先利其器"，在选择使用 SketchUp 软件创作方案之前，必须熟练掌握 SketchUp 的一些基本工具和命令，包括线、多边形、圆形和矩形等基本形体的绘制，通过推拉和缩放等基础命令生成三维体块，灵活使用辅助线绘制精准模型以及模型的尺寸标注等操作。

知识点	学习目标	认 识	理 解	应 用
掌握 SketchUp 界面和视图操作		√		
掌握绘制基本图形的工具				√
掌握尺寸和文字的标注				√
掌握图层和组件的操作方法				√

学习要求

2.1 SketchUp 界面和视图操作

SketchUp 是一款面向设计师且注重设计创作过程的软件，其操作简便和即时显现等优点使它灵性十足，能够给设计师提供一个在灵感和现实间自由转换的空间，让设计师在设计过程中享受创作方案的乐趣。SketchUp 的种种优点使其很快风靡全球，全球很多 AEC（建筑工程）企业和大学几乎都采用 SketchUp 来进行创作，近年来在国内相关行业也开始迅速流行，受惠人员不仅包括建筑和规划设计人员，还包含装潢设计师、户型设计师和机械产品设计师等。

2.1.1 SketchUp 2015 向导界面

安装好 SketchUp 2015 后，双击桌面上的 图标启动软件，首先出现的是【欢迎使用 SketchUp】的向导界面，如图 2-1 所示。

在向导界面中设置了【添加许可证】、【选择模板】、【始终在启动时显示】等功能，用户可以根据需要进行选择使用。

运行 SketchUp，在出现的向导界面中，单击【选择模版】按钮，然后在模板的下拉列表框中单击选择【建筑设计—毫米】，接着单击【开始使用 SketchUp】按钮即可打开 SketchUp 的工作界面，如图 2-2 所示。

图 2-1　向导界面

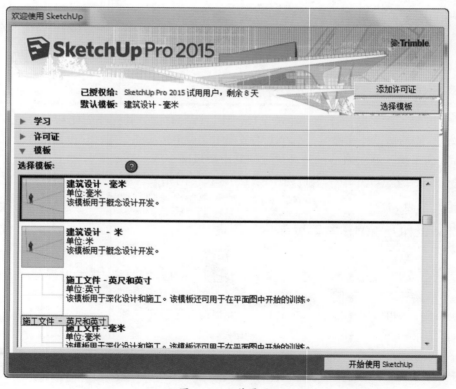

图 2-2　工作界面

SketchUp 2015 的初始界面主要由标题栏、菜单栏、工具栏、绘图区、状态栏、数值控制框和窗口调整柄构成，如图 2-3 所示。

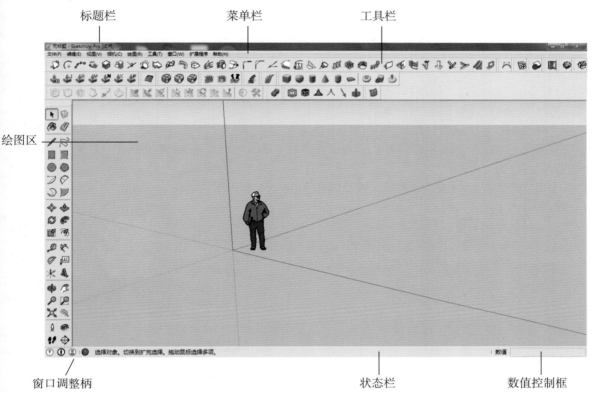

图 2-3　初始界面

提示：打开【帮助】菜单，单击【欢迎使用 SketchUp】命令，就会自动弹出向导界面，重新勾选【始终在启动时显示】复选框即可。

2.1.2　SketchUp 2015 工作界面

1. 标题栏

标题栏位于界面的最顶部，最左端是 SketchUp 的标志，往右依次是当前编辑的文件名称（如果文件还没有命名，这里则显示为【无标题】、软件版本和窗口控制按钮，如图 2-4 所示。

图 2-4　标题栏

2. 菜单栏

菜单栏位于标题栏下面，包含【文件】、【编辑】、【视图】、【相机】、【绘图】、【工具】、【窗口】、【扩展程序】和【帮助】9 个主菜单，如图 2-5 所示。

图 2-5　菜单栏

27

（1）文件 【文件】菜单用于管理场景中的文件，包括【新建】、【打开】、【保存】、【打印】、【导入】和【导出】等常用命令，如图 2-6 所示。

【新建】：快捷键为 <Ctrl+N>，执行该命令后将新建一个 SketchUp 文件，并关闭当前文件。如果用户没有对当前修改的文件进行保存，在关闭时将会得到提示。如果需要同时编辑多个文件，则需要打开另外的 SketchUp 应用窗口。

【打开】：快捷键为 <Ctrl+O>，执行该命令可以打开需要进行编辑的文件。同样，在打开时将提示是否保存当前文件。

【保存】：快捷键为 <Ctrl+S>，该命令用于保存当前编辑的文件。

SketchUp 中也有自动保存设置。执行【窗口】|【系统设置】菜单命令，然后在弹出的【系统设置】对话框中单击【常规】选项，即可设置自动保存的间隔时间，如图 2-7 所示。

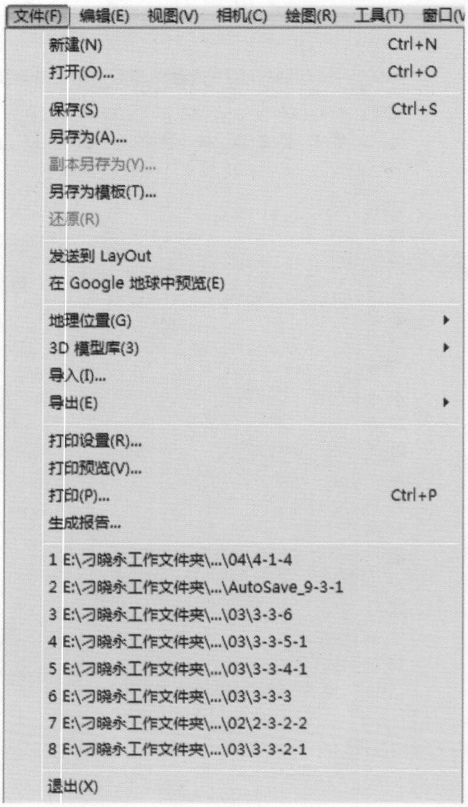

图 2-6 【文件】菜单

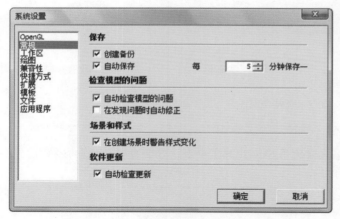

图 2-7 【系统设置】对话框

打开一个 SKP 文件并操作了一段时间后，桌面出现阿拉伯数字命名的 SKP 文件（可能是由于打开的文件未命名，并且没有关闭 SketchUp 的"自动保存"功能所造成的）。用户可以在文件进行保存命名之后再操作；也可以执行【窗口】|【偏好设置】菜单命令，然后在弹出的【系统使用偏好】对话框中单击【常规】选项，接着禁用【自动保存】选项即可。

【另存为】：快捷键为 <Ctrl+Shift+S>，该命令用于将当前编辑的文件另行保存。

【副本另存为】：该命令用于保存过程文件，对当前文件没有影响，如保存重要步骤或构思，非常便捷。此命令只有在对当前文件命名之后才能被激活。

【另存为模板】：该命令用于将当前文件另存为一个 SketchUp 模板。

【还原】：执行该命令后将返回最近一次的保存状态。

【发送到 LayOut】：SketchUp 8.0 专业版本发布了增强的布局 LayOut 3 功能，执行该命令可以将场景模型发送到 LayOut 中进行图纸的布局与标注等操作。

【在 Google 地球中预览】：这两个命令结合使用可以在 Google 地图中预览模型场景。

【3D 模型库】：通过该命令可以从网上的 3D 模型库中下载需要的 3D 模型，也可以将模型上传，如图 2-8 所示。

图 2-8　3D 模型库

【导入】：该命令用于将其他文件插入 SketchUp 中，包括组件、图像、DWG ／ DXF 文件和 3DS 文件等。

将图形导入并作为 SketchUp 的底图时，可以考虑将图形的颜色修改得较鲜明，以便描图时显示得更清晰。

导入 DWG/DXF 文件之前，先在 AutoCAD 里将所有线的标高归零，并最大限度地保证线的完整度和闭合度。

导入的文件按照类型可以分为 4 类。

1）导入组件。将其他 SketchUp 文件作为组件导入当前模型中，用户也可以将文件直接拖动到绘图窗口。

2）导入图像。将一个基于像素的光栅图像作为图形对象放置到模型中，用户也可以直接拖动一个图像文件到绘图窗口。

3）导入材质图像。将一个基于像素的光栅图像作为一种可以应用于任意表面的材质插入模型。

4）导入 DWG ／ DXP 格式的文件。将 DWG ／ DXF 文件导入 SketchUp 模型中，支持的图形元素包括线、圆弧、圆、多段线、面、有厚度的实体、三维面以及关联图块等。导入的实体会转换为 SketchUp 的线段和表面放置到相应的图层，并创建为一个组。导入图像后，可以通过全屏窗口缩放（快捷键为 <Shift+Z>）进行察看。

【导出】：该命令的子菜单中包括 4 个命令，分别为【三维模型】、【二维图形】、【剖面】、【动画】，如图 2-9 所示。

图 2-9　【导出】子菜单

1）【三维模型】：执行该命令可以将模型导出为 DXF、DWG、3DS 和 VRML 格式。

2）【二维图形】：执行该命令可以导出 2D 光栅图像和 2D 矢量图形。基于像素的图形可以导出为 JPEG、PNG、TIFF、BMP、TGA 和 EPIX 格式，这些格式可以准确地显示投影和材质，和在屏幕上看到的效果一样，用户可以根据图像的大小调整像素，以更高的分辨率导出图像，当然更大的图像会需要更多的时间。输出图像的尺寸最好不要超过 5000×3500 像素，否则容易导出失败。矢量图形可以导出为 PDF、EPS、DWG 和 DXF 格式，矢量输出格式可能不支持一定的显示选项，如阴影、透明度和材质。需要注意的是，在导出立面和平面等视图的时候别忘了关闭【透视显示】模式。

3）【剖面】：执行该命令可以精确地以标准矢量格式导出二维剖切面。

4）【动画】：该命令可以将用户创建的动画页面序列导出为视频文件。用户可以用于创建复杂模型的平滑动画，并可刻录 VCD。

【打印设置】：执行该命令可以打开【打印设置】对话框，在该对话框中设置所需的打印设备和纸张的大小。

【打印预览】：使用指定的打印设置后，可以预览将打印在纸上的图像。

【打印】：该命令用于打印当前绘图区的显示内容，快捷键为 <Ctrl+P>。

图 2-10 【编辑】菜单

【退出】：该命令用于关闭当前文档和 SketchUp 应用窗口。

（2）编辑 【编辑】菜单用于对场景中的模型进行编辑操作，包括如图 2-10 所示的命令。

【还原 推/拉】：执行该命令将返回上一步操作，快捷键为 <Ctrl+Z>。注意，只能撤销创建物体和修改物体的操作，不能撤销改变视图的操作。

【重做】：该命令用于取消【还原】命令，快捷键为 <Ctrl+Y>。

【剪切】、【复制】、【粘贴】：利用这 3 个命令可以让选中对象在不同的 SketchUp 程序窗口之间进行移动，快捷键依次为 <Shift+Delete>、<Ctrl+C> 和 <Ctrl+V>。

【原位粘贴】：该命令用于将复制的对象粘贴到原坐标。

【删除】：该命令用于将选中的对象从场景中删除，快捷键为 <Delete>。

【删除参考线】：该命令用于删除场景中所有的辅助线，快捷键为 <Ctrl+Q>。

【全选】：该命令用于选择场景中的所有可选物体，快捷键为 <Ctrl+A>。

【全部不选】：与【全选】命令相反，该命令用于取消对当前所有元素的选择，快捷键为 <Ctrl+T>。

【隐藏】：该命令用于隐藏所选物体，快捷键为 <H>。使用该命令可以帮助用户简化当前视图，或者方便对封闭的物体进行内部的观察和操作。

【取消隐藏】：该命令的子菜单中包含 3 个命令，分别是【选定项】、【最后】和【全部】，如图 2-11 所示。

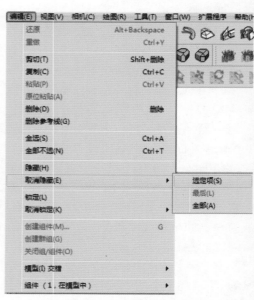

图 2-11 【取消隐藏】子菜单

1）【选定项】：该命令用于显示所选的隐藏物体。隐藏物体的选择可以执行【视图】｜【隐藏物体】菜单命令，如图 2-12 所示。

2）【最后】：该命令用于显示最近一次隐藏的物体。

3）【全部】：执行该命令后，所有显示图层的隐藏对象将被显示。注意，此命令对不显示的图层无效。

【锁定】和【解锁】：【锁定】命令用于锁定当前选择的对象，使其不能被编辑；而【解锁】命令则用于解除对象的锁定状态。在用鼠标右键单击的快捷菜单中也可以找到相应两个命令，如图 2-13 所示。

（3）视图　【视图】菜单包含了模型显示的多个命令，如图 2-14 所示。

图 2-12　隐藏几何图形　　图 2-13　【锁定】和【解锁】命令　　图 2-14　【视图】菜单

【工具栏】：单击该命令弹出的对话框中包含了 SketchUp 中的所有工具，勾选这些复选框，即可在绘图区中显示出相应的工具，如图 2-15 所示。

如果想要显示这些工具图标，只需在【系统设置】对话框的【扩展】参数设置中勾选所有选项，如图 2-16 所示。

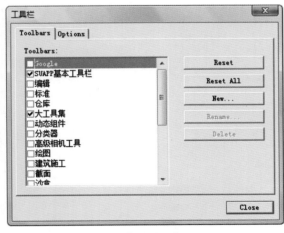
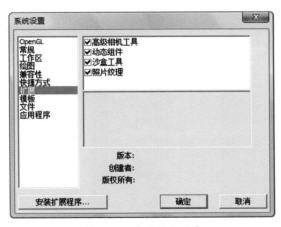

图 2-15　【工具栏】对话框　　　　　　图 2-16　【系统设置】

【场景标签】：该命令用于在绘图窗口的顶部激活页面标签。

【隐藏物体】：该命令可以将隐藏的物体以虚线形式显示。

31

【显示剖切】：该命令用于显示模型的任意剖切面。

【剖面切割】：该命令用于显示模型的剖面。

【坐标轴】：该命令用于显示或者隐藏绘图区的坐标轴。

【参考线】：该命令用于查看建模过程中的辅助线。

【阴影】：该命令用于显示模型在地面的阴影。

【雾化】：该命令用于为场景添加雾化效果。

【边线样式】：该命令包含了 5 个子命令，其中【边线】和【后边线】命令用于显示模型的边线，【轮廓线】、【深粗线】和【扩展】命令用于激活相应的边线渲染模式，如图 2-17 所示。

【显示模式】：该命令包含了 6 种显示模式，分别为【X 光透视模式】、【线框显示】、【消隐】、【着色显示】、【贴图】和【单色显示】，如图 2-18 所示。

【组件编辑】：该命令包含的子命令用于改变编辑组件时的显示方式，如图 2-19 所示。

图 2-17　【边线样式】子菜单

【动画】：该命令同样包含了一些子命令，如图 2-20 所示，通过这些子命令可以添加或删除场景，也可以控制动画的播放和设置。有关动画的具体操作在后面会进行详细的讲解。

（4）相机　【相机】菜单包含了改变模型视角的命令，如图 2-21 所示。

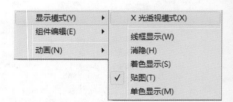

图 2-18　【显示模式】子菜单

【上一个】：该命令用于返回翻看上次使用的视角。

【下一个】：在翻看上一视图之后，单击该命令可以往后翻看下一视图。

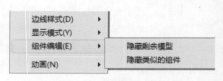

图 2-19　【组件编辑】子菜单

【标准视图】：SketchUp 提供了一些预设的标准角度的视图，包括【顶视图】、【底视图】、【前视图】、【后视图】、【左视图】、【右视图】和【等轴视图】。通过该命令的子菜单可以调整当前视图，如图 2-22 所示。

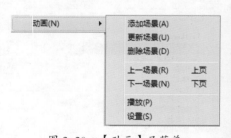

图 2-20　【动画】子菜单

图 2-21　【相机】子菜单

图 2-22　【标准视图】子菜单

【平行投影】：该命令用于调用【平行投影】显示模式。

【透视图】：该命令用于调用【透视显示】模式。

【两点透视图】：该命令用于调用【两点透视】显示模式。

【新建照片匹配】：执行该命令可以导入照片作为材质，对模型进行贴图。

【编辑照片匹配】：该命令用于对匹配的照片进行编辑修改。

【环绕观察】：执行该命令可以对模型进行旋转查看。

【平移】：执行该命令可以对视图进行平移。

【缩放】：执行该命令后，按住鼠标左键在屏幕上进行拖动，可以进行实时缩放。

【视角】：执行该命令后，按住鼠标左键在屏幕上进行拖动，可以使视野变宽或者变窄。

【缩放窗口】：该命令用于放大窗口选定的元素。

【缩放范围】：该命令用于使场景充满视窗。

【背景充满视窗】：该命令用于使背景图片充满绘图窗口。

【定位相机】：该命令可以将相机精确放置到眼睛高度或者置于某个精确的点。

【漫游】：该命令用于调用【漫游】工具。

【观察】：执行该命令可以在相机的位置沿 z 轴旋转显示模型。

（5）绘图　【绘图】菜单包含了绘制图形的几个命令，如图 2-23 所示。

图 2-23　【绘图】菜单

【直线】：通过该命令的子命令（【直线】或【手绘线】）可以绘制直线、相交线或者闭合的图形，如图 2-24 所示。

【圆弧】：通过该命令的子命令（【圆弧】、【两点圆弧】、【3 点圆弧】和【扇形】）可以绘制圆弧图形，圆弧一般由多个相连的曲线片段组成，但是这些图形可以作为一个圆弧整体进行编辑，如图 2-25 所示。

图 2-24　【直线】子菜单 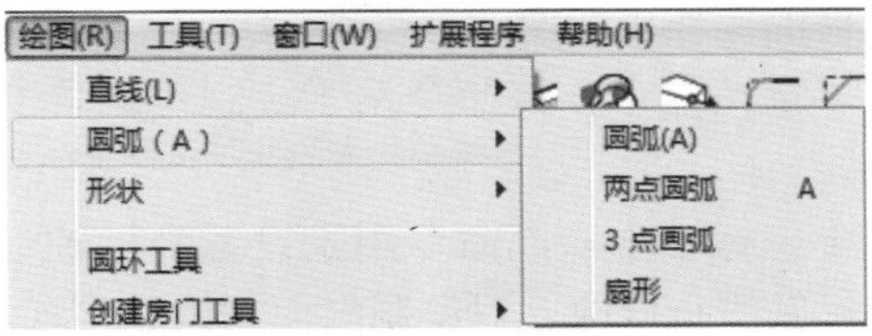　　　　　　　　图 2-25　【圆弧】子菜单

【形状】：通过该命令的子命令（【矩形】、【旋转长方体】、【圆】和【多边形】）可以绘制不规则的、共面相连的曲线，从而创造出多段曲线或者简单的徒手画物体，如图 2-26 所示。

【旋转长方体】：与【矩形】命令不同，执行【旋转长方体】命令可以绘制边线不平行于坐标轴的矩形。

【沙盒】：通过该命令的子命令（【根据等高线创建】和【根据网格创建】）可以创建地形，如图 2-27 所示。

图 2-26　【形状】子菜单

图 2-27　【沙盒】子菜单

（6）工具 【工具】菜单主要包括对物体进行操作的常用命令，如图 2-28 所示。

【选择】：选择特定的实体，以便对实体进行其他命令的操作。

【橡皮擦】：该命令用于删除边线、辅助线和绘图窗口中的其他物体。

【材质】：执行该命令将打开【材质】编辑器，用于为面或组件添加材质。

【移动】：该命令用于移动、拉伸和复制几何体，也可以用来旋转组件。

【旋转】：执行该命令将在一个旋转面里旋转绘图要素、单个或多个物体，也可以选中一部分物体进行拉伸和扭曲。

【缩放】：执行该命令将对选中的实体进行缩放。

【推/拉】：该命令用于雕刻三维图形中的面。根据几何体特性的不同，该命令可以移动、挤压、添加或者删除面。

【路径跟随】：该命令可以使面沿着某一连续的边线路径进行拉伸，在绘制曲面物体时非常方便。

【偏移】：该命令用于偏移复制共面的面或者线，可以在原始面的内部和外部偏移边线，偏移一个面会创造出一个新的面。

【实体外壳】：该命令可以将两个组件合并为一个物体并自动成组。

【实体工具】：该命令下包含了 5 种布尔运算功能，可以对组件进行并集、交集和差集的运算。

【卷尺】：该命令用于绘制辅助测量线，使精确建模的操作更简便。

【量角器】：该命令用于绘制一定角度的辅助量角线。

【坐标轴】：该命令用于设置坐标轴，也可以对坐标轴进行修改，对绘制斜面物体非常有效。

【尺寸】：该命令用于在模型中标示尺寸。

【文字标注】：该命令用于在模型中输入文字。

【三维文字】：该命令用于在模型中放置 3D 文字，可设置文字的大小和挤压厚度。

【剖切面】：该命令用于显示物体的剖切面。

【高级相机工具】：该命令包含创建相机以及对相机的一些设置，如图 2-29 所示。

【互动】：通过该命令设置组件属性，给组件添加多个属性，如多种材质或颜色。运行动态组件时会根据不同的属性进行动态化显示。

【沙盒】：该命令包含了 5 个子命令，分别为【曲面起伏】、【曲面平整】、【曲面投射】、【添加细部】和【对调角线】，如图 2-30 所示。

图 2-28 【工具】菜单

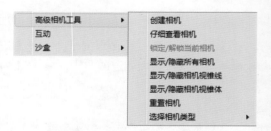

图 2-29 【高级相机工具】子菜单

图 2-30 【沙盒】子菜单

（7）窗口　【窗口】菜单中的命令代表着不同的编辑器和管理器，如图 2-31 所示。通过这些命令可以打开相应的浮动窗口，以便快捷地使用常用编辑器和管理器，而且各个浮动窗口可以相互吸附对齐，单击即可展开，如图 2-32 所示。

【模型信息】：单击该命令将弹出【模型信息】管理器。

【图元信息】：单击该命令将弹出【图元信息】浏览器，用于显示当前选中实体的属性。

【材料】：单击该命令将弹出【材料】编辑器。

【组件】：单击该命令将弹出【组件】编辑器。

【样式】：单击该命令将弹出【风格】编辑器。

【图层】：单击该命令将弹出【图层】管理器。

【大纲】：单击该命令将弹出【大纲】浏览器。

【场景】：单击该命令将弹出【场景】管理器，用于突出当前场景。

【阴影】：单击该命令将弹出【阴影设置】对话框。

【雾化】：单击该命令将弹出【雾化】对话框，用于设置雾化效果。

【照片匹配】：单击该命令将弹出【照片匹配】对话框。

【柔化边线】：单击该命令将弹出【边线柔化】编辑器。

【工具向导】：单击该命令将弹出【指导】对话框。

【系统设置】：单击该命令将弹出【系统属性】对话框，可以通过设置 SketchUp 的应用参数来为整个程序编写各种不同的功能。

【隐藏对话框】：该命令用于隐藏所有对话框。

【Ruby 控制台】：单击该命令将弹出【Ruby 控制台】对话框，用于编写 Ruby 命令。

【组件选项】和【组件属性】：这两个命令用于设置组件的属性，包括组件的名称、大小、位置和材质等。通过设置属性，可以实现动态组件的变化显示。

【照片纹理】：该命令可以直接从 Google 地图上截取照片纹理，并作为材质贴图添加到模型物体的表面。

（8）扩展程序　【扩展程序】菜单如图 2-33 所示，这里包含了用户添加的大部分插件，还有部分插件可能分散在其他菜单中，以后会对常用插件作详细介绍。

（9）帮助　通过【帮助】菜单中的命令可以了解软件各个部分的详细信息和学习教程，如图 2-34 所示。

图 2-31　【窗口】菜单

图 2-32　浮动窗口

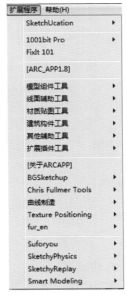

图 2-33　【扩展程序】菜单

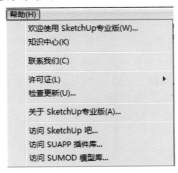

图 2-34　【帮助】菜单

35

执行【帮助】|【关于 SketchUp 专业版】菜单命令将弹出一个信息对话框，在该对话框中可以找到版本号和用途，如图 2-35 所示。

3. 工具栏

工具栏中包含了常用的工具，用户可以自定义这些工具的显示和隐藏状态或显示大小等，如图 2-36 所示。

4. 绘图区

绘图区又称为绘图窗口，占据了界面中最大的区域，在这里可以创建和编辑模型，也可以对视图进行调整。绘图窗口中还可以看到绘图坐标轴，分别用红、黄、绿共 3 色显示。

激活绘图工具时，如果取消鼠标指针处的坐标轴光标，可以执行【窗口】|【系统设置】菜单命令，然后在【系统设置】对话框的【绘图】选项中取消勾选【显示十字准线】复选框，如图 2-37 所示。

图 2-35 【关于 SketchUp】对话框

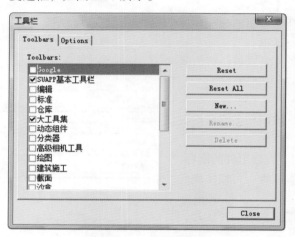

图 2-36 【工具栏】对话框

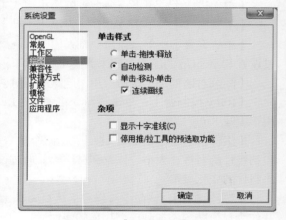

图 2-37 【系统设置】对话框

5. 数值控制框

绘图区的左下方是数值控制框，这里会显示绘图过程中的尺寸信息，也可以接受键盘输入的数值。数值控制框支持所有的绘制工具，其工作特点如下。

1）拖动鼠标指定的数值会在数值控制框中动态显示。如果指定的数值不符合系统属性指定的数值精度，在数值前面会加上"～"符号，这表示该数值不够精确。

2）用户可以在命令完成之前输入数值，也可以在命令完成后输入。输入数值后，按 <Enter> 键确定。

3）当前命令仍然生效的时候（开始新的命令操作之前），可以持续不断地改变输入的数值。

4）一旦退出命令，数值控制框就不会再对该命令起作用。

5）输入数值之前不需要单击数值控制框，可以直接在键盘上输入，数值控制框随时候命。

6. 状态栏

状态栏位于界面底部，用于显示命令提示和状态信息，是对命令的描述和操作提示，这些信息会随着对象的改变而改变。

7. 窗口调整柄

窗口调整柄位于界面的右下角，显示为一个条纹组成的倒三角符号 ，通过拖动窗口调整柄可以调整窗口的大小。当界面最大化显示时，窗口调整柄是隐藏的，此时双击标题栏将界面缩小即可看到。

调整绘图区窗口大小单击绘图区右上角的【向下还原】按钮 ，该按钮会自动切换为【最大化】按钮 ，在这种状态下，可以拖动右下角的窗口调整柄进行调整（界面的边界会呈虚线显示），也可以将鼠标放置在界面的边界处，鼠标会变成双向箭头 ，拖拽箭头即可改变界面大小。

2.1.3 SketchUp 2015 视图操作

1.【视图】工具栏

SketchUp 默认的操作视图提供了一个透视图，其他几种视图需要通过单击【视图】工具栏里相应的图标来完成，如图 2-38 所示。

图 2-38　【视图】工具栏

2.【转动】工具

在工具栏中单击【转动】工具 ，然后把鼠标鼠标指针放在透视图视窗中，按住鼠标左键，并拖动鼠标可以进行视窗内视点的旋转。通过旋转可以观察模型各个角度的情况。

3.【平移】工具

在工具栏中单击【平移】工具 ，就可以在视窗中平行移动观察窗口。

4.【实时缩放】工具

在工具栏中单击【实时缩放】工具 ，然后把鼠标鼠标指针移到透视图视窗中，按住鼠标左键不放，并拖动鼠标可以对视窗中的视角进行缩放。鼠标上移则视角放大，下移则视角缩小，由此可以随时观察模型的细部和全局状态。

5.【充满视窗】工具

在工具栏中单击【充满视窗】工具 ，即可使场景中的模型最大化显示在绘图区中。

6.【上一个】工具

在工具栏中单击【上一个】工具 ，即可看到上一次调整后的视图。

7.【缩放窗口】工具

在工具栏中单击【缩放窗口】工具 ，框选所要选择放大的视图。

2.2　绘制基本图形——创建仿古牌楼

2.2.1　范例展示

通过仿古牌楼的绘制，可以应用到绘图的基本工具，这些基本工具在以后绘制模型中都会应用的到，仿古牌楼的最终效果如图 2-39 所示。

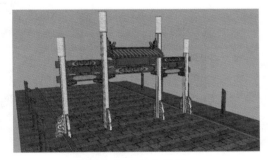

图 2-39　仿古牌楼

2.2.2 知识准备

1.【矩形】工具

执行【矩形】命令主要有以下几种方式：

◀在菜单栏中，选择【绘图】|【形状】|【矩形】菜单命令。

◀在键盘上按 <R> 键。

◀单击大工具集中的【矩形】按钮 ▉。

在绘制矩形时，如果出现了一条虚线，并且带有【正方形】提示，则说明绘制的为正方形；如果出现【黄金分割】的提示，则说明绘制的是带黄金分割的矩形，如图 2-40 所示。

如果想要绘制的矩形不与默认的绘图坐标轴对齐，则可以在绘制矩形前使用【坐标轴】工具 ✸ 重新放置坐标轴。

绘制矩形时，它的尺寸会在数值输入框中动态显示，用户可以在确定第一个角点或者刚绘制完矩形后，通过键盘输入精确的尺寸。除了输入数字外，用户还可以输入相应的单位，如图 2-41 所示。

图 2-40 绘制矩形　　　　　　　　　　图 2-41 数值输入框

提示：没有输入单位时，ShetchUp 会使用当前默认的单位。

2.【旋转长方形】工具

执行【旋转长方形】命令主要有以下几种方式：

◀在菜单栏中，选择【绘图】|【形状】|【旋转长方形】菜单命令。

◀单击大工具集中的【旋转长方形】按钮 ▉。

从三个角绘制矩形，如图 2-42 所示。

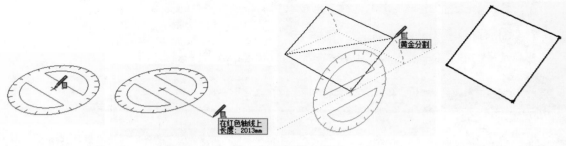

图 2-42 绘制矩形

3.【直线】工具

执行【直线】命令主要有以下几种方式：

◀在菜单栏中，选择【绘图】|【直线】|【直线】菜单命令。

◀在键盘上按 <L> 键。

◀单击大工具集中的【直线】按钮 ✎。

绘制 3 条以上的共面线段并首尾相连就可以创建一个面，在闭合一个表面时，可以看到【端点】

提示。如果是在着色模式下，成功创建一个表面后，
新的面就会显示出来，如图 2-43 所示。

如果在一条线段上拾取一点作为起点绘制直线；
那么这条新绘制的直线会自动将原来的线段从交点
处断开，如图 2-44 所示。

如果要分割一个表面，只需绘制一条端点位于
表面周长上的线段即可，如图 2-45 所示。

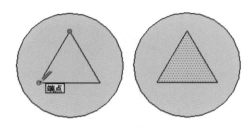

图 2-43　创建表面

图 2-44　拾取点处绘制直线

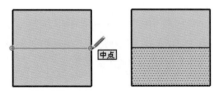

图 2-45　绘制直线分割面

有时候，交叉线不能按照用户的需要进行分割，如分割线没有绘制在表面上。在打开轮廓线
的情况下，所有不是表面周长上的线都会显示为较粗的线。如果出现这样的情况，可以使用【线】
工具 ✐ 在该线上绘制一条新的线来进行分割。SketchUp 会重新分析几何体并整合这条线，如图 2-46
所示。

在 SketchUp 中绘制直线时，除了可以输入长度外，还可以输入线段终点的准确空间坐标，输
入的坐标有两种，一种是绝对坐标，另一种是相对坐标。

绝对坐标：用中括号输入一组数字，表示以当前绘图坐标轴为基准的绝对坐标，格式为【x/y/z】。

相对坐标：用尖括号输入一组数字，表示相对于线段起点的坐标，格式为 <x/y/z>。

利用 SketchUp 强大的几何体参考引擎，用户可以使用【线】工具 ✐ 直接在三维空间中进行
绘制。在绘图窗口中显示的参考点和参考线，表达了要绘制的线段与模型中几何体的精确对齐关系，
如【平行】或【垂直】等；如果要绘制的线段平行于坐标轴，那么线段会以坐标轴的颜色亮显，
并显示【在红色轴线上】、【在绿色轴线上】或【在蓝色轴线上】的提示，如图 2-47 所示。

图 2-46　绘制新直线分割面

图 2-47　绘制直线

有的时候，SketchUp 不能捕捉到需要的对齐参考点，这是因为捕
捉的参考点可能受到了其他几何体干扰，这时可以按住 <Shift> 键来
锁定需要的参考点。例如，将鼠标指针移动到一个表面上，当显示【在
表面上】的提示后按住 <Shift> 键，此时线条会变粗，并锁定在这个
表面所在的平面上，如图 2-48 所示。

在已有面的延伸面上绘制直线的方法是将鼠标指针指向已有的
参考面（注意不必单击），当出现【在平面上】的提示后，按住
<Shift> 键的同时移动鼠标指针到需要绘线的地方并单击，然后松开
<Shift> 键即可绘制直线，如图 2-49 和图 2-50 所示。

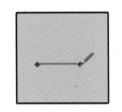

图 2-48　绘制粗直线

图 2-49　在平面上　　　　　　　　　　　　图 2-50　移动鼠标

线段可以等分为若干段。先在线段上用鼠标右键单击，然后在弹出的快捷菜单中执行【拆分】命令，接着移动鼠标，系统将自动参考不同等分段数的等分点（也可以直接输入需要拆分的段数），完成等分后，单击线段查看，可以看到线段被等分成几个小段，如图 2-51 所示。

图 2-51　拆分直线

4.【圆】工具

执行【圆】命令主要有以下几种方式：

◀在菜单栏中，选择【绘图】|【形状】|【圆】菜单命令。

◀在键盘上按 <C> 键。

◀单击大工具集中的【圆】按钮。

如果要将圆绘制在已经存在的表面上，则可以将鼠标指针移动到该面上，SketchUp 会自动将圆进行对齐，如图 2-52 所示。也可以在激活【圆】工具后，移动鼠标指针至某一表面，当出现【在平面上】的提示时，按住 <Shift> 键的同时移动鼠标指针到其他位置绘制圆，那么这个圆会被锁定在与刚才那个表面平行的面上，如图 2-53 所示。

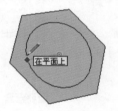

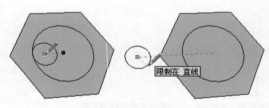

图 2-52　在平面上绘制圆　　　　　　　　　　图 2-53　移动绘制平面

一般完成圆的绘制后便会自动封面，如果将面删除，就会得到圆形边线。对于想要对单独的圆形边线进行封面，则可以使用【直线】工具连接圆上的任意两个端点，如图 2-54 所示。

单击鼠标右键，在弹出的快捷菜单中执行【图元信息】命令，打开【图元信息】对话框，在该对话框中可以修改圆的参数，其中【半径】表示圆的半径、【段】表示圆的边线段数、【长度】表示圆的周长，如图 2-55 所示。

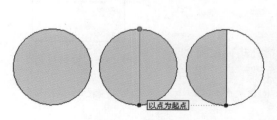

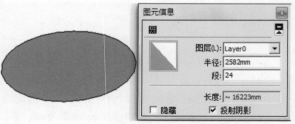

图 2-54　使用直线分割圆面　　　　　　　　　图 2-55　【图元信息】对话框

修改圆或圆弧半径的方法如下：

第一种：在圆的边上单击鼠标右键（注意是边而不是面），然后在弹出的快捷菜单中执行【图元信息】命令，接着调整【半径】参数即可。

第二种：使用【缩放】工具 进行缩放（具体的操作方法在后面会进行详细的讲解）。

修改圆的边数的方法如下。

第一种：激活【圆】工具，并且在还没有确定圆心前，在数值控制框内输入边的数值（如输入 5），然后再确定圆心和半径。

第二种：完成圆的绘制后，在开始下一个命令之前，在数值控制框内输入【边数 S】（如输入 10S）。

第三种：在【图元信息】对话框中修改【段】的数值，方法与上述修改半径的方法相似。

> 提示：使用【圆】工具绘制的圆，实际上是由直线段围合而成的。圆的段数较多时，外观看起来就比较平滑。但是，较多的片段数会使模型变得更大，从而降低系统性能。其实较小的片段数值结合柔化边线和平滑表面也可以取得圆滑的几何体外观。

5.【圆弧】工具

执行【两点圆弧】命令主要有以下几种方式：

◂在菜单栏中，选择【绘图】|【圆弧】|【两点圆弧】菜单命令。

◂在键盘上按 <A> 键。

◂单击大工具集中的【两点圆弧】按钮 。

绘制两点圆弧，调整圆弧的凸出距离时，圆弧会临时捕捉到半圆的参考点，如图 2-56 所示。

在绘制圆弧时，数值控制框首先显示的是圆弧的弦长，然后是圆弧的凸出距离，用户可以输入数值来指定弦长和凸距。圆弧的半径和段数的输入需要专门的格式。

1）指定弦长。单击确定圆弧的起点后，就可以输入一个数值来确定圆弧的弦长。数值控制框显示为【长度】，输入目标长度。也可以输入负值，表示要绘制的圆弧在当前方向的反向位置，如 - 1.0。

2）指定凸出距离。输入弦长以后，数值控制框将显示【距离】，输入要凸出的距离，负值的凸距表示圆弧往反向凸出。如果要指定圆弧的半径，则可以在输入的数值后面加上字母 r（如 2r），然后单击确认（可以在绘制圆弧的过程中或完成绘制后输入）。

3）指定段数。指定圆弧的段数，可以输入一个数字，然后在数字后面加上字母 s（如 8s），接着单击确认（可以在绘制圆弧的过程中或完成绘制后输入）。

使用【圆弧】工具可以绘制连续圆弧线，如果弧线以青色显示，则表示与原弧线相切，出现的提示为【在顶点处相切】，如图 2-57 所示。绘制好这样的异形弧线以后，可以进行推拉，形成特殊形体，如图 2-58 所示。

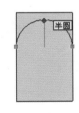

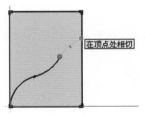

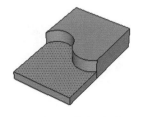

图 2-56　圆弧的半径　　　　　图 2-57　绘制圆弧　　　　　图 2-58　推拉绘图

　　用户可以利用【推/拉】工具推拉带有圆弧边线的表面，推拉的表面成为圆弧曲面系统。虽然曲面系统可以像真的曲面那样显示和操作，但实际上是一系列平面的集合。

　　执行【圆弧】命令主要有以下几种方式：

◂在菜单栏中，选择【绘图】|【圆弧】|【圆弧】菜单命令。

◂单击大工具集中的【圆弧】按钮 ⟍ 。

　　绘制圆弧，确定圆心位置与半径距离，绘制圆弧角度，如图 2-59 所示。

　　执行【3 点圆弧】命令主要有以下几种方式：

◂在菜单栏中，选择【绘图】|【圆弧】|【3 点圆弧】菜单命令。

◂单击大工具集中的【3 点圆弧】按钮 ⟋ 。

　　通过圆周上的 3 个点绘制圆弧，如图 2-60 所示。

　　执行【扇形】命令主要有以下几种方式：

◂在菜单栏中，选择【绘图】|【圆弧】|【扇形】菜单命令。

◂单击大工具集中的【扇形】按钮 ◢ 。

　　绘制扇形，确定圆心的位置与半径，绘制圆弧角度，确定圆弧角度之后所绘制的是封闭的圆弧面，如图 2-61 所示。

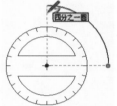  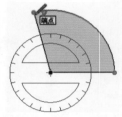

提示：绘制弧线（尤其是连续弧线）的时候常常会找不准方向，可以通过设置辅助面，然后在辅助面上绘制弧线来解决这个问题。

图 2-59　圆弧角度　　图 2-60　绘制 3 点圆弧　　图 2-61　绘制扇形

6.【多边形】工具

　　执行【多边形】命令主要有以下几种方式：

◂在菜单栏中，选择【绘图】|【形状】|【多边形】菜单命令。

◂单击大工具集中的【多边形】按钮 ⬡ 。

　　单击【多边形】工具，在输入框中输入 8，然后单击鼠标左键确定圆心的位置，移动鼠标调整圆的半径，也可以直接输入一个半径，再次单击鼠标左键确定完成绘制。如图 2-62 所示。

7.【手绘线】工具

　　执行【手绘线】命令主要有以下几种方式：

◂在菜单栏中，选择【绘图】|【直线】|【手绘线】菜单命令。

◂单击大工具集中的【手绘线】按钮 ⟋ 。

　　曲线可放置在现有的平面上，或与现有的几何图形相独立（与轴平面对齐）。绘制曲线，则需要选择【手绘线】工具。鼠标指针变为一支带曲线的铅笔，单击并按住鼠标左键放置曲线的起点，拖动鼠标指针开始绘图，如图 2-63 所示。

　　松开鼠标左键停止绘图。如果将曲线终点设在绘制起点处即可绘制闭合形状，如图 2-64 所示。

图 2-62　多边形　　　　图 2-63　【手绘线】工具　　　图 2-64　完成绘制

8. 【推/拉】工具

执行【推/拉】命令主要有以下几种方式：

◀在菜单栏中，选择【工具】|【推/拉】菜单命令。

◀在键盘上按 <P> 键。

◀单击大工具集中的【推/拉】按钮 ◈。

根据推拉对象的不同，SketchUp 会进行相应的几何变换，包括移动、挤压和挖空。【推/拉】工具可以完全配合 SketchUp 的捕捉参考进行使用。使用【推/拉】工具推拉平面时，推拉的距离会在数值控制框中显示。用户可以在推拉的过程中或完成推拉后输入精确的数值进行修改，在进行其他操作之前可以一直更新数值。如果输入的是负值，则表示将往当前方向的反方向推拉。

【推/拉】工具的挤压功能可以用来创建新的几何体，如图 2-65 所示。用户可以使用【推/拉】工具对几乎所有的表面进行挤压（不能挤压曲面）。

【推/拉】工具还可以用来创建内部凹陷或挖空的模型，如图 2-66 所示。

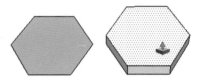
图 2-65　创建新的几何体

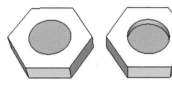
图 2-66　创建模型

使用【推/拉】工具并配合键盘上的按键可以进行一些特殊的操作。配合 <Alt> 键可以强制表面在垂直方向上推拉，否则会挤压出多余的模型，如图 2-67 所示，其中第 3 个图形是按住 <Alt> 键推拉的效果。

配合 <Ctrl> 键可以在推拉的时候生成一个新的面（按下 <Ctrl> 键后，鼠标指针的右上角会多出一个"+"号），如图 2-68 所示。

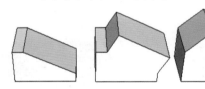
图 2-67　【推/拉】工具的对比

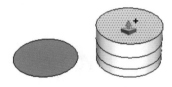
图 2-68　【推/拉】工具不同用法

SketchUp 还没有像 3ds Max 一样带有多重合并然后进行拉伸的命令。但它有一个变通的方法，就是在拉伸第一个平面后，在其他平面上进行双击就可以拉伸同样的高度，如图 2-69~图 2-71 所示。

也可以同时选中所有需要拉伸的面，然后使用【推/拉】工具进行拉伸，如图 2-72 和图 2-73 示。

图 2-69　绘制圆

图 2-70　在其他平面上进行双击

图 2-71　推拉高度相同

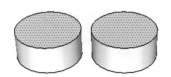
图 2-72　同时选中面

图 2-73　同时向上移动

提示：【推/拉】工具只能作用于表面，因此不能在【线框显示】模式下工作。按住 <Alt> 键的同时进行推拉可以使物体变形，也可以避免挤出不需要的模型。

9. 物体的移动

执行【移动】命令主要有以下几种方式：

◀在菜单栏中，选择【工具】｜【移动】菜单命令。

◀在键盘上按 <M> 键。

◀单击大工具集中的【移动】按钮✥。

使用【移动】工具移动物体的方法非常简单，只需选择需要移动的元素或物体，然后激活【移动】工具，接着移动鼠标即可。在移动物体时，绘图窗口中会出现一条参考线；另外，在数值控制框中会动态显示移动的距离（也可以输入移动数值或者三维坐标值进行精确移动）。

在进行移动操作之前或移动的过程中，可以按住 <Shift> 键来锁定参考。这样可以避免参考捕捉受到别的几何体干扰。

在移动对象的同时按住 <Ctrl> 键就可以复制选择的对象（按住 <Ctrl> 键后，鼠标指针右上角会多出一个【+】号）。

完成一个对象的复制后，如果在数值控制框中输入"2/"，系统会在复制间距内等距离复制 1 份；如果输入"2*"或"2×"，将会以复制的间距再阵列出 1 份，如图 2-74 所示。

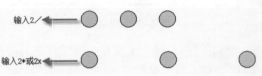

图 2-74 复制

当移动几何体上的一个元素时，SketchUp 会按需要对几何体进行拉伸。用户可以用这个方法移动点、边线和表面，如图 2-75 所示，也可以通过移动线段来拉伸一个物体。

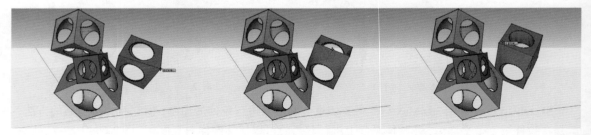

图 2-75 拉伸几何体

使用【移动】工具的同时按住 <Alt> 键可以强制拉伸线或面，生成不规则几何体，也就是 SketchUp 会自动折叠这些表面，如图 2-76 所示。

图 2-76 强制拉伸线和面

在 SketchUp 中可以编辑的点只存在于线段和弧线两端，以及弧线的中点。可以使用【移动】工具进行编辑，在激活此工具前不要选中任何对象，直接捕捉即可，如图 2-77 所示。

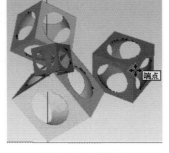

图 2-77　捕捉点

10. 物体的旋转

执行【旋转】命令主要有以下几种方式：

◀在菜单栏中，选择【工具】|【旋转】菜单命令。

◀在键盘上按 <Q> 键。

◀单击大工具集中的【旋转】按钮 ⟳。

利用 SketchUp 的参考提示可以精确定位旋转中心。如果开启了【角度捕捉】功能，将会根据设置好的角度进行旋转，如图 2-78 所示。

使用【旋转】工具并配合 <Ctrl> 键可以在旋转的同时复制物体。例如在完成一个圆柱体的旋转复制后，如果输入 "6*" 或者 "6×" 就可以按照上一次的旋转角度将圆柱体复制 6 个，共存在 7 个圆柱体；假如在完成圆柱体的旋转复制后，输入 "2/"，那么就可以在旋转的角度内再复制 2 份，共存在 3 个圆柱体，如图 2-79 和图 2-80 所示。

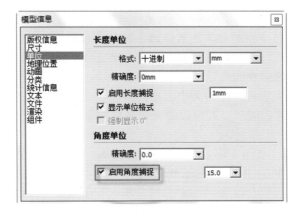

图 2-78　【模型信息】对话框

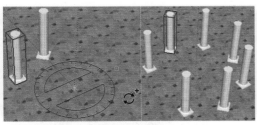

图 2-79　旋转复制

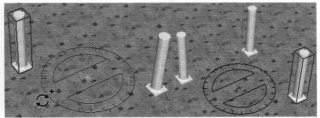

图 2-80　旋转复制

使用【旋转】工具只旋转某个物体的一部分时，可以将该物体进行拉伸或扭曲，如图 2-81 所示。

当物体对象是组或者组件时，如果激活【移动】工具（激活前不要选择任何对象），并将鼠标指针指向组或组件的一个面上，那么该面上会出现 4 个红色的标记点，移动鼠标鼠标指针至一个标记点上，会出现红色的旋转符号，此时就可直接在这个平面上让物体沿自身轴旋转，并且可以通过数值控制框输入需要旋转的角度值，而不需要使用【旋转】工具，如图 2-82 所示。

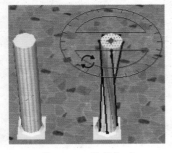

图 2-81　旋转扭曲

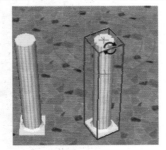

图 2-82　旋转模型

提示：如果旋转会导致一个表面被扭曲或变成非平面时，将激活 SketchUp 的自动折叠功能。

11. 图形的路径跟随

执行【路径跟随】命令主要有以下几种方式：

◢在菜单栏中，选择【工具】|【跟随路径】菜单命令。

◢单击大工具集中的【路径跟随】按钮 .

SketchUp 中的【路径跟随】工具类似于 3ds Max 中的【放样】命令，可以将截面沿已知路径放样，从而创建复杂几何体。

12. 物体的缩放

执行【缩放】命令主要有以下几种方式：

◢在菜单栏中，选择【工具】|【缩放】菜单命令。

◢在键盘上按 <S> 键。

◢单击大工具集中的【缩放】按钮 .

> **提示**：为了使【跟随路径】工具从正确的位置开始放样，在放样开始时，必须单击邻近剖面的路径。否则，【跟随路径】工具会在边线上挤压，而不是从剖面到边线。

使用【缩放】工具可以缩放或拉伸选中的物体，方法是在激活【缩放】工具后，通过移动缩放夹点来调整所选几何体的大小，不同的夹点支持不同的操作。在拉伸的时候，数值控制框会显示缩放比例，用户也可以在完成缩放后输入一个数值，数值的输入方式有 3 种。

（1）输入缩放比例　直接输入不带单位的数字，如 2.5 表示缩放 2.5 倍、– 2.5 表示往夹点操作方向的反方向缩放 2.5 倍。缩放比例不能为 0。

（2）输入尺寸长度　输入一个数值并指定单位，如输入 2m 表示缩放到 2 米。

（3）输入多重缩放比例　一维缩放需要一个数值；二维缩放需要两个数值，用逗号隔开；等比例的三维缩放也只需要一个数值，但非等比的三维缩放却需要 3 个数值，分别用逗号隔开。

上面说过不同的夹点支持不同的操作，这是因为有些夹点用于等比缩放，有些则用于非等比缩放（即一个或多个维度上的尺寸以不同的比例缩放，非等比缩放也可以看作拉伸）。

如图 2-83 所示，显示了所有可能用到的夹点，有些隐藏在几何体后面的夹点在鼠标指针经过时就会显示出来，而且也是可以操作的。当然，用户也可以打开【X光模式】（选择【窗口】|【样式】菜单命令，打开【编辑】选项卡，单击【平面设置】按钮 ，再单击【以 X 射线模式显示】按钮 ），这样就可以看到隐藏的夹点了。

图 2-83　显示夹点

13. 图形的偏移复制

执行【偏移】命令主要有以下几种方式：

◢在菜单栏中，选择【工具】|【偏移】菜单命令。

◢在键盘上按 <F> 键。

◢单击大工具集中的【偏移】按钮 .

线的偏移方法和面的偏移方法大致相同，唯一需要注意的是，选择线的时候必须选择两条以上相连的线，而且所有的线必须处于同一平面上，如图 2-84 所示。

图 2-84　选择偏移线

对于选定的线，通常使用【移动】工具（快捷键为 <M> 键）并配合 <Ctrl> 键进行复制，复制时可以直接输入复制距离。而对于两条以上连续的线段或者单个面，可以使用【偏移】工具 ✍（快捷键为 <F> 键）进行复制。

> **提示**：使用【偏移】工具时，一次只能偏移一个面或者一组共面的线。

14. 模型交错

执行【模型交错】命令方式如下：

◀ 在菜单栏中，选择【编辑】｜【模型交错】菜单命令。

下面举例说明【模型交错】命令的用法。

1）创建两个立方体，如图 2-85 所示。

2）选中圆柱体，单击鼠标右键，然后在弹出的快捷菜单中选择【模型交错】命令，此时就会在立方体与圆柱体相交的地方产生边线，删除不需要的部分，如图 2-86 所示。

SketchUp 中的【模型交错】命令相当于 3ds Max 中的布尔运算功能。布尔是英国的数学家，在 1847 年发明了处理二值之间关系的逻辑数学计算法，包括联合、相交及相减。后来在计算机图形处理操作中引用了这种逻辑运算方法，以使简单的基本图形组合产生新的形体，并由二维布尔运算发展到三维图形的布尔运算。

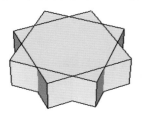 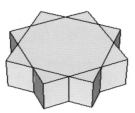

图 2-85　创建立方体　　图 2-86　模型交错

15. 【实体工具】命令

执行【实体工具】命令方式有以下几种：

◀ 在菜单栏中，选择【视图】｜【工具栏】｜【实体工具】菜单命令。

◀ 在菜单栏中，选择【工具】｜【实体工具】菜单命令。

（1）实体外壳　【实体外壳】工具 ▣ 用于对指定的几何体加壳，使其变成一个群组或者组件。下面进行举例说明。

1）激活【实体外壳】工具，然后在绘图区域移动鼠标指针，此时鼠标指针显示为 ⊕，提示用户选择第一个群组或组件，单击选择圆柱体组件，如图 2-87 所示。

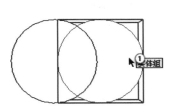

图 2-87　选择模型

2）选择一个组件后，鼠标指针显示为 ⊕，提示用户选择第二个群组或组件，单击选中的立方体组件，如图 2-88 所示。

3）完成选择后，组件会自动合并为一体，相交的边线都被自动删除，从而自成一个组件，如图 2-89 所示。

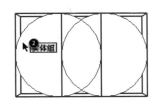

图 2-88　选择另一个模型

（2）相交　【相交】工具 ▣ 用于保留相交的部分，删除不相交的部分。该工具的使用方法同【外壳】工具相似，激活【相交】工具后，鼠标指针会提示选择第一个物体和第二个物体，完成选择后将保留两者相交的部分，如图 2-90 所示。

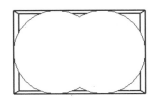

图 2-89　组件合并

图 2-90　使用【相交】工具

（3）联合　【联合】工具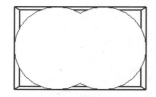用来将两个物体合并，相交的部分将被删除，运算完成后两个物体将成为一个物体。这个工具在效果上与【实体外壳】工具相同，如图 2-91 所示。

（4）减去　使用【减去】工具的时候同样需要选择第一个物体和第二个物体，完成选择后将删除第一个物体，并在第二个物体中减去与第一个物体重合的部分，只保留第二个物体剩余的部分。

激活【减去】工具后，如果先选择左边圆柱体，再选择右边圆柱体，那么保留的就是圆柱体不相交的部分，如图 2-92 所示。

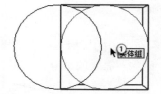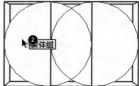

图 2-91　使用【联合】工具　　　　　　图 2-92　使用【减去】工具

（5）剪辑　激活【剪辑】工具，并选择第一个物体和第二个物体后，将在第二个物体中修剪与第一个物体重合的部分，第一个物体保持不变。

激活【剪辑】工具后，如果先选择左边圆柱体，再选择右边圆柱体，那么修剪之后左边圆柱体将保持不变，右边圆柱体被挖除了一部分，如图 2-93 所示。

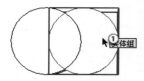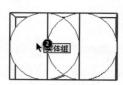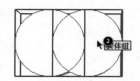

图 2-93　使用【剪辑】工具

（6）拆分　使用【拆分】工具可以将两个物体相交的部分分离成单独的新物体，原来的两个物体被修剪掉相交的部分，只保留不相交的部分，如图 2-94 所示。

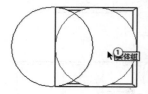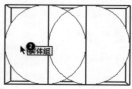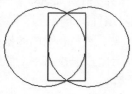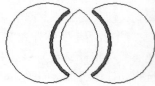

图 2-94　使用【拆分】工具

16.【柔化边线】命令

执行【柔化边线】命令的方式如下：

◀在菜单栏中，选择【窗口】|【柔化边线】菜单命令。

（1）柔化边线　柔化边线有以下 4 种方法。

1）使用【擦除】工具的同时按住 <Ctrl> 键，可以柔化边线而不是删除边线。

2）在边线上单击鼠标右键，然后在弹出的快捷菜单中选择【柔化】命令。

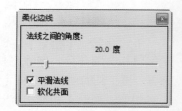

图 2-95　【柔化边线】编辑器

3）选中多条边线，然后在选集上单击鼠标右键，接着在弹出的快捷菜单中选择【柔化／平滑边线】命令，此时将弹出【柔化边线】编辑器，如图 2-95 所示。

【允许角度范围】滑块：拖动该滑块可以调节光滑角度的下限值，超过此值的夹角都将被柔化处理。

【平滑法线】：勾选该复选框可以用来指定对符合允许角度范围的夹角实施光滑和柔化效果。

【柔化共面】：勾选该复选框将自动柔化连接共面表面间的交线。

4）选择【窗口】|【柔化边线】菜单命令也可以进行边线柔化操作，如图 2-96 所示。

（2）取消柔化　取消边线柔化效果的方法同样有 4 种，与柔化边线的 4 种方法相互对应。

1）使用【擦除】工具的同时按住 <Ctrl+Shift> 快捷键，可以取消对边线的柔化。

2）在柔化的边线上单击鼠标右键，然后在弹出的快捷菜单中选择【取消柔化】命令。

3）选中多条柔化的边线，在选集上单击鼠标右键，然后在弹出的快捷菜单中选择【柔化／平滑边线】命令，接着在【柔化边线】编辑器中调整允许的角度范围为 0°。

4）选择【窗口】|【柔化边线】菜单命令，然后在弹出的【柔化边线】编辑器中调整允许的角度范围为 0°。

图 2-96　【柔化边线】命令

提示：例如在一个曲面上，把线隐藏后，面的个数不会减少，但是用优化边线却能使这些面成为一个面。个数减少，便于选择。

17.【照片匹配】命令

执行【照片匹配】命令的方式如下：

◀在菜单栏中，选择【相机】|【新建照片匹配】菜单命令。

SketchUp 的【照片匹配】功能可以根据实景照片计算出相机的位置和视角，然后在模型中创建与照片相似的环境。

关于照片匹配的命令有两个，分别是【新建照片匹配】和【编辑照片匹配】，这两个命令可以在【相机】菜单中找到，如图 2-97 所示。

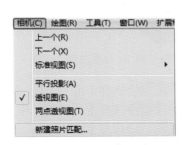

图 2-97　匹配新照片

当视图中不存在照片匹配时，【编辑照片匹配】命令将显示为灰色状态，这时不能使用该命令，当一个照片匹配后，【编辑照片匹配】命令才能被激活。用户在新建照片匹配时，将弹出【照片匹配】对话框，如图 2-98 所示。

【从照片投影纹理】按钮：单击该按钮将会把照片作为贴图覆盖模型的表面材质。

【栅格】选项组：该选项组下包含了 3 种网格，分别为【样式】、【平面】和【间距】。

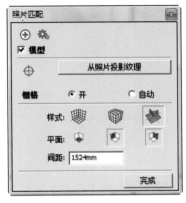

图 2-98　【照片匹配】对话框

2.2.3 范例制作

实例源文件	ywj/02/2-2.skp
视频课堂教程	资源文件→视频课堂→第 2 章→ 2.2

范例操作步骤

Step01 选择【矩形】工具，绘制矩形面，矩形尺寸为长 51885mm、宽 17480mm，并创建为群组，如图 2-99 所示。

Step02 双击进入组内部，选择【直线】工具，绘制直线，如图 2-100 所示。

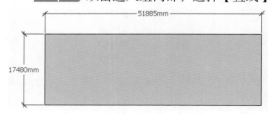

图 2-99　绘制矩形面　　　　　　　　　　　　　　图 2-100　绘制直线

Step03 双击进入组内部，选择【推 / 拉】工具，推拉图形，推拉高度为 200mm，如图 2-101 所示。

Step04 选择【圆】工具，绘制圆，直径为 400mm，如图 2-102 所示。

Step05 选择【推 / 拉】工具，推拉圆形，推拉高度为 70mm，如图 2-103 所示。

Step06 选择【偏移】工具，向内偏移距离为 37mm，如图 2-104 所示。

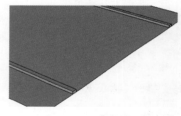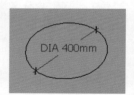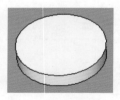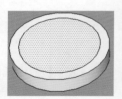

图 2-101　推拉图形　　　　图 2-102　绘制圆　　　　图 2-103　推拉圆形　　　图 2-104　偏移图形

Step07 选择【推 / 拉】工具，推拉图形，推拉高度为 2160mm，如图 2-105 所示。

Step08 选择【直线】工具，绘制柱头侧边，并创建为群组，如图 2-106 所示。

Step09 选择【推 / 拉】工具，推拉柱头图形，厚度为 117mm，如图 2-107 所示。

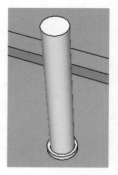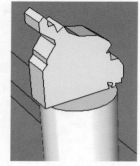

图 2-105　推拉图形　　　　　　图 2-106　绘制柱头侧边　　　　　图 2-107　推拉柱头图形

Step10 选择【移动】工具，按住 <Ctrl> 键，移动并复制柱子，如图 2-108 所示。

Step11 选择【矩形】工具，绘制矩形，矩形尺寸为长 400mm、宽 400mm，如图 2-109 所示。

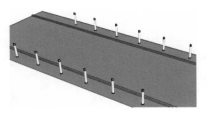

图 2-108　移动并复制柱子

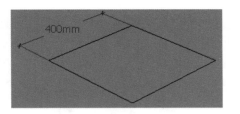

图 2-109　绘制矩形

Step12 选择【圆】工具，绘制圆，半径为 245mm，如图 2-110 所示。

Step13 删除多余线条，并创建为组，如图 2-111 所示。

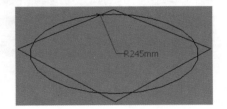

图 2-110　绘制圆形

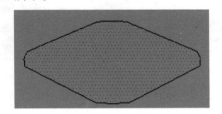

图 2-111　删除线条

Step14 双击进入组内部，选择【推 / 拉】工具，推拉图形，推拉高度为 7530mm，如图 2-112 所示。

Step15 双击进入组内部，选择【推 / 拉】工具，推拉侧边厚度为 10mm，如图 2-113 所示。

Step16 选择【直线】工具和【圆弧】工具，绘制柱子底座侧边轮廓，并创建为群组，如图 2-114 所示。

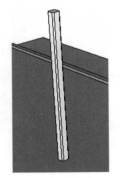

图 2-112　推拉图形

图 2-113　推拉图形

图 2-114　绘制柱子底座侧边轮廓

Step17 选择【推 / 拉】工具，将柱子底座侧边轮廓推拉出一定厚度，如图 2-115 所示。

Step18 选择【移动】工具，配合使用 <Ctrl> 键，移动并复制柱子，如图 2-116 所示。

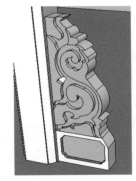

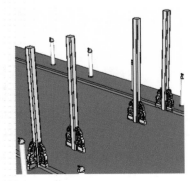

图 2-115　推拉柱子底座侧边轮廓　　图 2-116　移动并复制柱子

Step19 选择【矩形】工具，绘制牌楼上部分木质轮廓位置，如图 2-117 所示。

Step20 分别选择【直线】工具和【圆弧】工具，绘制牌楼上部分轮廓，选择【推 / 拉】工具，推拉到一定厚度，如图 2-118 所示。

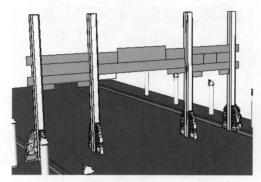 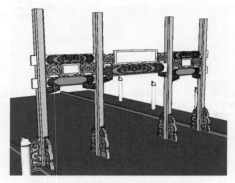

图 2-117　绘制牌楼上部分木质轮廓位置　　　　图 2-118　推拉牌楼上部分图形

Step21 选择【推 / 拉】工具，推拉柱子高度，如图 2-119 所示。

Step22 选择【矩形】工具，绘制矩形，如图 2-120 所示。

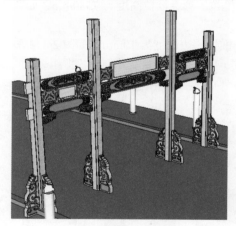 

图 2-119　推拉柱子高度　　　　　　　　　图 2-120　绘制矩形

Step23 选择【直线】工具，绘制直线，如图 2-121 所示。

Step24 选择【路径跟随】工具，绘制顶部，并创建为群组，如图 2-122 所示。

Step25 分别选择【直线】工具和【圆弧】工具，绘制顶部轮廓，如图 2-123 所示。

 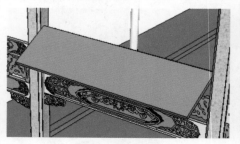 

图 2-121　绘制直线　　　　　图 2-122　绘制顶部　　　　　图 2-123　绘制顶部轮廓

Step26 选择【路径跟随】工具，绘制顶部细节，并创建为群组，如图 2-124 所示。

Step27 用同样方法绘制完成顶部，如图 2-125 所示。

Step28 分别选择【圆】工具和【推 / 拉】工具，绘制圆柱，如图 2-126 所示。

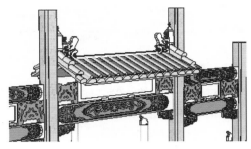

图 2-125　绘制完成顶部

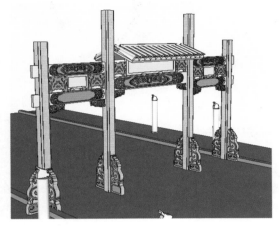

图 2-124　绘制顶部细节

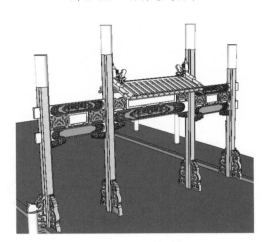

图 2-126　绘制圆柱

Step29 为模型添加材质，完成仿古牌楼的绘制，如图 2-127 所示。

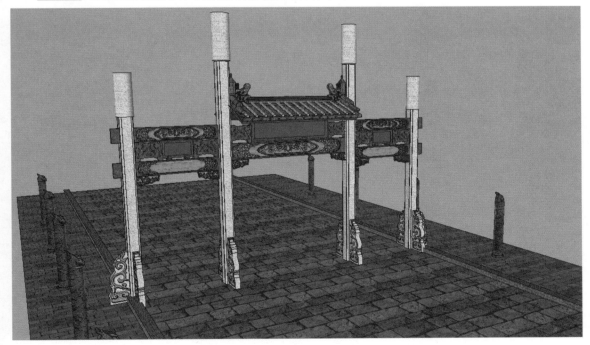

图 2-127　绘制完成仿古牌楼

2.3 标注尺寸和文字——创建月型门洞

2.3.1 范例展示

通过月形门洞的绘制，读者可以了解到尺寸对于模型的精度把握很重要，标注文字可以对模型进行说明，月形门洞的最终效果如图 2-128 所示。

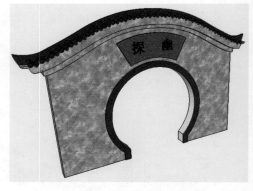

图 2-128　月型门洞

2.3.2 知识准备

1. 模型的测量

（1）测量距离　执行【卷尺】工具命令主要有以下几种方式：

◄在菜单栏中，选择【工具】|【卷尺】菜单命令。

◄在键盘上按 <T> 键。

◄单击大工具集中的【卷尺】按钮 。

1）测量两点间的距离。激活【卷尺】工具，然后拾取一点作为测量的起点，接着拖动鼠标指针会出现一条类似参考线的【测量带】，其颜色会随着平行的坐标轴而变化，并且数值控制框中会实时显示【测量带】的长度，再次单击拾取测量的终点后，测得的距离会显示在数值控制框中。

2）全局缩放。使用【卷尺】工具可以对模型进行全局缩放，这个功能非常实用，用户可以在方案研究阶段先构建粗略模型，当确定方案后需要更精确的模型尺寸时，只要重新制定模型中两点的距离即可。

SketchUp 中可以通过【多边形】工具（快捷键为 <Alt+B>）创建正多边形，但是只能控制多边形的边数和半径，不能直接输入边长，不过有个变通的方法，就是利用【卷尺】工具进行缩放。以一个边长为 1000mm 的六边形为例，首先创建一个任意大小的等边六边形，然后将它创建为群组并进入组件的编辑状态，然后使用【卷尺】工具（快捷键为 <Q> 键）测量一条边的长度，接着通过键盘输入需要的长度 1000mm（注意，一定要先创建为群组，然后进入组内进行编辑，否则会将场景模型都进行缩放）。

（2）测量角度　执行【量角器】命令主要有以下几种方式：

◄在菜单栏中，选择【工具】|【量角器】菜单命令。

◄单击大工具集中的【量角器】按钮 。

1）测量角度。激活【量角器】工具后，视图中会出现一个圆形的量角器，鼠标指针指向的位置就是量角器的中心位置，量角器默认对齐红 / 绿轴平面。

在场景中移动鼠标指针时，量角器会根据旁边的坐标轴和几何体而改变自身的定位方向，用户可以按住 <Shift> 键锁定所在平面。

在测量角度时，将量角器的中心设在角的顶点上，然后将量角器的基线对齐测量角的起始边，接着再拖动鼠标旋转量角器，捕捉要测量角的第二条边，此时鼠标指针处会出现一条绕量角器旋转的辅助线，捕捉到测量角的第二条边后，测量的角度值会显示在数值控制框中，如图 2-129 所示。

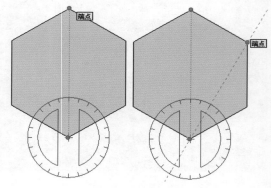

图 2-129　测量角度

2）创建角度辅助线。激活【量角器】工具，然后捕捉辅助线将经过的角的顶点，并单击鼠标左键将量角器放置在该点上，接着在已有的线段或边线上单击，将量角器的基线对齐到已有的线上，此时会出现一条新的辅助线，移动鼠标指针到需要的位置，辅助线和基线之间的角度值会在数值控制框中动态显示，如图 2-130 所示。

角度可以通过数值控制框输入，输入的值可以是角度（如 15°），也可以是斜率（角的正切，如 1:6）；输入负值表示将往当前鼠标指针指定方向的反方向旋转；在进行其他操作之前可以持续输入修改。

3）锁定旋转的量角器。按住 <Shift> 键可以将量角器锁定在当前的平面定位上。

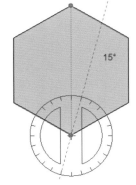

图 2-130　创建辅助线

> 提示：【卷尺】工具没有平面限制，该工具可以测出模型中任意两点的准确距离。尺寸的更改可以根据不同图形要求进行设置。当调整模型长度的时候，尺寸标注也会随之更改。

2. 辅助线的绘制与管理

使用【卷尺】工具绘制辅助线的方法如下。激活【卷尺】工具，然后在线段上单击拾取一点作为参考点，此时在鼠标指针处会出现一条辅助线随着鼠标指针处移动，同时会显示辅助线与参考点之间的距离，接着确定辅助线的位置后，单击鼠标左键即可绘制一条辅助线，如图 2-131 所示。

（1）管理辅助线　眼花缭乱的辅助线有时候会影响视线，从而产生负面影响，此时可以通过选择【编辑】|【删除向导器】菜单命令、【编辑】|【还原向导】菜单命令或者【编辑】|【删除向导器】菜单命令来删除所有的辅助线，如图 2-132 所示。

在【图元信息】对话框中可以查看辅助线的相关信息，并且可以修改辅助线所在的图层，如图 2-133 所示。

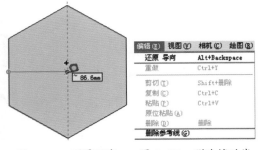

图 2-131　测量距离　　图 2-132　删除辅助线　　图 2-133　【图元信息】对话框

辅助线的颜色可以通过【样式】对话框进行设置，在【样式】对话框中切换至【编辑】选项卡，然后对【参考线】选项后面的颜色色块进行调整，如图 2-134 所示。

图 2-134　【样式】对话框

（2）导出辅助线　在 SketchUp 中可以将辅助线导出到 AutoCAD，以便为进一步精确绘制立面图提供帮助。导出辅助线的方法如下。

选择【文件】|【导出】|【三维模型】菜单命令，然后在弹出的【输出模型】对话框中设置【文件类型】为 AutoCAD DWG File（*. dwg），接着单击【选项】按钮，并在弹出的【DAE 导出选项】对话框中勾选【构造几何体】复选框，最后依次单击【确定】按钮和【导出】按钮将辅助线导出，如图 2-135 所示。为了能更清晰地显示和管理辅助线，可以将辅助线单独放在一个图层上再进行导出。

图 2-135　导出模型

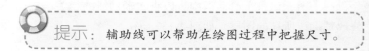
提示：辅助线可以帮助在绘图过程中把握尺寸。

3. 标注尺寸

执行【尺寸】命令主要有以下几种方式：

◀ 在菜单栏中，选择【工具】|【尺寸】菜单命令。

◀ 单击大工具集中的【尺寸】按钮 ✎。

（1）标注线段　激活【尺寸】工具 ✎，然后依次单击线段两个端点，接着将鼠标指针拖动一定的距离，再次单击鼠标左键确定标注的位置，如图 2-136 所示。

用户也可以直接单击需要标注的线段进行标注，选中的线段会呈高亮显示，单击线段后拖动一定的标注距离即可，如图 2-137 所示。

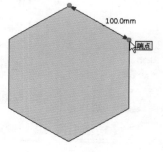

图 2-136　尺寸标注

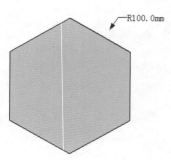

图 2-137　尺寸标注

（2）标注直径　激活【尺寸标注】工具，然后单击要标注的圆，接着将鼠标指针拖动标注距离，再次单击鼠标左键确定标注的位置，如图 2-138 所示。

（3）标注半径　激活【尺寸标注】工具，然后单击要标注的圆弧，接着拖动鼠标指针确定标注的距离，如图 2-139 所示。

（4）互换直径标注和半径标注　用鼠标右键单击半径标注，在弹出的快捷菜单中选择【类型】|【直径】命令可以将半径标注转换为直径标注，同样，选择【类型】|【半径】命令可以将直径标注转换为半径标注，如图 2-140 所示。

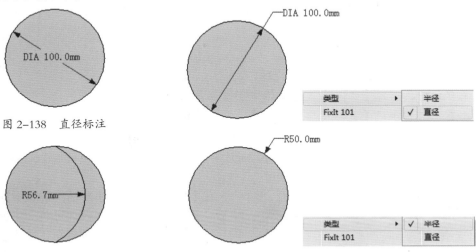

图 2-138　直径标注

图 2-139　半径标注

图 2-140　标注转换

SketchUp 中提供了许多种标注的样式以供使用者选择，修改标注样式的步骤：选择【窗口】|【模型信息】菜单命令，然后在弹出的【模型信息】对话框中单击【尺寸】选项，接着在【引线】选项组的【终点】下拉列表框中选择【斜线】或者其他方式，如图 2-141 所示。

4. 标注文字

执行【文字】命令主要有以下几种方式：

◀在菜单栏中，选择【工具】|【文字】菜单命令。

◀单击大工具集中的【文字】按钮 。

在插入引线文字的时候，先激活【文本】工具，然后在实体（表面、边线、顶点、组件和群组等）上单击，指定引线指向的位置，接着拖动出引线的长度，并单击确定文本框的位置，最后在文本框中输入注释文字，如图 2-142 所示。

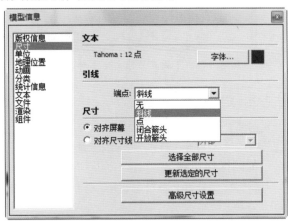

图 2-141　【模型信息】对话框

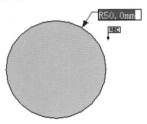

图 2-142　文本标注

输入注释文字后，按两次 <Enter> 键或者单击文本框的外侧就可以完成输入，按 <Esc> 键可以取消操作。

文字也可以不需要引线而直接放置在实体上，只需在需要插入文字的实体上双击即可，引线将被自动隐藏。

插入屏幕文字的时候，先激活【文字标注】工具，然后在屏幕的空白处单击，接着在弹出的文本框中输入注释文字，最后按两次 <Enter> 键或者单击文本框的外侧完成输入。

屏幕文字在屏幕上的位置是固定的，受视图改变的影响。另外，在已经编辑好的文字上双击鼠标左键即可重新编辑文字，可以用鼠标右键单击文字，在弹出的快捷菜单中选择【编辑文字】命令。

5. 三维文字

执行【三维文字】命令主要有以下几种方式：

◀ 在菜单栏中，选择【工具】｜【三维文字】菜单命令。

◀ 单击大工具集中的【三维文字】按钮 。

激活【三维文字】工具会弹出【放置三维文字】对话框，该对话框中的【高度】表示文字的大小、【已延伸】表示文字的厚度，如果取消勾选【填充】复选框，则组成的文字将只有轮廓线，如图 2-143 所示。

在【放置三维文字】对话框的文本框中输入文字后，单击【放置】按钮，即可将文字拖放至合适的位置，生成的文字自动成群组，使用【缩放】工具 可以对文字进行缩放，如图 2-144 所示。

图 2-143 【放置三维文字】对话框

图 2-144 放置三维文字

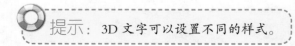
提示：3D 文字可以设置不同的样式。

2.3.3 范例制作

实例源文件	ywj/02/2-3.skp
视频课堂教程	资源文件→视频课堂→第 2 章→2.3

范例操作步骤

Step01 选择【矩形】工具，绘制矩形面，矩形尺寸为长 4600mm、宽 6700mm，并创建为群组，如图 2-145 所示。

Step02 分别选择【直线】工具和【圆弧】工具，绘制轮廓，如图 2-146 所示。

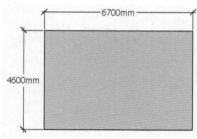

图 2-145 绘制矩形面

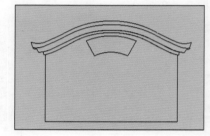

图 2-146 绘制轮廓

Step03 删除多余线条，如图 2-147 所示。

Step04 选择【推/拉】工具，推拉厚度，如图 2-148 所示。

Step05 分别选择【圆】工具和【推/拉】工具，绘制门洞顶部，如图 2-149 所示。

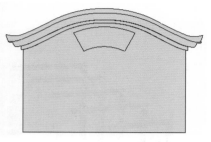

图 2-147　删除多余线条

图 2-148　推拉厚度

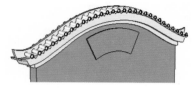

图 2-149　绘制门洞顶部

Step06 选择【卷尺】工具，绘制辅助线，如图 2-150 所示。

Step07 分别选择【直线】工具和【圆】工具，绘制门洞轮廓，如图 2-151 所示。

Step08 选择【推/拉】工具，推拉出门洞，如图 2-152 所示。

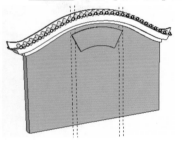

图 2-150　绘制辅助线

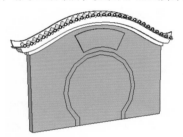

图 2-151　绘制门洞轮廓

图 2-152　推拉出门洞

Step09 选择【三维文字】工具，打开【放置三维文字】对话框，输入【探幽】，如图 2-153 所示。

Step10 放置文字到合适位置，设置模型材质，绘制完成月型门洞，如图 2-154 所示。

图 2-153　输入文字

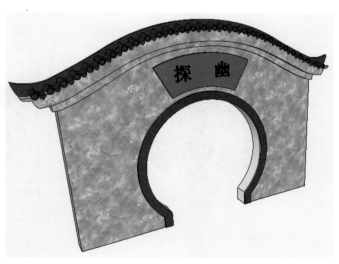

图 2-154　绘制月型门洞

2.4 图层和组件操作——绘制廊架

2.4.1 范例展示

通过廊架的绘制，读者可以应用到群组与组件使用方法，廊架的最终效果如图 2-155 所示。

2.4.2 知识准备

1. 图层的运用及管理

选择【窗口】|【图层】菜单命令可以打开【图层】
管理器，在【图层】管理器中可以查看和编辑模型中
的图层，它显示了模型中所有的图层和图层的颜色，
并指出图层是否可见，如图 2-156 所示。

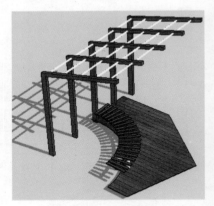

图 2-155　廊架

图 2-156　【图层】管理器

提示：【图层】管理器中合并图层就
是当删除图层时，在弹出的【删除包含图元
的图层】对话框中选择将内容移至默认图层。

2. 创建群组

执行【创建群组】命令主要有以下几种方式：

◀在菜单栏中，选择【编辑】|【创建组】菜单命令。

◀在快捷菜单中选择【创建群组】命令。

选中要创建为组的物体，选择【编辑】|【创建组】菜单命令。组创建完成后，外侧会出现
高亮显示的边界框，创建群组前后的效果如图 2-157 和图 2-158 所示。

图 2-157　创建群组前

图 2-158　创建群组后

组的优势有以下 5 点。

1）快速选择，选中一个组就选中了组内的所有元素。

2）几何体隔离，组内的物体和组外的物体相互隔离，操作互不影响。

3）协助组织模型，几个组还可以再次成组，形成一个具有层级结构的组。

4）提高建模速度，用组来管理和组织划分模型，有助于节省计算机资源，提高建模和显示速度。

5）快速赋予材质，分配给组的材质会由组内使用默认材质的几何体继承，而事先定义了材质的几何体不会受影响，这样可以大大提高添加材质的效率。当组被炸开以后，此特性就无法应用了。

3. 创建组件

执行【创建组件】命令主要有以下几种方式：

◀在菜单栏中，选择【编辑】|【创建组件】菜单命令。

◀在键盘上按 <G> 键。

◀在快捷菜单中选择【创建组件】命令。

提示：灵活运用组件可以节省绘图时间提升效率。

组件是将一个或多个几何体的集合定义为一个单位，使之可以像一个物体那样进行操作。组件可以是简单的一条线，也可以是整个模型，其尺寸和范围也没有限制。

组件与组类似，但多个相同的组件之间具有关联性，可以进行批量操作，在与其他用户或其他 SketchUp 组件之间共享数据时也更为方便。

组件的优势有以下 6 点。

1）独立性，组件可以是独立的物体，小至一条线，大至住宅或公共建筑，包括附着于表面的物体，如门窗和装饰构架等。

2）关联性，对一个组件进行编辑时，与其关联的组件将会同步更新。

3）附带组件库，SketchUp 附带一系列预设组件库，并且还支持自建组件库，只需将自建的模型定义为组件，并保存到安装目录的 Components 文件夹中即可。在【系统设置】对话框的【文件】选项中，可以查看组件库的位置，如图 2-159 所示。

4）与其他文件链接，组件除了存在于创建他们的文件中，还可以导出到别的 SketchUp 文件中。

5）组件替换，组件可以被其他文件中的组件替换，以满足不同精度的建模和渲染要求。

6）特殊的行为对齐，组件可以对齐到不同的表面上，并且在附着的表面上挖洞开口。组件还拥有自己内部的坐标系。

图 2-159　创建组之前

4. 编辑组

执行【编辑组】命令主要有以下几种方式：

◀双击组进入组内部编辑。

◀在快捷菜单中选择【编辑组】命令。

创建的组可以被分解，分解后将恢复到成组之前的状态，同时组内的几何体会和外部相连的几何体结合，并且嵌套在组内的组则会变成独立的组。当需要编辑组内部的几何体时，就需要进入组的内部进行操作。在组上双击鼠标左键，或者用鼠标右键单击，在弹出的快捷菜单中选择【编辑组】命令，即可进入组内进行编辑。

提示：SketchUp 组件比组更加占用内存。SketchUp 中如果整个模型都细致地进行了分组，那么用户可以随时分解某个组，而不会与其他几何体粘在一起。

5．编辑组件

执行【编辑组件】命令主要有以下几种方式：

◄双击组进入组内部进行编辑。

◄在快捷菜单中选择【编辑组件】命令。

创建组件后，组件中的物体会被包含在组件中而与模型的其他物体分离。Sketch Up 支持对组件中的物体进行编辑，这样可以避免分解组件进行编辑后再重新制作组件。

如果要对组件进行编辑，最常用的是双击组件进入组件内部编辑，当然还有很多其他编辑方法，下面进行详细介绍。

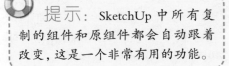

> 提示：SketchUp 中所有复制的组件和原组件都会自动跟着改变，这是一个非常有用的功能。

6．插入组件

执行【插入组件】命令主要有以下几种方式：

◄在菜单栏中，选择【窗口】|【组件】菜单命令。

◄在菜单栏中，选择【文件】|【导入】菜单命令。

在 SketchUp 2015 中自带了一些二维人物组件。这些人物组件可随视线转动面向相机，如果想使用这些组件，直接将其拖动到绘图区即可，如图 2-160 所示。

当组件被插入到当前模型中时，SketchUp 会自动激活【移动／复制】工具，并自动捕捉组件坐标的原点，组件将其内部坐标原点作为默认的插入点。

若要改变默认的插入点，必须在组件插入之前更改其内部坐标系。选择【窗口】|【模型信息】菜单命令，打开【模型信息】管理器，然后在【组件】选项中勾选【显示组件轴线】复选框即可显示内部坐标系，如图 2-161 所示。

图 2-160　添加二维人物

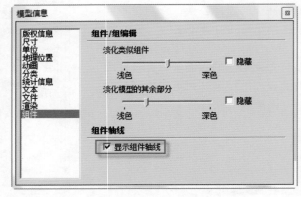

图 2-161　显示组件轴

SketchUp 中的配景也是通过插入组件的方式放置的，这些配景组件可以从外部获得，也可以自己制作。人、车、树的配景可以是二维组件物体，也可以是三维组件物体。在上一章有关 PNG 贴图的学习中，已经对几种树木组件的制作过程进行了讲解，读者可以根据场景设计风格进行不同树木组件的制作及选用。

7．动态组件

执行【动态组件】工具栏命令主要有以下几种方式：

◄双击组进入组内部进行编辑。

◄在快捷菜单中选择【动态组件】命令。

动态组件（Dynamic Components）使用起来非常方便，在制作楼梯、门窗、地板、玻璃幕墙和篱笆栅栏等方面应用较为广泛，如当缩放一扇带边框的门窗时，由于事先固定了门（窗）框尺寸，就可以实现门（窗）框尺寸不变，而门（窗）整体尺寸变化。

　　总结这些组件的属性并加以分析，可以发现动态组件包含以下方面的特征：固定某个构件的参数（如尺寸和位置等）、复制某个构件、调整某个构件的参数、调整某个构件的活动性等。具备以上一种或多种属性的组件即可被称为动态组件。

> 提示：SketchUp 中有些时候发现模型出现错误或混乱，最好是从前几步备份的文件重新开始画。重新画往往比绞尽脑汁找到出错原因更加节省时间。

2.4.3　范例制作

实例源文件	ywj/02/2-4.skp
视频课堂教程	资源文件→视频课堂→第 2 章→ 2.4

范例操作步骤

Step01 选择【矩形】工具，绘制矩形面，并创建为群组，如图 2-162 所示。

Step02 分别选择【直线】工具和【圆弧】工具，绘制廊架轮廓，如图 2-163 所示。

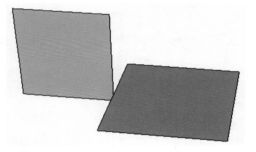

图 2-162　绘制矩形面

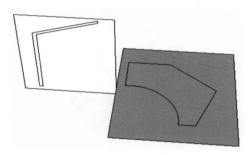

图 2-163　绘制廊架轮廓

Step03 删除多余线条，如图 2-164 所示。

Step04 选择【推 / 拉】工具，推拉到一定厚度，如图 2-165 所示。

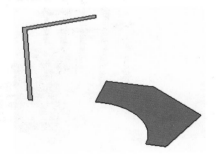

图 2-164　删除多余线条

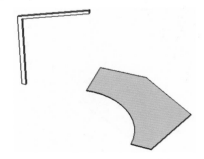

图 2-165　推拉到一定厚度

Step05 选择地面，单击鼠标右键，在弹出的快捷菜单中选择【创建群组】命令，然后选择廊架，单击鼠标右键，在弹出的快捷菜单中选择【创建组件】命令。

Step06 选择【移动】工具，移动并复制廊架组件，如图 2-166 所示。

Step07 选择【圆】工具，绘制圆，并创建为组件，如图 2-167 所示。

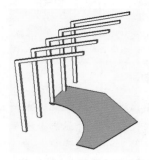

图 2-166　移动并复制廊架组件　　　　　图 2-167　绘制圆

Step08 选择【移动】工具，移动并复制圆组件，如图 2-168 所示。

Step09 双击进入组件内部，选择【推／拉】工具，推拉到一定厚度，推拉其中一个圆，所有的圆会随着改变，如图 2-169 所示。

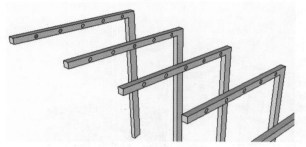

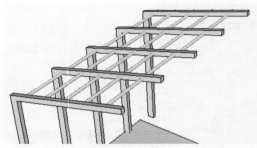

图 2-168　移动并复制圆　　　　　　　　图 2-169　推拉到一定厚度

Step10 运用【圆】工具和【推／拉】工具，绘制柱子，如图 2-170 所示。

Step11 运用【矩形】工具、【圆弧】工具以及【推／拉】工具，绘制座椅，如图 2-171 所示。

Step12 为模型添加材质，绘制完成廊架，如图 2-172 所示。

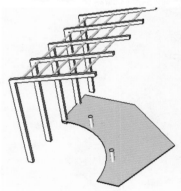

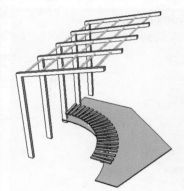

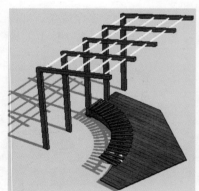

图 2-170　绘制柱子　　　　　图 2-171　绘制座椅　　　　　图 2-172　绘制完成廊架

2.5　本章小结

　　通过本章学习，读者可以了解到基本绘图工具，这些绘图工具，在以后绘制模型中会经常用到，组与组件的应用可以让模型分层更加清晰，在以后的更改中更为方便。

第 3 章
SketchUp 景观设计扩展

本章导读

SketchUp 拥有强大的材质库，可以应用于边线、表面、文字、剖面、组和组件中，并实时显示材质效果，所见即所得。而且在添加材质以后，用户可以方便地修改材质的名称、颜色、透明度、尺寸大小及位置等属性特征，这是 SketchUp 的最大的优势之一。

一般在设计方案初步确定以后，设计师会以不同的角度或属性设置不同的储存场景，通过【场景】标签的选择，可以方便地进行多个场景视图的切换，方便对方案进行多角度对比。另外，通过场景的设置可以批量导出图片，或者制作展示动画，并可以结合【阴影】或【剖切面】制作出生动有趣的光影动画和生长动画，为实现【动态设计】提供了条件。

不管是城市规划、园林景观设计还是游戏动画的场景，创建出一个好的地形环境能为设计增色不少。在 SketchUp 中创建地形的方法有很多，包括结合 AutoCAD、AracGIS 等软件进行高程点数据的共享并使用沙盒工具进行三维地形的创建、直接在 Sketch Up 中使用【线】工具和【推／拉】工具大致地进行地形推拉等，其中利用【沙盒】工具创建地形的方法应用较为普遍。除了创建地形以外，【沙盒】工具还可以创建许多其他物体，如膜状结构物体等，希望读者能开拓思维，发掘并拓展沙盒工具的其他应用功能。

知识点	学习目标		
	认 识	理 解	应 用
掌握材质与贴图的使用方法			√
掌握页面场景的使用方法			√
掌握动画场景的使用方法			√
掌握沙盒工具的使用方法			√
掌握插件工具的使用方法			√
掌握一些渲染技巧			√

学习要求

3.1 设置材质与贴图——绘制景观亭

3.1.1 范例展示

通过景观亭的绘制，读者可以重温一遍基本绘图的方法，应用到本节所学的基本材质的操作方法、复杂贴图的应用与调整，景观亭的最终效果如图 3-1 所示。

图 3-1　景观亭

3.1.2　知识准备

1.　基本材质操作

在 SketchUp 中创建几何体的时候，会被添加默认的材质。默认材质的正反两面显示的颜色是不同的，这是因为 SketchUp 使用的是双面材质。默认材质正反两面的颜色可以在【样式】对话框的【编辑】选项卡中进行设置，如图 3-2 所示。

> 提示：双面材质的特性可以帮助用户更容易区分表面的正反朝向，以方便将模型导入其他软件时调整面的方向。

图 3-2　【样式】对话框

2.【材质】编辑器

执行【材质】编辑器命令方式如下：

◀ 在菜单栏中，选择【窗口】|【材质】菜单命令。

选择【窗口】|【材质】菜单命令可以打开【材质】编辑器，如图 3-3 所示。在【材质】编辑器中有【选择】和【编辑】两个选项卡，这两个选项卡用来选择与编辑材质，也可以浏览当前模型中使用的材质。

【点按开始使用这种颜料绘画】窗口：该窗口用于材质预览，选择或者提取一个材质后，在该窗口中会显示这个材质，同时会自动激活【材质】工具 。

【名称】文本框：选择一个材质赋予模型以后，在【名称】文本框中将显示材质的名称，用户可以在这里为材质重新命名，如图 3-4 所示。

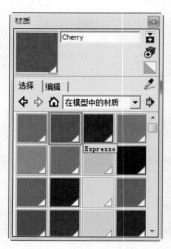

图 3-3　【材质】编辑器

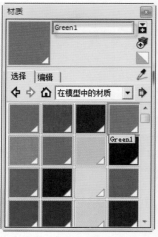

图 3-4　【材质】对话框

【创建材质】按钮：单击该按钮将弹出【创建材质】对话框，在该对话框中可以设置材质的名称、颜色和大小等属性，如图 3-5 所示。

3. 填充材质

执行【材质】命令主要有以下几种方式：

◄ 在菜单栏中，选择【窗口】|【材质】菜单命令。

◄ 在键盘上按 <B> 键。

◄ 单击大工具集中的【材质】按钮。

（1）单个填充（无须任何按键）　激活【材质】工具后，在单个边线或表面上单击鼠标左键即可填充材质。如果事先选中了多个物体，则可以同时为选中的物体上色。

（2）邻接填充（按住 <Ctrl> 键）　激活【材质】工具的同时按住 <Ctrl> 键，可以同时填充与所选表面相邻接并且使用相同材质的所有表面。在这种情况下，当捕捉到可以填充的表面时，【材质】工具图标会变为。如果事先选中了多个物体，那么邻接填充操作会被限制在所选范围之内。

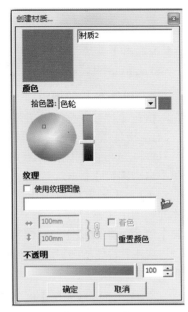

图 3-5【创建材质】对话框

（3）替换填充（按住 <Shift> 键）　激活【材质】工具的同时按住 <Shift> 键，【材质】工具图标会变为，这时可以用当前材质替换所选表面的材质。模型中所有使用该材质的物体都会同时改变材质。

（4）邻接替换（按住 <Ctrl+Shift> 快捷键）　激活【材质】工具的同时按住 <Ctrl+Shift> 快捷键，可以实现【邻接填充】和【替换填充】的效果。在这种情况下，当捕捉到可以填充的表面时，【材质】工具图标会变为，单击即可替换所选表面的材质，但替换的对象将限制在所选表面有物理连接的几何体中。如果事先选择了多个物体，那么邻接替换操作会被限制在所选范围之内。

（5）提取材质（按住 <Alt> 键）　激活【材质】工具的同时按住 <Alt> 键，图标将变成，此时单击模型中的实体，就能提取该材质。提取的材质会被设置为当前材质，用户可以直接用来填充其他物体。

> **提示：** 配合键盘上的按键，使用【材质】工具可以快速为多个表面同时填充材质。

4. 贴图的运用

导致贴图不随物体一起移动的原因在于贴图图片拥有一个坐标系统，坐标的原点就位于 SketchUp 坐标系的原点上。如果贴图正好被添加到物体的表面，就需要使物体的一个顶点正好与坐标系的原点相重合，这是非常不方便的。

解决的方法有以下两种。

第一种：在贴图之前，先将物体制作成组件，由于组件都有其自身的坐标系，且该坐标系不会随着组件的移动而改变，因此先制作组件再添加材质，就不会出现贴图不随着实体的移动而移动的问题。

第二种：利用 SketchUp 的贴图坐标，在贴图时单击鼠标右键，在弹出的快捷菜单中选择【贴图坐标】命令，进入贴图坐标的编辑状态，然后什么也不用做，只需再次单击鼠标右键，在弹出的快捷菜单中执行【完成】命令即可。退出编辑状态后，贴图就可以随着实体一起移动了。

提示: 如果需要从外部获得贴图纹理,则可以在【材质】编辑器的【编辑】选项卡中勾选【使用贴图】复选框(或者单击【浏览】按钮),此时将弹出一个为对话框用于选择贴图并导入SketchUp 中。

5. 贴图坐标的调整

执行【位置】命令的方式如下:

◀ 在快捷菜单中选择【纹理】|【位置】菜单命令。

SketchUp 的贴图坐标有两种模式,分别为【锁定图钉】模式和【自由图钉】模式。

(1)【锁定图钉】模式 打开【5-1.skp】图形文件,在物体的贴图上单击鼠标右键,在弹出的快捷菜单中选择【纹理】|【位置】命令,此时物体的贴图将以透明的方式显示,并且在贴图上会出现4个彩色的图钉,每一个图钉都有固定的特有功能,如图3-6所示。

【平行四边形变形】图钉  : 拖动蓝色的图钉可以对贴图进行平行四边形变形操作。在移动【平行四边形变形】图钉时,位于下面的两个图钉(【移动】图钉和【缩放旋转】图钉)是固定的,贴图的变形效果如图3-7所示。

图 3-6 贴图上的彩色图钉

【移动】图钉 : 拖动红色的图钉可以移动贴图,如图3-8所示。

【梯形变形】图钉 : 拖动黄色的图钉可以对贴图进行梯形变形操作,也可以形成透视效果,如图3-9所示。

【缩放旋转】图钉 : 拖动绿色的图钉可以对贴图进行缩放和旋转操作。单击鼠标左键时贴图上出现旋转的轮盘,移动鼠标时,从轮盘的中心点将放射出两条虚线,分别对应缩放和旋转操作前后比例与角度的变化。沿着虚线段和虚线弧的原点将显示出系统图像的现在尺寸和原始尺寸,或者也可以单击鼠标右键,在弹出的快捷菜单中选择【重设】命令。进行重设时,会把旋转和按比例缩放都重新设置,如图3-10所示。

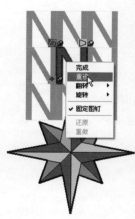

图 3-7 平行操作　　图 3-8 移动操作　　图 3-9 梯形变形操作　　图 3-10 梯缩放旋转操作

在对贴图进行编辑的过程中，按 <Esc> 键可以随时取消操作。完成贴图的调整后，用鼠标右键单击贴图，在弹出的快捷菜单中选择【完成】命令或者按 <Enter> 键确定即可。

（2）【自由图钉】模式　【自由图钉】模式适合设置和消除照片的扭曲。在【自由图钉】模式下，图钉相互之间都不限制，这样就可以将图钉拖动到任何位置。用鼠标右键单击贴图，在弹出的快捷菜单中禁用【固定图钉】命令，即可将【锁定图钉】模式调整为【自由图钉】模式，此时 4 个彩色的图钉都会变成相同模样的黄色图钉，用户可以通过拖动图钉进行贴图的调整，如图 3-11 所示。

为了更好地锁定贴图的角度，可以在【模型信息】管理器中设置角度的捕捉为 15°或 45°，如图 3-12 所示。

6. 转角贴图

将纹理图片添加到【材质】编辑器中，接着给石头的一个面添加贴图材质，如图 3-13 所示。

图 3-11　梯缩放旋转操作

图 3-12　模型信息

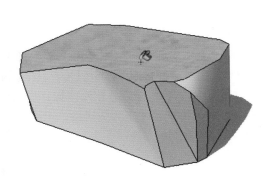

图 3-13　添加材质

在贴图表面处单击鼠标右键，然后在弹出的快捷菜单中选择【纹理】|【位置】命令，进入贴图坐标的操作状态，此时直接用鼠标右键单击，在弹出的快捷菜单中选择【完成】命令，如图 3-14 所示。

单击【材质】编辑器中的【样本颜料】按钮（或者使用【材质】工具并配合 <Alt> 键），然后单击被添加材质的面，进行材质取样，接着单击其相邻的表面，将取样的材质添加到相邻的表面，完成贴图，效果如图 3-15 所示。

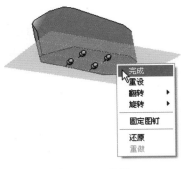

图 3-14　贴图

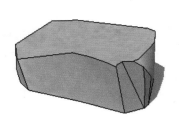

图 3-15　贴图材质

7. 圆柱体的无缝贴图

将纹理图片添加到【材质】编辑器中，接着将贴图材质添加到圆柱体的一个面，会发现没有全部显示贴图，如图 3-16 所示。

图 3-16　材质贴图

选择【视图】|【隐藏几何图形】菜单命令，将物体网格显示出来。在物体上用鼠标右键单击，然后在弹出的快捷菜单中选择【纹理】|【位置】命令，如图 5-27 所示，接着对圆柱体中的一个分面进行重设贴图坐标的操作，再次用鼠标右键单击，在弹出的快捷菜单中选择【完成】命令，如图 3-17 和图 3-18 所示。

图 3-17　快捷菜单命令

图 3-18　调节图片

单击【材质】编辑器中的【样本颜料】按钮，然后单击已经添加材质的圆柱体的面，进行材质取样，接着为圆柱体的其他面添加材质，此时贴图没有出现错位现象，完成效果如图 3-19 所示。

8. 投影贴图

执行【投影】命令主要有以下方式：

◂ 在快捷菜单中选择【纹理】|【投影】菜单命令。

图 3-19　完成贴图

Sketch Up 的贴图坐标可以投影贴图，就像将一个幻灯片用投影机进行投影一样。如果希望在模型上投影地形图像或者建筑图像，那么投影贴图就非常有用。任何曲面不论是否被柔化，都可以使用投影贴图来实现无缝拼接。

> 提示：实际上，投影贴图不同于包裹贴图的花纹是随着物体形状的转折而转折的，花纹大小不会改变，但是图像来源于平面，相当于把贴图拉伸，使其与三维实体相交，是贴图正面投影到物体上形成的形状。因此，使用投影贴图会使贴图有一定的定形。

9. 球面贴图

熟悉了投影贴图的原理，那么曲面的贴图自然也就会了，因为曲面实际上就是由很多三角面组成的。

10. PNG 贴图

镂空贴图图片要求为 PNG 格式，或者带有通道的 TIF 格式和 TGA 格式。在【材质】编辑器中可以直接调用这些格式的图片。另外，SketchUp 不支持镂空显示阴影，如果想要得到正确的镂空阴影效果，需要将模型中的物体平面进行修改和镂空，尽量与贴图大致相同。

PNG 格式是 20 世纪 90 年代中期开发的图像文件存储格式，其目的是想要替代 GIF 格式和 TIFF 格式。PNG 格式增加了一些 GIF 格式文件所不具备的特性，在 SketchUp 中主要运用它的透明性。PNG 格式的图片可以在 Photoshop 中进行制作。

3.1.3 范例制作

实例源文件	ywj/03/3-1.skp
视频课堂教程	资源文件→视频课堂→第 3 章→ 3.1

范例操作步骤

`Step01` 选择【矩形】工具，绘制矩形面，矩形尺寸为长 82000mm、宽 65000mm，并创建为群组，如图 3-20 所示。

`Step02` 运用【圆】工具和【直线】工具，在矩形面上绘制亭子地面轮廓，如图 3-21 所示。

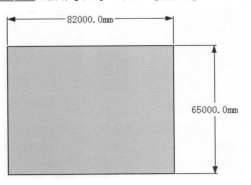

图 3-20 绘制矩形面

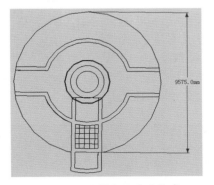

图 3-21 绘制亭子地面轮廓

`Step03` 选择【推/拉】工具，推拉亭子地面，如图 3-22 所示。

`Step04` 选择【直线】工具，绘制石凳与景观亭柱子底部轮廓线，并分别创建为群组，如图 3-23 所示。

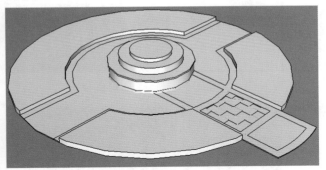

图 3-22 推拉亭子地面

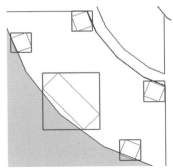

图 3-23 绘制石凳与景观亭柱子底部轮廓线

`Step05` 双击进入组内部，运用【推/拉】工具和【偏移】工具，绘制出石凳与景观亭柱子，如图 3-24 所示。

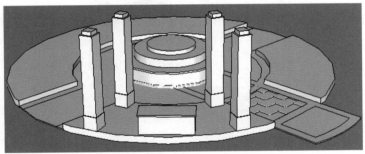

图 3-24 绘制石凳与景观亭柱子

71

Step06 运用【直线】工具和【圆弧】工具，绘制景观亭顶部轮廓线，并分别创建为群组，如图3-25所示。

Step07 双击进入群组内部，选择【推/拉】工具，推拉顶部结构，推拉厚度为74mm，如图3-26所示。

Step08 运用【移动】工具和【旋转】工具，按住<Ctrl>键，复制出其他景观构件，如图3-27所示。

Step09 选择【材质】工具，打开【材质】编辑器，选择【木质纹】中的【原色樱桃木质纹】材质，添加到景观亭顶部，如图3-28所示。

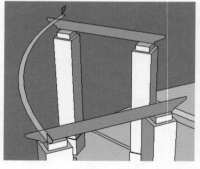

图3-25　绘制景观亭顶部轮廓线

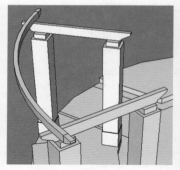

图3-26　推拉顶部结构

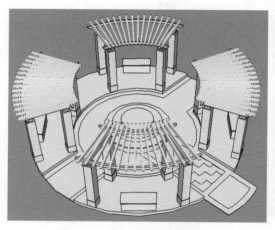

图3-27　复制出其他景观构件

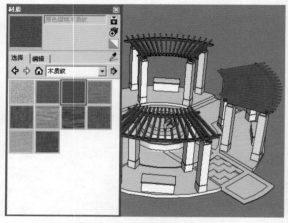

图3-28　添加顶部材质贴图

Step10 选择【材质】工具，打开【材质】编辑器，选择【石头】中的【灰色纹理石】材质贴图，添加到景观石材部分，如图3-29所示。

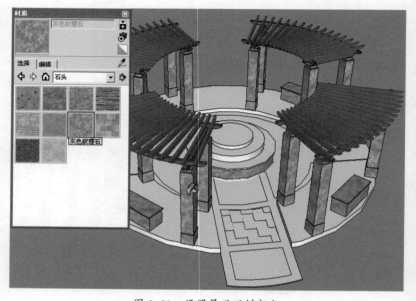

图3-29　设置景观石材部分

Step11 选择【材质】工具，打开【材质】编辑器，单击【编辑】选项卡中的【浏览】按钮，打开【选择图像】对话框，选择【01.jpg】图像，如图 3-30 所示，为模型木质部分添加材质，材质颜色可以调整，如图 3-31 所示。

图 3-30　选择材质贴图

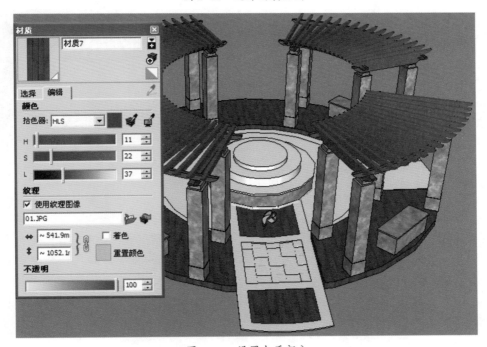

图 3-31　设置木质部分

Step12 选择【材质】工具，打开【材质】编辑器，选择【石头】中的【砖石建筑】材质贴图，设置地面，如图 3-32 所示。

Step13 此时地面的【砖石建筑】材质需要调整，选择材质，用鼠标右键单击，在弹出的快捷菜单中选择【纹理】|【位置】命令，如图 3-33 所示，进行调整贴图，如图 3-34 所示，完成调整后的贴图如图 3-35 所示。

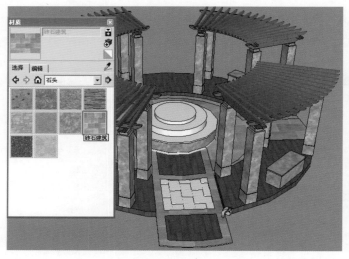

图 3-32　设置地面

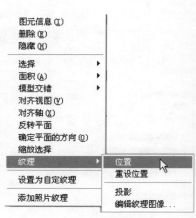

图 3-33　快捷菜单

图 3-34　调整贴图

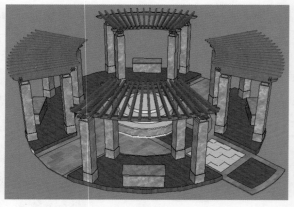

图 3-35　完成贴图调整

Step14 选择【材质】工具，打开【材质】
编辑器，选择【植被】中的【草皮植被 1】材质
贴图，设置地面与中心台子，如图 3-36 所示。

提示：如果给群
组或组件添加材质贴
图，将无法调整贴图
位置。

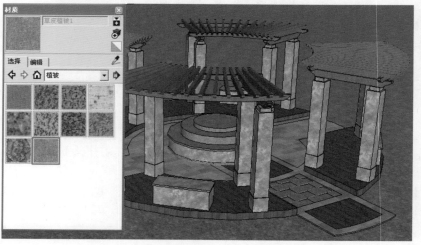

图 3-36　设置地面与中心台子材质

Step15 为场景添加组件，绘制完成景观亭，如图 3-37 所示。

图 3-37　绘制完成景观亭

3.2 页面和动画设计——广场浏览

3.2.1 范例展示

　　本节范例为广场浏览，涉及的内容有场景及场景管理器的应用、导出动画和批量导出场景图像的一些设置，通过本节练习，相信读者可以加深对本节内容的了解并熟练地应用所讲知识，广场景观浏览效果如图 3-38 所示。

图 3-38　广场景观浏览图

3.2.2 知识准备

　　1.【场景】管理器

　　执行【场景】命令的方式如下：

　　◀ 在菜单栏中，选择【窗口】|【场景】菜单命令。

　　选择【窗口】|【场景】菜单命令即可打开【场景】管理器，通过【场景】管理器可以添加和删除场景，也可以对场景进行属性修改，如图 3-39 和图 3-40 所示。

图 3-39　【场景】命令　　图 3-40　【场景】管理器

【添加场景】按钮 ⊕：单击该按钮将在当前相机设置下添加一个新的场景。

【删除场景】按钮 ⊖：单击该按钮将删除选择的场景，也可以在场景标签上用鼠标右键单击，然后在弹出的快捷菜单中选择【删除】命令。

【更新场景】按钮 ↻：如果对场景进行了改变，则需要单击该按钮进行更新，也可以在场景标签上用鼠标右键单击，然后在弹出的快捷菜单中选择【更新】命令。

【向下移动场景】按钮 ↧ 和【向上移动场景】按钮 ↥：这两个按钮用于移动场景的前后位置，也可以在场景标签上用鼠标右键单击，然后在弹出的快捷菜单中选择【左移】或者【右移】命令。

单击绘图窗口左上方的场景标签可以快速切换所记录的视图窗口。用鼠标右键单击场景标签也能弹出【场景】命令，如对场景进行更新、添加或删除等操作，如图 3-41 所示。

【查看选项】按钮 ▦▾：单击此按钮可以改变场景视图的显示方式，如图 3-42 所示。在缩略图右下角有一个铅笔图标的场景，表示为当前场景。在场景数量多并且难以快速准确找到所需场景的情况下，这项新增功能显得非常重要。

SketchUp 的【场景】管理器新增加了场景缩略图，可以直观地显示场景视图，使查找场景变得更加方便，也可以用鼠标右键单击缩略图进行场景的添加和更新等操作，如图 3-43 所示。

在创建场景时，或者将 SketchUp 低版本创建的含有场景属性的模型在 SketchUp 中打开生成缩略场景时，可能需要一定的时间进行场景缩略图的渲染，这时候可以选择等待或者取消渲染操作，如图 3-44 所示。

【隐藏 / 显示详细信息】按钮 ▣：每一个场景都包含了很多属性设置，如图 3-45 所示。单击该按钮即可显示或者隐藏这些属性。

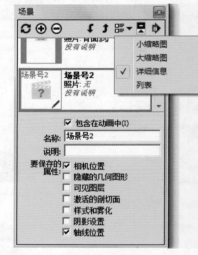

图 3-42　【查看选项】按钮

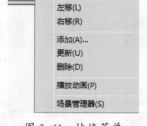

图 3-41　快捷菜单

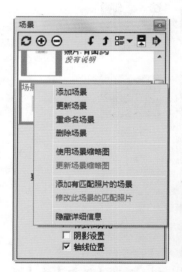

图 3-43　快捷菜单

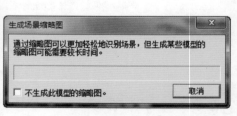

图 3-44　【生成场景缩略图】对话框

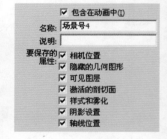

图 3-45　显示详细信息

【包含在动画中】复选框：当动画被激活以后，勾选该复选框则场景会连续显示在动画中。如果取消勾选此复选框，则播放动画时会自动跳过该场景。

【名称】文本框：改变场景的名称，也可以使用默认的场景名称。

【说明】文本框：为场景添加简单的描述。

【要保存的属性】选项组：包含了很多属性选项，勾选则记录相关属性的变化，取消勾选则不记录。在取消勾选的情况下，当前场景的这个属性会延续上一个场景的特征。例如，取消勾选【阴影设置】复选框，那么从上一个场景切换到当前场景时，阴影将停留在上一个场景的阴影状态下；同时，当前场景的阴影状态将被自动取消，如果需要恢复，就必须再次勾选【阴影设置】复选框，并重新设置阴影，还需要再次刷新。

> 提示：在某个页面中增加或删除几何体会影响到整个模型，其他页面也会相应增加或删除，而每个页面的显示属性却都是独立的。

2. 幻灯片演示

执行【模型信息】命令主要有以下几种方式：

◂ 在菜单栏中，选择【窗口】|【模型信息】菜单命令。

◂ 在菜单栏中，选择【视图】|【动画】|【设置】菜单命令。

首先设定一系列不同视角的场景，并尽量使得相邻场景之间的视角与视距不要相差太远，数量也不宜太多，只需选择能充分表达设计意图的代表性场景即可，然后选择【视图】|【动画】|【播放】菜单命令，打开【动画】对话框，单击【播放】按钮即可播放场景的展示动画，单击【暂停】按钮即可暂停动画的播放，如图 3-46 所示。

图 3-46　【动画】对话框

3. 导出 AVI 格式的动画器

想要导出动画文件，只需选择【文件】|【导出】|【动画】|【视频】菜单命令，然后在弹出的【输出动画】对话框中设定导出格式为【Uncompressed/Avi File（*.avi 格式）】，如图 3-47 所示，接着对导出选项进行设置即可，如图 3-48 所示。

> 提示：SketchUp 合理的分层把暂时不需要的层关闭可提高运算速度。

图 3-47　【输出动画】对话框

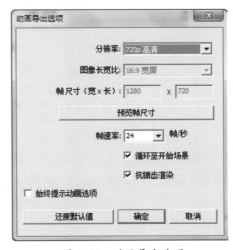

图 3-48　动画导出选项

【帧尺寸（宽 × 长）】：这两个选项的数值用于控制每帧画面的尺寸，以像素为单位。一般情况下，帧画面尺寸设为 400 像素 ×300 像素或者 320 像素 ×240 像素即可。如果是 640 像素 ×480 像素的视频文件，那就可以全屏播放了。对视频而言，人脑在一定时间内对于信息量的处理能力是有限的，其运动连贯性比静态图像的细节更重要。所以，从模型中可以分别提取高分辨率的图像和较小帧画面尺寸的视频，既可以展示细节，又可以动态展示空间关系。

如果是用 DVD 播放，画面的宽度需要 720 像素。电视机、大多数计算机屏幕和 1950 年前电影的标准比例是 4:3，宽银屏显示（包括数字电视、等离子电视等）的标准比例是 16:9。

【帧速率】：帧速率指每秒产生的帧画面数。帧速率与渲染时间以及视频文件大小呈正比，帧速率越大，渲染所花费的时间以及输出后的视频文件就越大。帧速率设置为 8~10 帧／s 是画面连续的最低要求；12~15 帧／s 既可以控制文件的大小，也可以保证流畅播放；24~30 帧／s 之间的设置就相当于【全速】播放了。当然，还可以设置 5 帧／s 来渲染一个粗糙的动画来预览效果，这样能节约大量时间，并且发现一些潜在的问题，如高宽比不对、照相机穿墙等。

一些程序或设备要求特定的帧速率。例如，一些国家的电视要求帧速率为 29.97 帧/s；欧洲的电视要求为 25 帧／s，电影需要 24 帧/s；我国的电视要求为 25 帧/s 等。

【循环至开始场景】：勾选该复选框可以从最后一个场景倒退到第一个场景，创建无限循环的动画。

【抗锯齿渲染】：勾选该复选框后，SketchUp 会对导出的图像作平滑处理，需要更多的导出时间，但是可以减少图像中的线条锯齿。

【始终提示动画选项】：在创建视频文件之前总是先显示这个对话框。

导出 AVI 文件时，在【动画导出选项】对话框中取消勾选【循环至开始场景】复选框即可让动画停到最后位置，如图 3-49 所示。

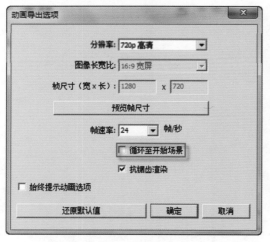

提示：SketchUp 有时候无法导出 AVI 文件，建议在建模时使用英文名的材质，文件也保存为一个英文名或者拼音，保存路径最好不要设置在中文名称的文件夹内（【桌面】也不行），而是新建一个英文名称的文件夹，然后保存在某个硬盘的根目录下。

图 3-49　【动画导出选项】对话框

4. 动画

除了前文所讲述的直接将多个场景导出为动画以外，还可以将 SketchUp 的动画功能与其他功能结合起来生成动画。此外，还可以将【剖切】功能与【场景】功能结合生成【剖切生长】动画。另外，还可以结合 SketchUp 的【阴影设置】和【场景】功能生成阴影动画，为模型带来阴影变化的视觉效果。

提示：切换命令时初学者往往会不知如何结束正在执行的命令，所以特别建议将选择定义为 <Space> 键。按 <ESC> 键可取消正在执行的操作或按 <Space> 键结束正在执行的命令，该方法十分方便，又可避免误操作。

5. 制作方案展示动画

打开 Premiere 软件，弹出【欢迎使用 Adobe Premiere Pro】对话框，在该对话框中单击【新建项目】图标，如图 3-50 所示，然后在弹出的【新建项目】对话框中设置好文件的保存路径和名称，如图 3-51 所示，设置完成后单击【确定】按钮。

图 3-50　【欢迎使用 Adobe Premiere Pro】对话框　　　　图 3-51　【新建项目】对话框

6. 批量导出场景图像

当场景设置过多的时候，就需要批量导出图像，这样可以避免在场景之间进行烦琐的切换，并能节省大量的出图等待时间。

3.2.3　范例制作

实例源文件	ywj/03/3-2-1.skp ywj/03/3-2-2.skp ywj/03/3-2.avi ywj/03/3-2.jpg
视频课堂教程	资源文件→视频课堂→第 3 章→3.2

范例操作步骤

`Step01` 打开【3-2-1.skp】文件，如图 3-52 所示。

图 3-52　打开文件

Step02 选择【窗口】|【场景】菜单命令，打开【场景】管理器，单击【添加场景】按钮⊕，完成【场景号1】的添加，如图3-53所示。

Step03 调整视图，单击【添加场景】按钮，完成【场景号2】的添加，如图3-54所示。

图 3-53　添加【场景号 1】　　　　　　　　图 3-54　添加【场景号 2】

Step04 采用相同方法，完成其他场景的添加，如图3-55~图3-60所示。

图 3-55　添加【场景号 3】　　　　　　　　图 3-56　添加【场景号 4】

图 3-57　添加【场景号 5】　　　　　　　　图 3-58　添加【场景号 6】

图 3-59 添加【场景号 7】

图 3-60 添加【场景号 8】

提示：在添加场景之前，设置好场景观察角度，这样所添加的场景才被保存。

Step05 此时已经设置好了多个场景，现在将场景导出为动画。选择【文件】|【导出】|【动画】|【视频】菜单命令，如图 3-61 所示。

Step06 在弹出的【输出动画】对话框中设置文件保存的位置和文件名称，然后选择正确的导出格式（AVI 格式），如图 3-62 所示。

图 3-61 菜单命令

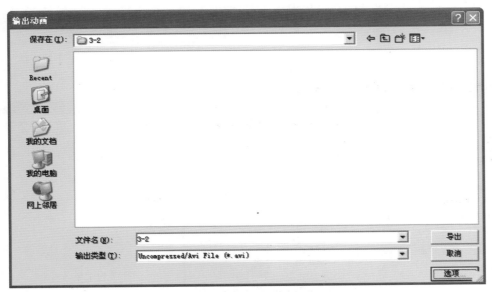

图 3-62 【输出动画】对话框

Step07 单击【选项】按钮，在弹出的【动画导出选项】对话框中，设置【分辨率】为480p标准，【帧速率】为24，勾选【循环至开始场景】复选框和【抗锯齿渲染】复选框，如图3-63所示，然后单击【确定】按钮。

Step08 导出动画文件，如图3-64所示。

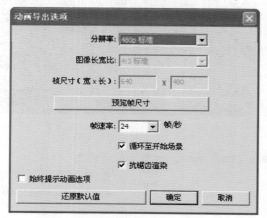

图 3-63 【动画导出选项】对话框

提示：导出动画文件会占用大量系统资源，所以在空闲时间运行导出动画操作。

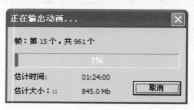

图 3-64 【正在输出动画】对话框

Step09 执行【窗口】|【模型信息】菜单命令，然后在弹出的【模型信息】对话框中单击【动画】选项，接着设置【场景转换】为1s，【场景暂停】为0s，并按<Enter>键确定，如图3-65所示。

Step10 执行【文件】|【导出】|【动画】|【图像集】菜单命令，如图3-66所示，然后在弹出的【输出动画】对话框中设置好动画的保存路径和类型，如图3-67所示。

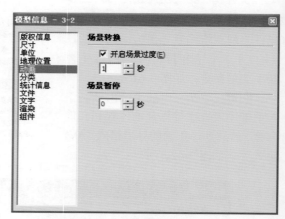

图 3-65 【模型信息】对话框

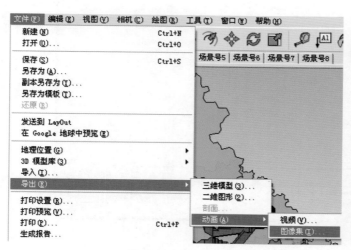

图 3-66 菜单命令

图 3-67 【输出动画】对话框

Step11 单击【选项】按钮，在弹出的【动画导出选项】对话框中设置相关导出参数，导出时取消勾选【循环至开始场景】复选框，否则会将第一张图导出两次，如图 3-68 所示。

Step12 完成设置后单击【确定】按钮开始导出动画，需要等待一段时间，如图 3-69 所示。

Step13 在 SketchUp 中批量导出的图片如图 3-70 所示。

图 3-69 【正在输出动画】对话框

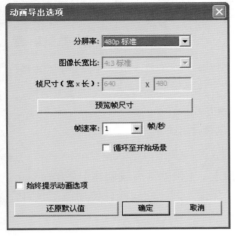

图 3-68 【动画导出选项】对话框

图 3-70 输出图片

3.3 沙盒工具——创建遮阳伞

3.3.1 范例展示

本节范例为创建遮阳伞，可以熟悉【沙盒】工具，读者可以通过范例绘制来加强【沙盒】工具的应用，遮阳伞如图 3-71 所示。

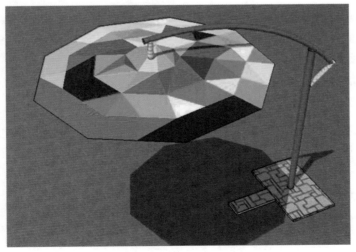

图 3-71 遮阳伞

83

3.3.2　知识准备

1.【沙盒】工具栏

选择【视图】|【工具栏】|【沙盒】菜单命令，打开【沙盒】工具栏，该工具栏中包含了 7
个工具，分别是【根据等高线创建】工具 📑、【根据网格创建】工具 📑、【曲面起伏】工具 📑、
【曲面平整】工具 📑、【曲面投射】工具 📑、【添加细部】
工具 📑 和【对调角线】工具 📑，如图 3-72 所示。

图 3-72　【沙盒】工具栏

2.【根据等高线创建】工具

执行【根据等高线创建】工具管理器命令主要有以下几种方式：

在菜单栏中，选择【绘图】|【沙盒】|【根据等高线创建】菜单命令。

单击【沙盒】工具栏中的【根据等高线创建】按钮 📑。

使用【根据等高线创建】工具（或选择【绘图】|【沙盒】|【根据等高线创建】菜单命令），
可以让相邻的封闭等高线形成三角面。等高线可以是直线、圆弧、圆、曲线等，使用该工具将会
使这些闭合或不闭合的线封闭成面，从而形成坡地。

例如，使用【手绘线】工具 📑 创建地形，如图 3-73 所示。

选择绘制好的等高线，然后使用【根据等高线创建】工具，生成的等高线地形会自动形成一个组，
在组外将等高线删除，如图 3-74 所示。

图 3-73　【手绘线】工具

图 3-74　【根据等高线创建】工具

3.【根据网格创建】工具

执行【根据网格创建】工具管理器命令主要有以下几种方式：

◀ 在【菜单栏】中，选择【绘图】|【沙盒】|【根据网格创建】菜单命令。

◀ 单击【沙盒】工具栏中的【根据网格创建】按钮 📑。

使用【根据网格创建】工具（或者选择【绘图】|【沙盒】|【根据网格创建】菜单命令）
可以根据网格创建地形。当然，创建的只是大体的地形空间，并不十分精确。如果需要精确的地形，
还是要使用上文提到的【根据等高线创建】工具。

4.【曲面起伏】工具

执行【曲面起伏】工具管理器命令主要有以下几种方式：

◀ 在菜单栏中，选择【工具】|【沙盒】|【曲面起伏】菜单命令。

◀ 单击【沙盒】工具栏中的【曲面起伏】按钮 📑。

使用【曲面起伏】工具可以将网格中的部分进行曲面拉伸。

提示：在 SketchUp 中【设置场景坐标轴】与【显示十字光标】这两个操作并不常用，
特别对于初学者来说，不需要过多的研究，有一定了解即可。

5.【曲面平整】工具

执行【曲面平整】工具管理器命令主要有以下几种方式：

◢ 在菜单栏中，选择【工具】|【沙盒】|【曲面平整】菜单命令。

◢ 单击【沙盒】工具栏中的【曲面平整】按钮 。

使用【曲面平整】工具（或者选择【工具】|【沙盒】|【曲面平整】菜单命令）可以在复杂的地形表面上创建建筑基面和平整场地，使建筑物能够与地面更好地结合。

【曲面平整】工具不支持镂空的情况，遇到有镂空的面会自动闭合；同时，也不支持 90° 垂直方向或大于 90° 的转折，遇到此种情况会自动断开，如图 3-75 所示。

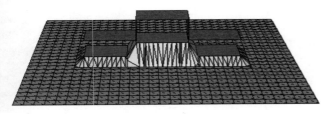

图 3-75　曲面平整工具

提示：SketchUp 中剖面图的绘制、调整和显示很方便，可以很随意地完成需要的剖面图，设计师可以根据方案中垂直方向的结构和构件等去选择剖面图。

6.【曲面投射】工具

执行【曲面投射】工具管理器命令主要有以下几种方式：

◢ 在菜单栏中，选择【工具】|【沙盒】|【曲面投射】菜单命令。

◢ 单击【沙盒】工具栏中的【曲面投射】按钮 。

使用【曲面投射】工具（或者选择【工具】|【沙盒】|【曲面投射】菜单命令）可以将物体的形状投射到地形上。与【曲面平整】工具不同的是，【曲面平整】工具是在地形上建立一个基底平面使建筑物与地面更好地结合，而【曲面投射】工具是在地形上划分一个投射面物体的形状。

提示：在 SketchUp 中，背景与天空都无法贴图，只能用简单的颜色来表示，如果需要增加配景贴图，可以在 Photoshop 中完成，也可以将 SketchUp 的文件导入到彩绘大师（piranesi）中生成水彩画等效果。

7.【添加细部】工具

执行【添加细部】工具管理器命令主要有以下几种方式：

◢ 在菜单栏中，选择【工具】|【沙盒】|【添加细部】菜单命令。

◢ 单击【沙盒】工具栏中的【添加细部】按钮 。

使用【添加细部】工具（或者选择【工具】|【沙盒】|【添加细部】菜单命令）可以在根据网格创建地形不够精确的情况下，对网格进一步修改。细分的原则是将一个网格分成 4 块，共形成 8 个三角面，但破面的网格会有所不同，如图 3-76 所示。

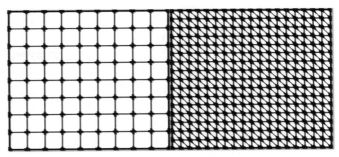

图 3-76　【添加细部】工具

提示：添加图层的原则是按绘图要素的分类来新增图层，一个图层就是一种图形类别。

8. 【对调角线】工具

执行【对调角线】工具管理器命令主要有以下几种方式：

◂ 在菜单栏中，选择【工具】|【沙盒】|【对调角线】菜单命令。

◂ 单击【沙盒】工具栏中的【对调角线】按钮 ◈ 。

使用【对调角线】工具（或者选择【工具】|【沙盒】|【对调角线】菜单命令）可以人为地改变地形网格边线的方向，对地形的局部进行调整。在某些情况下，对于一些地形的起伏不能顺势而下，选择【对调角线】命令，改变边线的凹凸方向就可以很好地解决此问题。

3.3.3 范例制作

实例源文件	ywj/03/3-3.skp
视频课堂教程	资源文件→视频课堂→第 3 章→3.3

范例操作步骤

`Step01` 选择【多边形】工具，绘制多个大小不等的多边形，如图 3-77 所示。

`Step02` 选择多边形，选择【根据等高线创建】工具，创建模型，删除多余边线，如图 3-78 所示。

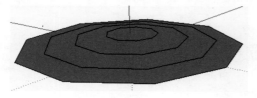

图 3-77　绘制多边形

图 3-78　创建模型

`Step03` 运用【圆】工具和【推拉】工具，绘制圆柱，如图 3-79 所示。

`Step04` 运用【圆】工具和【圆弧】工具，绘制截面与路径，如图 3-80 所示。

图 3-79　绘制圆柱

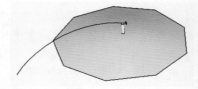

图 3-80　绘制截面与路径

`Step05` 选择【路径跟随】工具，选择路径再选择截面，绘制模型如图 3-81 所示。

`Step06` 选择相同方法，绘制柱子，如图 3-82 所示。

`Step07` 运用【矩形】工具和【推/拉】工具，绘制底座，如图 3-83 所示。

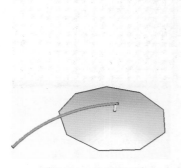

图 3-81　绘制模型

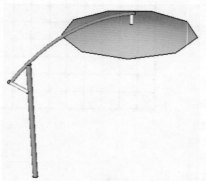

图 3-82　绘制柱子

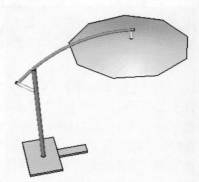

图 3-83　绘制底座

Step08 为模型设置材质，绘制完成遮阳伞，如图 3-84 所示。

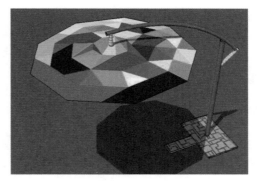

图 3-84　设置模型材质

3.4　插件设计——绘制假山

3.4.1　范例展示

本节范例为绘制假山，通过绘制假山读者可以体会到插件对绘图的帮助，可以使复杂的图形绘制变得简单高效，假山效果图如图 3-85 所示。

图 3-85　绘制假山

3.4.2　知识准备

1. 插件的获取和安装

在前面的命令讲解及重点实战中，为了让用户熟悉 SketchUp 的基本工具和使用技巧，都没有使用 SketchUp 以外的工具。但是在制作一些复杂模型时，使用 SketchUp 自身的工具来制作就会很烦琐，在这种时候使用第三方的插件会起到事半功倍的作用。本章节介绍了一些常用插件，这些插件都是专门针对 SketchUp 的缺陷而设计开发的，具有很高的实用性。本章将介绍几款常用插件的使用方法，大家可以根据实际工作进行选择使用。

> 提示：SketchUp 插件可以通过互联网来获取，某些网站提供了大量插件，很多插件都可以通过这些网站下载使用。

2.【标记线头】插件

执行【标记线头】命令的方式如下：

◢ 在菜单栏中，选择【扩展程序】|【线面辅助工具】|【查找线头工具】|【标记线头】菜单命令。

这款插件在进行封面操作时非常有用，可以快速显示导入的 CAD 图形线段之间的缺口，菜单命令如图 3-86 所示。

3.【焊接曲线工具】插件

执行【焊接曲线工具】命令的方式如下：

◢ 在菜单栏中，选择【扩展程序】|【线面辅助工具】|【焊接曲线工具】菜单命令。

在使用 SketchUp 建模的过程中，经常会遇到某些边线会变成分离的多个小线段，很不方便选择和管理，特别是在需要重复操作它们时会更麻烦，而使用【焊接曲线工具】插件就很容易解决这个问题，如图 3-87 所示。

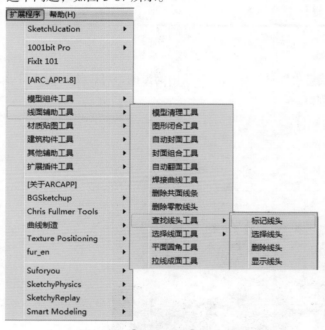

图 3-86　【标记线头】菜单命令

图 3-87　【焊接曲线工具】菜单命令

4.【拉线成面工具】插件

执行【拉线成面工具】命令的方式如下：

◢ 在菜单栏中，选择【扩展程序】|【线面辅助工具】|【拉线成面工具】菜单命令。

使用时选定需要挤压的线就可以直接应用该插件，挤压的高度可以在文本框中输入准确数值，当然也可以通过拖动鼠标的方式拖出高度。该插件可以快速将线拉伸成面，其功能与 SUAAP 中的【线转面】功能类似。

有时在制作室内场景时，可能只需要单面墙体，通常的做法是先做好墙体截面，然后使用【推／拉】工具 推出具有厚度的墙体，接着删除朝外的墙面，才能得到需要的室内墙面，操作起来比较麻烦。使用 Extruded Lines 插件（【拉线成面工具】插件）可以简化操作步骤，只需要绘制出室内墙线就可以通过这个插件挤压出单面墙。

【拉线成面工具】插件不但可以对一个平面上的线进行挤压，而且对空间曲线同样适用。例如在制作旋转楼梯的扶手侧边曲面时，有了这个插件后就可以直接挤压出曲面，如图 3-88 所示。

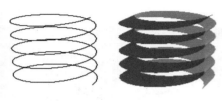

图 3-88 使用【拉线成面工具】命令

5.【距离路径阵列】插件

执行【距离路径阵列】命令的方式如下：

◀ 在菜单栏中，选择【扩展程序】|【模型组件工具】|【距离路径阵列】菜单命令。

在 SketchUp 中沿直线或圆心阵列多个对象比较容易，但是沿一条稍复杂的路径进行阵列就很难了，遇到这种情况可以使用【距离路径阵列】插件来完成，如图 3-89 所示。【距离路径阵列】插件只对组和组件进行操作。

6.【平面圆角工具】插件

执行【平面圆角工具】命令的方式如下：

◀ 在菜单栏中，选择【扩展程序】|【线面辅助工具】|【平面圆角工具】菜单命令。

选择两条相交或延长线相交的线后调用此命令，输入倒角半径，按 <Enter> 键确认，如图 3-90 所示。

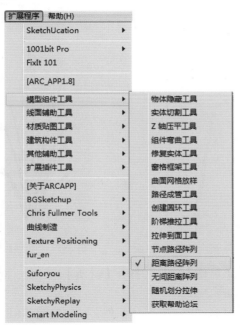

图 3-89 【距离路径阵列】插件

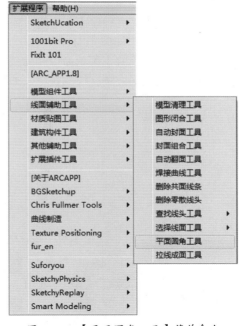

图 3-90 【平面圆角工具】菜单命令

3.4.3 范例制作

实例源文件	ywj/03/3-4.skp
视频课堂教程	资源文件→视频课堂→第 3 章→ 3.4

范例操作步骤

`Step01` 选择【直线】工具，绘制山体侧边轮廓，如图 3-91 所示。

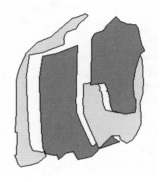

图 3-91 绘制山体侧边轮廓

Step02 选择【推拉】工具，推拉山体模型，如图 3-92 所示。

Step03 使用相同方法，绘制其他山体模型，如图 3-93 所示。

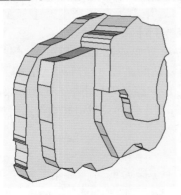

图 3-92　推拉山体模型

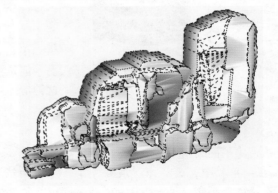

图 3-93　绘制其他山体模型

Step04 选择【圆弧】工具，绘制圆弧，如图 3-94 所示。

Step05 选择【扩展程序】|【线面辅助工具】|【拉线成面工具】菜单命令，绘制模型，如图 3-95 所示。

Step06 选择【缩放】菜单命令，缩放模型，如图 3-96 所示。

Step07 运用相同方法，绘制花草，如图 3-97 所示。

图 3-94　绘制圆弧

图 3-95　绘制模型

图 3-96　缩放模型

图 3-97　绘制花草

Step08 选择【材质】工具，打开【材质】编辑器，选择【01.jpg】文件，如图 3-98 所示。

Step09 设置模型材质，并添加组件，绘制完成假山，如图 3-99 所示。

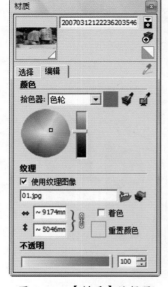

图 3-98　【材质】编辑器

图 3-99　绘制完成假山

3.5　渲染——渲染景观亭

3.5.1　范例展示

本节范例为渲染景观亭，通过 SketchUp 渲染插件，读者可以简单了解渲染插件的使用方法，在以后绘制渲染模型中可以通过不同的设置方法，渲染不同的材质贴图，如图 3-100 所示。

图 3-100　景观亭效果图

3.5.2　范例制作

实例源文件	ywj/03/3-5.skp
视频课堂教程	资源文件→视频课堂→第 3 章→ 3.5

范例操作步骤

`Step01` 打开【3-5.skp】文件，如图 3-101 所示。

图 3-101　打开文件

Step02 打开 V-Ray 材质编辑器，如图 3-102 所示。

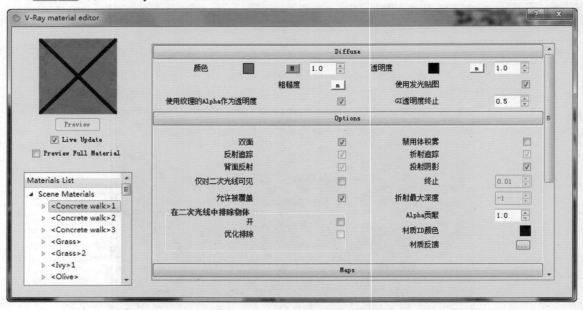

图 3-102　打开 V-Ray 材质编辑器

Step03 打开【材质】编辑器，如图 3-103 所示。

Step04 使用 SketchUp【材质】编辑器的【提取材质】工具，提取材质，V-Ray 材质面板会自动跳到该材质的属性上，并选择该材质，然后单击鼠标右键，在弹出的菜单中执行【Create Layer】（创建图层）|【Reflection】（反射）命令，如图 3-104 所示，并将【反射】调整为 0.8，接着单击反射层后面的 m 符号，并在弹出的对话框中选择【TexFresnel】（菲涅尔）模式，如图 3-105 所示，最后单击【OK】按钮。

图 3-103　打开【材质】编辑器

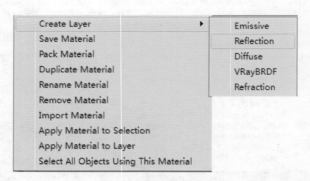

图 3-104　反射

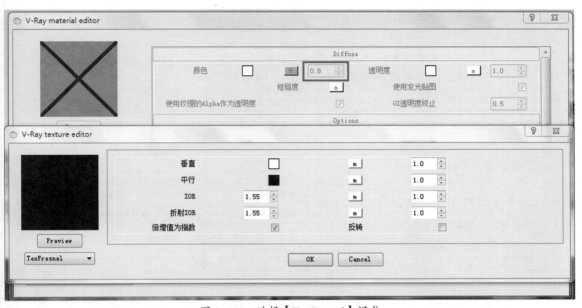

图 3-105 选择【TexFresnel】模式

Step05 打开 V-Ray 渲染设置面板，进行环境（Environment）设置，如图 3-106 所示。

Step06 接着进行全局光颜色的设置，如图 3-107 所示。

Step07 背景颜色的设置，如图 3-108 所示。

图 3-106 环境设置

图 3-107 全局光颜色的设置

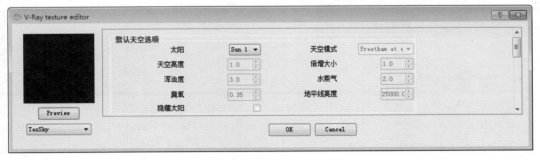

图 3-108 背景颜色的设置

Step08 将采样器类型更改为【自适应 DMC】，并将【最大细分】设置为 16，提高细节区域的采样，然后将【抗锯齿过滤器】激活，并选择常用的【Catmull Rom】过滤器，如图 3-109 所示。

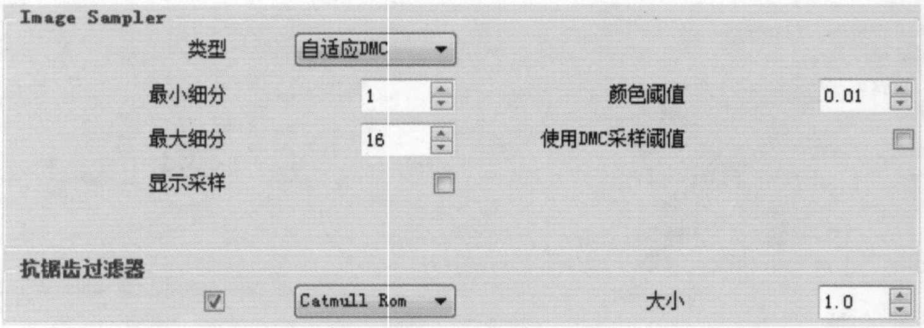

图 3-109　参数设置

Step09 进一步提高【DMC sampler】（纯蒙特卡罗采样器）的参数，主要提高了【噪波阈值】，使图面噪波进一步减小，如图 3-110 所示。

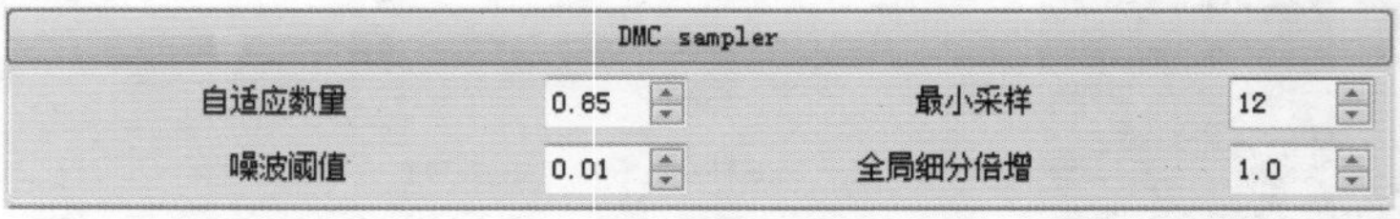

图 3-110　参数设置

Step10 修改【Irradiance map】（发光贴图）中的数值，将其【最小比率】改为 –3，【最大比率】改为 0，如图 3-111 所示。

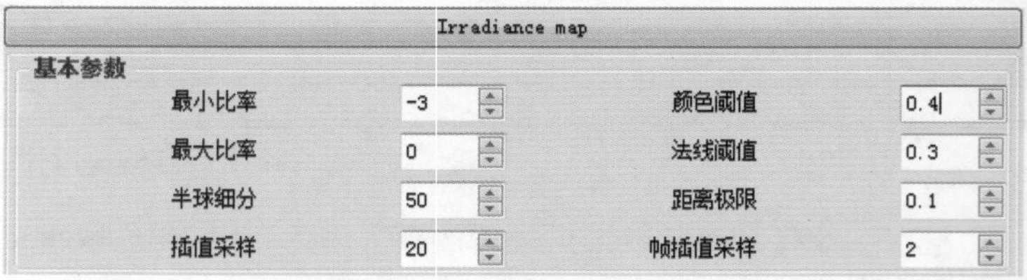

图 3-111　参数设置

Step11 在【Light cache】（灯光缓存）中将【细分】修改为 1200，如图 3-112 所示。

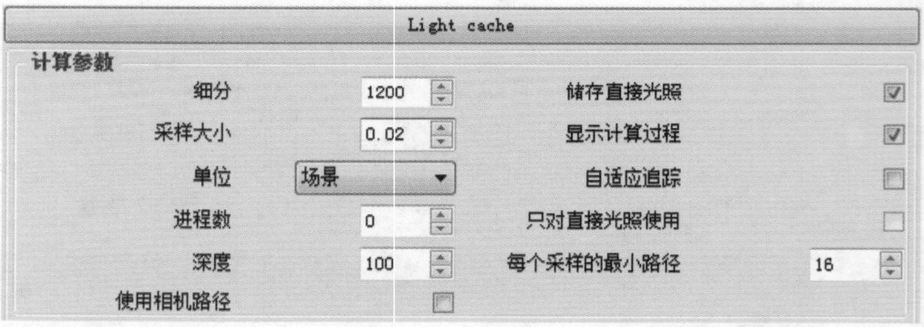

Step12 设置完成后就可以渲染了，如图 3-113 所示。

图 3-112　参数设置

图 3-113　渲染效果

3.6　本章小结

本章讲解了怎样添加不同角度的场景并保存，可以方便地进行多个场景视图的切换，另外，也可以导出设置好的场景图片，让设计师能更好地多角度观察图形，熟练的材质应用更能体现设计者的设计意图，【沙盒】工具和插件可以在绘制模型过程中提高效率，希望读者多加练习本章所学内容。

第 4 章
Photoshop 后期处理应用

本章导读

　　Photoshop 是 Adobe 公司推出的一款功能十分强大、使用范围广泛的平面图像处理软件。Adobe 公司在对其进行不断升级后，其功能也越来越强大，使用方式也越来越趋向人性化，Photoshop CC 是最新推出的版本。

　　实际上，Photoshop 的应用领域很广泛，在图像、图形、文字、视频和出版各方面都有涉及。Photoshop 应用于平面设计、修复照片、广告摄影、影像创意、网页制作、建筑效果图后期修饰、绘画、绘制或处理三维贴图、视觉创意等领域，是众多平面设计师的首选软件。

学习要求	知识点＼学习目标	认　识	理　解	应　用
	掌握 Photoshop 界面和操作基础	√		
	掌握图像操作和色彩管理			√
	掌握图层管理和图像模式及通道			√
	掌握滤镜的使用方法			√
	掌握图像的优化和编辑方法			√

4.1　Photoshop 界面和操作基础

　　本节主要讲解 Photoshop 的基础知识以及 Photoshop 的一些基本操作，如 Photoshop 的应用领域、Photoshop CC 的新增功能、Photoshop CC 的工作界面、文档和图像的基本操作。

4.1.1　Photoshop CC 的工作界面

　　启动 Photoshop CC 后，将可以看到如图 4-1 所示的界面。

　　通过图 4-1 可以看出，完整的操作界面由菜单栏、属性栏、工具箱、属性面板、操作文件与文件窗口组成。在实际工作当中，工具箱与面板的使用较为频繁，因此下面重点讲解各工具与面板的功能及基本操作。

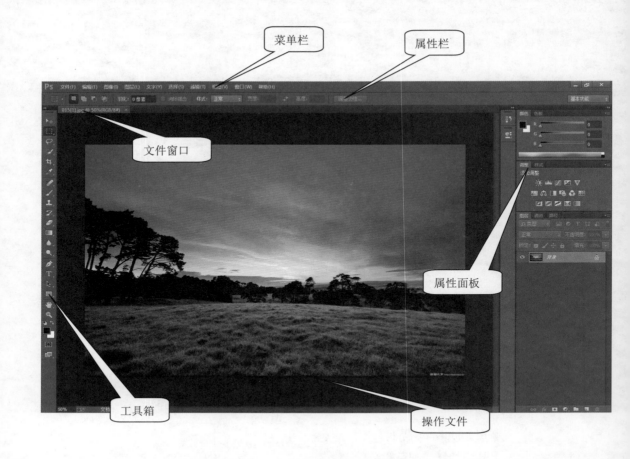

图 4-1 Photoshop CC 的操作界面

1. 菜单命令

Photoshop 共有 10 个菜单，每个菜单又有数个命令，因此 10 个菜单包含了上百个命令。虽然命令如此之多，但这些菜单是按主题进行组合的，如【选择】菜单中包含用于选择的命令，【滤镜】菜单中包含所有的滤镜命令等。

2. 属性栏

属性栏提供了相关工具的选项，当选择不同的工具时，属性栏中将会显示与工具相应的参数。利用属性栏，可以完成对各工具的参数设置。

3. 工具箱

工具箱中存放着用于创建和编辑图像的各种工具，使用这些工具可以进行选择、绘制、编辑、观察、测量、注释和取样等操作。

4. 属性面板

Photoshop CC 的属性面板有 24 个，每个属性面板都可以根据需要将其显示或隐藏。这些面板的功能各异，其中较为常用的是【图层】、【通道】、【路径】和【动作】等面板。

5. 操作文件

操作文件即当前工作的图像文件。Photoshop 中可以同时打开多个操作文件。

如果打开了多个图像文件，可以通过单击【文件窗口】右上方的【展开】按钮 ，在弹出的下拉菜单中选择要操作的文件，如图 4-2 所示。

图 4-2　选择要操作的文件

4.1.2　菜单栏

Photoshop CC 的菜单栏包含了大多数功能，包括【文件】、【编辑】、【图像】、【图层】、
【文字】、【选择】、【滤镜】、【视图】、【窗口】及【帮助】，如图 4-3 所示。

文件(F)　编辑(E)　图像(I)　图层(L)　文字(Y)　选择(S)　滤镜(T)　视图(V)　窗口(W)　帮助(H)

图 4-3　Photoshop CC 菜单栏

可以通过以下方法选取这些菜单命令来管理和操作整个软件。

方法 1：使用鼠标单击菜单名，在打开的菜单中选择所需要的命令。

方法 2：使用菜单命令旁标注的快捷键，如选择【文件】|【新建】菜单命令可直接按
<Ctrl+N> 快捷键。

方法 3：按住 <Alt> 键和菜单栏中带括号的字母打开菜单，再按菜单命令中带括号的字母执
行命令，如选择【文件】|【新建】菜单命令，可直接按 <Alt+F> 快捷键打开【文件】菜单，再按
<N> 键执行【新建】命令。

4.1.3　工具箱

当用户第一次启动 Photoshop CC 后，
工具箱在默认情况下出现在屏幕左侧，用户
可以对其进行移动或隐藏等操作。Photoshop
CC 的工具箱提供了强大的绘图和编辑功能，
可以这样说，它是 Photoshop 的控制中心，
大多数对图像的编辑工具都可以在这里找
到，如选择工具、绘图工具和修图工具等，
如图 4-4 所示。因此，工具箱中的这些工具
是人们平时最常用的。

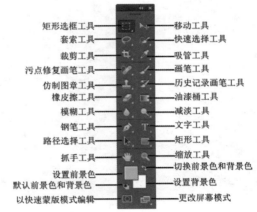

图 4-4　Photoshop CC 的工具箱

1. 显示隐藏工具

隐藏工具是 Photoshop 工具箱的一大特色，由于工具箱的面积有限，而工具数量又很多，因此 Photoshop 采用了隐藏工具的方式来构成工具箱。

通过下面 3 种方法可以选择工具箱中的隐藏工具：

方法 1：单击【工具箱】中带有黑色小三角图标的工具按钮，并按住鼠标左键不放，将弹出隐藏工具选项，将鼠标移动到需要的工具选项上，就可以选择该工具了。例如选择【魔棒工具】，先将鼠标指针移动到【快速选择工具】图标上，单击【快速选择工具】图标并按住鼠标左键不动，将弹出隐藏的【魔棒工具】选项，如图 4-5 所示，将鼠标指针移动到【魔棒工具】选项上并单击，选择【魔棒工具】。

方法 2：按住键盘上的 <Alt> 键，再反复单击有隐藏工具的图标，就会循环出现每个隐藏工具的图标。

方法 3：按住键盘上的 <Shift> 键，再反复按键盘上的工具快捷键，就会循环出现每个隐藏工具的图标。

图 4-5　弹出隐藏的
【魔棒工具】选项

2. 热敏菜单

Photoshop CC 工具箱中的每一个工具都有热敏菜单，将鼠标指针放在工具的图标上，将出现此工具名称和操作快捷键的热敏菜单，如图 4-6 所示。

图 4-6　显示热敏菜单

3. 伸缩工具箱

Photoshop CC 的工具箱具备了很强的伸缩性，即可以根据需要，在单栏与双栏状态之间进行切换。只需单击伸缩栏上的两个小三角按钮即可完成工具箱的伸缩，如图 4-7 所示。

当工具栏显示为双栏时，单击顶部的伸缩栏即可将其改变为单栏状态，如图 4-8 所示，这样可以更好地节省工作区中的空间，以利于用户进行图像处理；反之，也可以将其恢复至早期的双栏状态，如图 4-9 所示。这些设置完全可以根据个人的喜好进行。

图 4-7　工具箱的伸缩栏

图 4-8　单栏工具箱状态

图 4-9　双栏工具箱状态

4.1.4　属性面板

Photoshop CC 的属性面板是处理图像时另一个不可或缺的部分，它可以完成对图像的一部分编辑工作。

1. 伸缩属性面板

除了工具箱外，属性面板同样可以进行伸缩。对于已展开的属性面板，单击其顶部的伸缩栏，可以将其收缩成为图标状态，如图 4-10 所示；反之，如果单击未展开的伸缩栏，则可以将该栏中的全部面板都展开，如图 4-11 所示。

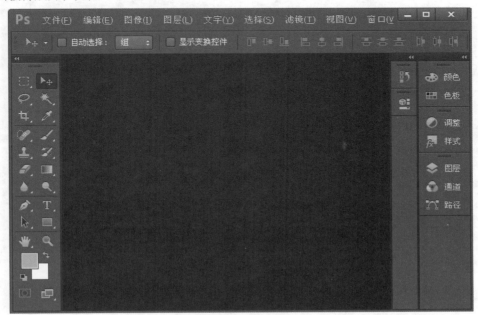

图 4-10　收缩属性面板时的状态

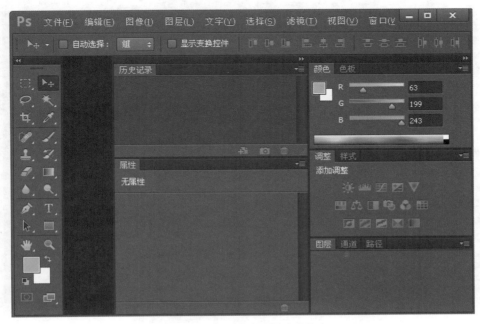

图 4-11　展开属性面板时的状态

2. 拆分属性面板

单独拆分出一个属性面板时，可以直接单击对应的图标或标签，然后将其拖动至工作区中的空白位置，如图 4-12 所示，图 4-13 中【颜色】面板就是被单独拆分出来的属性面板。

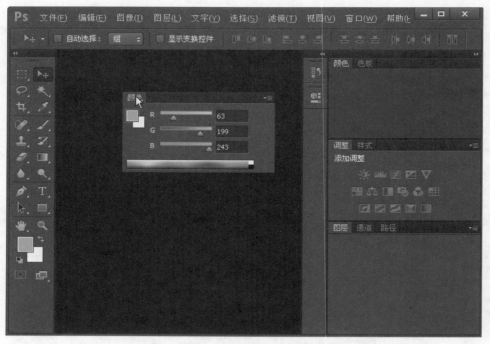

图 4-12　向空白区域拖动属性面板

图 4-13　拆分后的属性面板

3. 组合属性面板

按住鼠标左键不放并拖动位于外部的属性面板标签至想要的位置，直至该位置出现蓝色反光时，如图 4-14 所示，释放鼠标左键，即可完成属性面板的组合操作，如图 4-15 所示。

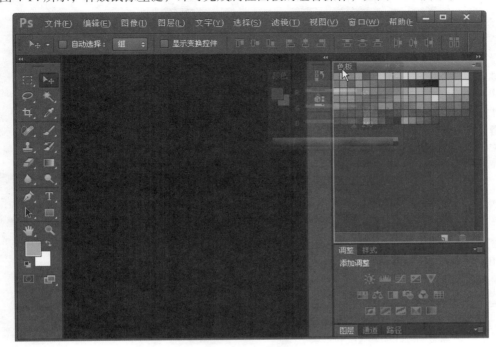

图 4-14　拖动属性面板的位置

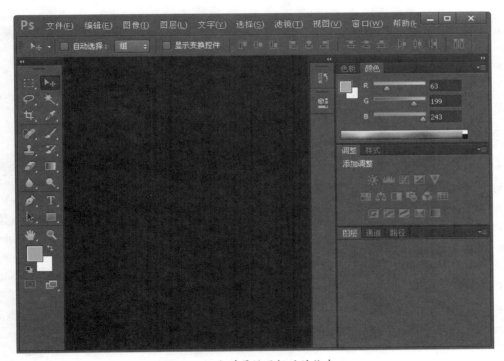

图 4-15　合并属性面板后的状态

4. 显示或隐藏属性面板

使用以下的方法可以显示或隐藏属性面板。

方法 1：反复按 <Tab> 键，将控制显示或隐藏工具箱、属性栏和属性面板。

方法 2：反复按 <Shift+Tab> 快捷键，将控制显示或隐藏属性面板。

方法 3：按 <F6> 快捷键显示或隐藏【颜色】属性面板，按 <F7> 快捷键显示或隐藏【图层】属性面板，按 <F8> 快捷键显示或隐藏【信息】属性面板，按 <Alt+F9> 快捷键显示或隐藏【动作】属性面板。

方法 4：单击属性面板右上角的【折叠为图标】按钮，将只显示属性面板的标签。

> 提示：单击属性面板组右下角的图标，并按住鼠标不放，可以通过拖拽放大或缩小属性面板。

4.1.5 文档操作

下面介绍文件的基本操作，包括新建、打开、存储，关闭图像。

1. 新建文件

选择【文件】|【新建】菜单命令，或按 <Ctrl+N> 快捷键打开【新建】对话框，如图 4-16 所示。

在【新建】对话框中可以更改当前的参数设置，在更改参数的过程中，如果想恢复原有的参数设置，可按 <Alt> 键使【取消】按钮改变为【复位】按钮，并单击它即可。完成参数设置后，单击【确定】按钮便可以创建一个新文件。

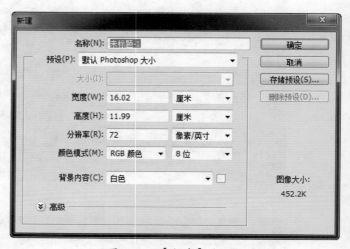

图 4-16 【新建】对话框

【新建】对话框中各选项的功能及参数设置如下所示。

◀【名称】：在该文本框中可输入新建的图像名称，"未标题 -1"是 Photoshop 根据新建文件的数目序列默认的名称。

◀【预设】：在该下拉列表框中，读者可以根据需要非常方便地设置所需图像的大小，如图 4-17 所示。

◀【宽度】：在文本框中可以输入新建图像的宽度，在单位下拉列表框中可以根据需要选择单位名称，如图 4-18 所示。

◀【高度】：在文本框中可以输入新建图像的高度，在单位下拉列表框中可以根据需要选择单位名称。

◀【分辨率】：设定每英寸的像素数或每厘米的像素数，一般在进行屏幕练习时，设定为 72 像素 / 英寸，在进行平面设计时，设定为输出设备的半调网屏频率的 1.5~2 倍，一般为 300 像素 / 英寸。打印

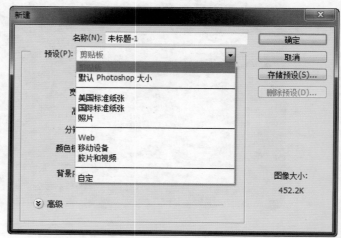

图 4-17 【预设】下拉列表框

图像设定的分辨率应该是打印机分辨率的整除数，如 100 像素 / 英寸，每英寸像素数越高，图像的文件也越大，要根据工作需要设定合适的分辨率。

◀【颜色模式】：在该下拉列表框中提供了 Photoshop 文件支持的所有颜色模式，如图 4-19 所示，可在其中选择新建文件的颜色模式。

◀【背景内容】：在该下拉列表框中选择新建图像文件的背景。其中有 3 个选项，如图 4-20 所示，选择【白色】将用白色填充新建图像文件的背景，它是默认的背景色；选择【背景色】是用当前工具箱中的背景色填充新建图像文件的背景；选择【透明】则用于创建一个没有颜色值的单图层图像。因为选择【透明】选项创建的图像只包含一个图层而不是背景，所以必须以 Photoshop 格式存储。

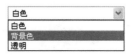

图 4-18　单位下拉列表框　　　图 4-19　【颜色模式】下拉列表框　　　图 4-20　【背景内容】下拉列表框

2. 打开文件

在 AdobePhotoshop 中，可以打开不同文件格式的图像，而且可以同时打开多个图像文件。选择【文件】|【打开】菜单命令，或按 <Ctrl+O> 快捷键，将打开如图 4-21 所示的【打开】对话框，找到并选择所需要的文件，单击【打开】按钮或直接双击文件，即可打开所指定的图像文件。

图 4-21　【打开】对话框

提示：通过【文件】|【打开为】或【文件】|【最近打开文件】菜单命令也可打开文件。

3. 存储文件

对文件的存储有以下两种方法。

方法 1: 当第一次存储文件时,选择【文件】|【存储】菜单命令,或按下键盘上的 <Ctrl+S> 快捷键,弹出【另存为】对话框,如图 4-22 所示。在对话框中输入文件名,在【格式】下拉列表框中可以选择要存储文件的格式,如图 4-23 所示,单击【保存】按钮将图像保存。

对文件进行了各种编辑操作后,选择【存储】命令将不弹出【另存为】对话框,计算机直接保留最终确认的结果,并覆盖原始文件。因此,在未确定要放弃原始文件之前,应慎用此命令。

图 4-22 【另存为】对话框

Photoshop (*.PSD;*.PDD)
大型文档格式 (*.PSB)
BMP (*.BMP;*.RLE;*.DIB)
CompuServe GIF (*.GIF)
Photoshop EPS (*.EPS)
Photoshop DCS 1.0 (*.EPS)
Photoshop DCS 2.0 (*.EPS)
IFF 格式 (*.IFF;*.TDI)
JPEG (*.JPG;*.JPEG;*.JPE)
JPEG 2000 (*.JPF;*.JPX;*.JP2;*.J2C;*.J2K;*.JPC)
JPEG 立体 (*.JPS)
PCX (*.PCX)
Photoshop PDF (*.PDF;*.PDP)
Photoshop Raw (*.RAW)
Pixar (*.PXR)
PNG (*.PNG;*.PNS)
Portable Bit Map (*.PBM;*.PGM;*.PPM;*.PNM;*.PFM;*.PAM)
Scitex CT (*.SCT)
SGI RGB (*.SGI;*.RGB;*.RGBA;*.BW)
Targa (*.TGA;*.VDA;*.ICB;*.VST)
TIFF (*.TIF;*.TIFF)
多图片格式 (*.MPO)

JPEG (*.JPG;*.JPEG;*.JPE)

图 4-23 【格式】下拉列表框

提示:根据工作任务的需要可以选择文件存储格式,如用于印刷的有 TIFF、ESP,出版物使用 PDF,Internet 图像使用 GIF、JPEG、PNG,用于 Photoshop 工作的有 PSD、PDD、TIFF。

方法 2：若既要保留修改过的文件，又不想放弃原文件，则可以选择【存储为】命令。选择【文件】|【存储为】菜单命令，或按 <Shift+Ctrl+S> 快捷键，弹出【另存为】对话框，在该对话框中，可以为更改过的文件重新命名、选择路径及设定格式，然后进行存储。原文件依然保留不变。

【存储选项】选项组中各复选框的功能如下所示。

◀【作为副本】：在可用状态下启用它，将处理的文件存储成该文件的副本。

◀【Alpha 通道】：可存储带 Alpha 通道的文件。

◀【图层】：可将图层和文件同时存储。

◀【注释】：可将带有注释的文件存储。

◀【专色】：可将带有专色通道的文件存储。

◀【使用校样设置】：可用状态时使用小写的扩展名存储文件，不可用状态时使用大写的扩展名存储文件。

4. 关闭文件

【文件】菜单下的【关闭】命令只有当有文件被打开时才呈现可用状态，选择【文件】|【关闭】菜单命令，或按 <Ctrl+W> 快捷键，或单击图像窗口右上角的【关闭】按钮 ✖，可将当前文件关闭。此时若当前文件被修改过或是新建文件，则会弹出一个提示框，如图 4-24 所示，询问是否进行存储，单击【是】按钮即可存储图像。

图 4-24　文件关闭提示框

> **提示**：选择【文件】|【关闭全部】菜单命令，或按 <Alt+Ctrl+W> 快捷键，可以将打开的图像全部关闭。

4.1.6　图像文件的操作

Photoshop 是一款图像处理软件，本节将讲解最基础的查看图像、显示图像窗口和调整图像尺寸，其中会涉及一些图像处理的基本知识。

1. 图像的查看

（1）100% 显示图像　100% 显示图像如图 4-25 所示。在此状态下可以对文件进行精确的编辑。

（2）全屏显示图像　全屏显示图像有以下几种方法。

图 4-25　以 100% 的比例显示图像

方法 1：选择工具箱中的【更改屏幕模式】按钮 ，如图 4-26
所示。单击【更改屏幕模式】按钮，在弹出的下拉菜单中选择【标准屏幕模式】，将以默认的外观显示，如图 4-27 所示；选择【带有菜单栏的全屏模式】将显示带有菜单栏的全屏模式，如图 4-28 所示；选择【全屏模式】，将显示完全全屏的窗口，如图 4-29 所示。

图 4-26　屏幕模式按钮

方法 2：反复按 <F> 键，可以切换不同的屏幕模式效果；按 <Tab> 键，可以关闭除图像和菜单栏外的其他控制面板，如图 4-30 所示。

图 4-27　标准屏幕模式

图 4-28　带有菜单栏的全屏模式

图 4-29　全屏模式

图 4-30　关闭除图像和菜单栏外的其他控制面板

（3）放大显示图像　放大显示图像有以下几种方法。

方法 1：在工具箱中选择【缩放工具】，图像中鼠标指针变为【放大工具】，每单击一次，图像就会放大一些。例如，图像以 100% 的比例显示在屏幕上，单击【放大工具】一次则变成 200%，如图 4-31 所示。

方法 2：放大一个指定的区域时，先选择【放大工具】，然后把【放大工具】定位在要观看的区域。按住鼠标左键并拖动鼠标，使鼠标指针画出的矩形框圈选所需的区域，然后松开鼠标左键，这个区域就会放大显示并填满图像窗口，如图 4-32 所示。

图 4-31　放大显示图像

图 4-32　放大显示指定的区域

　　方法 3：按 <Ctrl+ + > 快捷键，可逐渐地放大图像，如从 100% 比例放大到 200%，直至 300%、400%。如果希望将图像的窗口放大填满整个屏幕，可以在【缩放工具】的属性栏中勾选【调整窗口大小以满屏显示】复选框，再单击【适合屏幕】按钮，如图 4-33 所示。这样在放大图像时，窗口就会和屏幕的尺寸相适应，效果如图 4-34 所示。还有其他的选项供读者选择，单击【实际像素】按钮，图像以实际像素比例显示；单击【打印尺寸】按钮，图像以打印分辨率显示。

图 4-33　【缩放工具】属性栏

107

图 4-34　窗口和屏幕的尺寸相适应

　　读者还可以在【导航器】控制面板中对图像进行缩放，单击控制面板右下角较大的三角图标
，可逐渐放大图像，如从 100% 的图像显示比例放大到 200%，直至 300%、400%。单击控制面
板左下角的较小的三角图标，可逐渐缩小图像；拖动小三角滑块可以自由将图像放大或缩小；
在左下角的文本框中直接输入数值后按 <Enter> 键，也可以将图像放大或缩小，如图 4-35 所示。

图 4-35　通过【导航器】控制面板将图像进行放大

方法 4：当正在使用工具箱中的其他工具时，只要同时按住 <Ctrl+Space> 快捷键，就可以得到【放大工具】，进行放大显示的操作。

（4）缩小显示图像　缩小显示图像有以下几种方法。

方法 1：选择工具箱中的【缩放工具】，图像上的鼠标指针变为【放大工具】，按住 <Alt> 键，则图像上的图标变为【缩小工具】。每单击一次，图像将缩小显示一级，如图 4-36 所示。

图 4-36　缩小显示图像

方法 2：在【缩放工具】的属性栏中单击【缩小】按钮，如图 4-37 所示，则屏幕上的【缩放工具】图标变为【缩小工具】图标，每单击一次，图像将缩小显示一级。

图 4-37　【缩放工具】属性栏

方法 3：按 <Ctrl+-> 快捷键，可逐渐缩小图像。

方法 4：当正在使用【工具箱】中的其他工具时，只要同时按下 <Alt+Space> 快捷键，就可以达到使用【缩小工具】进行缩小显示的效果。

2. 图像窗口的显示

当打开多个图像文件时，会出现多个图像文件窗口，用户需要对窗口进行布置和摆放。下面将讲解怎样对窗口进行布置和摆放。

用鼠标双击 Photoshop 界面，或按 <Ctrl+O> 快捷键，在【打开】对话框中按住 <Ctrl> 键，用鼠标点选不同的图片，单击【打开】按钮，如图 4-38 所示。

按 <Tab> 键关闭界面中的工具箱和控制面板，如图 4-39 所示。

选择【窗口】|【排列】菜单命令，弹出【排列】子菜单，如图 4-40 所示，选择【全部垂直拼贴】命令，图像排列如图 4-41 所示，选择【四联】命令，图像排列如图 4-42 所示。

图 4-38　打开的图像

图 4-39　关闭界面中的工具箱和控制面板

图 4-40　【排列】子菜单

图 4-41　全部垂直拼贴

图 4-42　四联

3. 图像尺寸的调整

一般来说，当用户扫描了图像或者当前图像的大小需要调整时，可以进行相关的操作。

（1）调整图像大小　打开一张图像，选择【图像】|【图像大小】菜单命令，弹出【图像大小】对话框，如图 4-43 所示。

图 4-43　【图像大小】对话框

在【图像大小】对话框中，设置【文档大小】选项组中的【宽度】和【高度】数值。图像将变小，效果如图 4-44 所示。

图 4-44　图像变小的效果

【图像大小】对话框中各选项的功能及参数设置如下所示。

◀【像素大小】选项组：通过改变【宽度】和【高度】的数值，改变图像在屏幕上的显示的大小，图像的尺寸也相应改变。

◀【文档大小】选项组：通过改变【宽度】、【高度】和【分辨率】的数值，改变图像的文档大小，图像的尺寸也相应改变。

◀【缩放样式】复选框：如果图像带有应用了样式的图层，要启用【缩放样式】复选框，在调整大小后的图像中缩放效果。只有启用【约束比例】复选框时，才能使用此选项。

◀【约束比例】按钮：启用此复选框时，在【宽度】和【高度】的选项前出现"锁链"标志，表示改变其中一项设置时，两项会等比例的同时改变。

◀【重新采样】复选框：禁用此复选框时，像素大小将不发生变化，【文档大小】选项组中的【宽度】、【高度】和【分辨率】的选项后将出现"锁链"标志，数据变化时，这三个选项会同时改变。【图像大小】对话框如图 4-45 所示。

图 4-45　禁用【重定图像像素】复选框时的【图像大小】对话框

（2）调整画布尺寸　图像画布尺寸的大小是指当前图像周围的工作空间大小，选择【图像】|【画布大小】菜单命令，将弹出【画布大小】对话框，如图 4-46 所示。

【画布大小】对话框中各选项的功能及参数设置如下所示。

◀【当前大小】选项组：显示当前文件的大小和尺寸。

◀【新建大小】选项组：用于重新设定图像画布的大小。

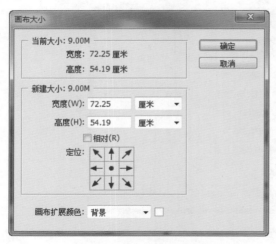

图 4-46 【画布大小】对话框

图 4-47 图像扩展区域的位置示意

◀【相对】复选框：指示新的大小尺寸是绝对尺寸还是相对尺寸。

◀【定位】：箭头所指方向即为扩展区域的位置，可向右、向下或向左下角等，如图 4-47 所示。

【画布扩展颜色】下拉列表框有以下几种选项。

◀【前景】：用当前的前景颜色填充新画布。

◀【背景】：用当前的背景颜色填充新画布。

◀【白色】、【黑色】和【灰色】：用这种颜色填充新画布。

◀【其他】：使用拾色器选择新画布颜色。

调整画布大小之后的效果如图 4-48 所示。

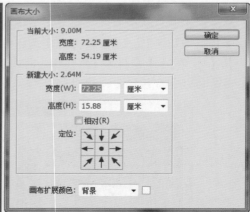

图 4-48 调整画布大小的效果

4. 置入图像

Photoshop 是一个位图软件，用户可以将矢量图形软件制作的图像（EPS、AI、PDF 等）插入到 Photoshop 中使用，具体操作方法如下。

1）启动 Photoshop CC 后，选择【文件】|【新键】菜单命令，新建一个空白文档，如图 4-49 所示。

图 4-49　新建空白文档

2）选择【文件】|【置入嵌入的智能对象】菜单命令，在打开的【置入嵌入对象】对话框中找到并选择需要置入的图片，如图 4-50 所示。

图 4-50　选择需要置入的图片

3）单击【置入】按钮，将其置入到空白文档中，如图 4-51 所示。

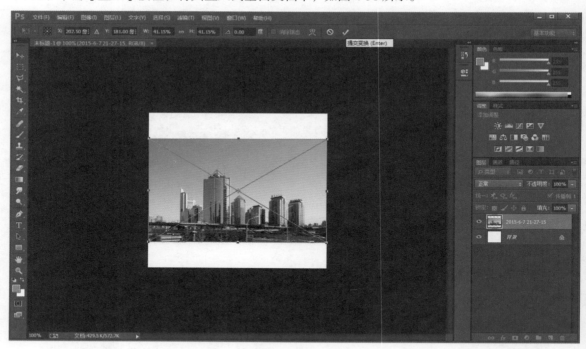

图 4-51 置入图片

4）置入进来的图片中出现了一个浮动的对象控制符，双击图片即可取消该控制符，如图 4-52 所示。

图 4-52 取消控制符

4.2 图像操作和色彩管理——仿古牌楼色彩编辑

4.2.1 范例展示

本节范例为仿古牌楼色彩编辑，涉及本节所讲到的一些色彩编辑工具，通过这些工具来调节图片的色彩，仿古牌楼全图如图 4-53 所示。

图 4-53　仿古牌楼最终效果图

4.2.2 知识准备

1. 修剪

除了使用工具箱中的【裁剪工具】　进行裁切外，Photoshop CS6 还提供了有较多选项的裁切方法，即【图像】|【裁切】菜单命令。使用此命令可以裁切图像的空白边缘，选择该命令后，将弹出【裁切】对话框，如图 4-54 所示。

图 4-54　【裁切】对话框

使用此命令首先需要在【基于】选项组选择一种裁切方式，以确定基于某个位置进行裁切。

◀选中【透明像素】单选按钮，则以图像中有透明像素的位置为基准进行裁切。

◀选中【左上角像素颜色】单选按钮，则以图像左上角位置为基准进行裁切。

◀选中【右下角像素颜色】单选按钮，则以图像右下角位置为基准进行裁切。

在【裁切】选项组可以选择裁切的方位，其中有【顶】、【左】、【底】和【右】4 个复选框，如果仅启用某一复选框，如【顶】复选框，则在裁切时从图像顶部开始向下裁切，而忽略其他方位。

图 4-55 所示为原图像，图 4-56 所示为使用此命令得到的效果，可以看出图像四周的透明区域已被修剪去。

图 4-55　原图像　　　　　　　　　　　　图 4-56　裁切后的效果

2. 显示全部

在某些情况下，图像的部分会处于画布的可见区域外，如图 4-57 所示。选择【图像】|【显示全部】菜单命令，可以扩大画布，从而使处于画布可见区域外的图像完全显示出来，图 4-58 所示为使用此命令后完全显示的图像。

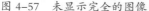

图 4-57　未显示完全的图像　　　　　　　图 4-58　显示完全的图像

3. 减淡工具

使用【减淡工具】 🔍 在图像中拖动，可将鼠标指针掠过处的图像色彩减淡，从而起到加亮的视觉效果，其属性栏如图 4-59 所示。

图 4-59　【减淡工具】属性栏

使用该工具需要在属性栏中选择合适的笔刷，然后选择【范围】下拉列表框中的选项，以定义减淡工具应用的范围。

◀【范围】：在此可以选择【暗调】、【中间调】及【高光】3 个选项，分别用于对图像的暗调、中间调及高光部分进行调节。

◀【曝光度】：此数值定义了对图像的加亮程度，数值越大，亮化效果越明显。

◀【保护色调】：勾选此复选框可以使操作后图像的色调不发生变化。

图 4-60 所示为原图，图 4-61 所示为使用【减淡工具】对建筑物及泳池进行操作，以突出显示其受光面的效果。

图 4-60　原图

图 4-61　减淡后的效果

4. 加深工具

【加深工具】　和【减淡工具】相反，可以使图像中被操作的区域变暗，其属性栏及操作方法与【减淡工具】的应用相同，故不再赘述。

图 4-62 所示为原图，图 4-63 所示为使用此工具加深后的效果，可以看出操作后的图像更具有立体感。

图 4-62　原图

图 4-63　加深后的效果

5. 为图像去色

选择【图像】|【调整】|【去色】菜单命令，可以去掉彩色图像中的所有颜色值，将其转换为相同颜色模式的灰度图像。图 4-64 所示为原图像，图 4-65 所示为选择建筑图像并应用此命令去色后得到的效果。

图 4-64 原图像   图 4-65 应用【去色】命令
处理后的效果

6. 反相图像

选择【图像】|【调整】|【反相】菜单命令，可以将图像的颜色反相。将正片黑白图像变成负片，或将扫描的黑白负片转换为正片，如图 4-66 所示。

图 4-66 原图及应用【反相】命令处理后的效果

7. 均化图像的色调

使用【图像】|【调整】|【色调均化】菜单命令可以对图像亮度进行色调均化，即在整个色调范围中均匀分布像素。图 4-67 所示为原图像，图 4-68 所示为使用此命令后的效果图。

图 4-67 原图   图 4-68 应用【色调均化】
命令处理后的效果

8. 制作黑白图像

选择【图像】|【调整】|【阈值】菜单命令，可以将图像转换为黑白图像。

在此命令弹出的【阈值】对话框中，所有比指定阈值亮的像素会被转换为白色，所有比该阈值暗的像素会被转换为黑色，其对话框如图 4-69 所示。

图 4-70 所示为原图像及对此图像使用【阈值】命令后得到的图像效果。

9. 色调分离

使用【色调分离】菜单命令可以减少彩色或灰阶图像中色调等级的数目。如果将彩色图像的色调等级制定为 6 级，Photoshop 可以在图像中找出 6 种基本色，并将图像中所有颜色强制与这 6 种颜色匹配。

图 4-69　【阈值】对话框

图 4-70　原图及应用【阈值】命令
处理后的效果图

> 提示：在【色调分离】对话框中，可以使用上下方向键来快速试用不同的色调等级。

此命令适用于在照片中制作特殊效果，如制作较大的单色调区域，其操作步骤如下：

1）打开图像素材。

2）选择【图像】|【调整】|【色调分离】菜单命令，弹出如图 4-71 所示的【色调分离】对话框。

3）在对话框的【色阶】文本框中输入数值或拖动其下方的滑块，同时预览被操作图像的变化，直至得到所需的效果时单击【确定】按钮。图 4-72 所示为原图像，图 4-73 所示为【色阶】数值为 4 时所得到效果，图 4-74 所示为【色阶】数值为 10 时所得到效果，图 4-75 所示为【色阶】数值为 50 时所得到效果。

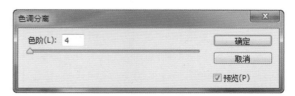

图 4-71　【色调分离】对话框

图 4-72　原图像

图 4-73 【色阶】数值为 4　　　　图 4-74 【色阶】数值为 10　　　　图 4-75 【色阶】数值为 50

10. 仿制图章工具

选择【仿制图章工具】后，其属性栏如图 4-76 所示。

图 4-76 【仿制图章工具】属性栏

下面讲解其中几个重要的选项。

◀【对齐】复选框：在该复选框被启用的状态下，整个取样区域仅应用一次，即使操作由于某种原因而停止，再次继续使用【仿制图章工具】进行操作时，仍可从上次结束操作时的位置开始。反之，如果未启用此复选框，则每次停止操作再继续绘画时，都将从初始参考点的位置开始应用取样区域，因此在操作过程中，参考点与操作点间的位置与角度关系处于变化之中，该复选框对于在不同图像上应用图像的同一部分的多个副本很有用。

◀【样本】下拉列表框：在其下拉列表框中可以选择定义源图像时所取的图层范围，其中包括了【当前图层】、【当前和下方图层】以及【所有图层】3 个选项，从其名称上便可以轻松理解在定义样式时所使用的图层范围。

◀【打开以在仿制时忽略调整图层】按钮：在【样本】下拉列表框中选择了【当前和下方图层】或【所有图层】时，该按钮将被激活，选中此按钮将在定义源图像时忽略图层中的调整图层。

◀【绘图板压力控制大小】按钮：在使用绘图板进行涂抹时，选中此按钮后，将可以依据给予绘图板的压力控制画笔的尺寸。

◀【绘图板压力控制不透明度】按钮：在使用绘图板进行涂抹时，选中此按钮后，将可以依据给予绘图板的压力控制画笔的不透明度。

11. 图案图章工具

使用【图案图章工具】可以将自定义的图案内容复制到同一幅图像或其他图像中，该工具的使用方法与【仿制图章工具】相似，不同之处在于在使用此工具之前要先定义一个图案。

下面通过一个名为【枫叶】的实例来熟悉【图案图章工具】的使用方法。

1）新建一个文件，用【画笔工具】在画布上绘制一些枫叶，如图 4-77 所示。

2）在工具箱中单击【矩形选框工具】按钮，然后框选绘制的枫叶，选择【编辑】|【定

义图案】菜单命令，在打开的【图案名称】对话框中输入名称【枫叶】，如图 4-78 所示，单击【确定】按钮，保存设置。

3）在工具箱中单击【图案图章工具】 ⬛，在属性栏的【图案】下拉列表中选中刚才定义的图案，在绘图区域中拖动鼠标进行绘制，最终完成的效果如图 4-79 所示。

图 4-77　绘制出的枫叶

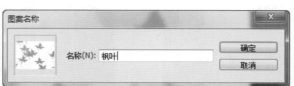
图 4-78　【图案名称】对话框

图 4-79　最终效果

4.2.3　范例制作

实例源文件	ywj/04/4-2.jpg
	ywj/04/4-2.psd
视频课堂教程	资源文件→视频课堂→第 4 章→4.2

范例操作步骤

`Step01` 打开【4-2.jpg】图片，如图 4-80 所示。

`Step02` 单击【矩形选框】工具按钮，选择仿古牌路中心白色区域，如图 4-81 所示。

图 4-80　打开图片

图 4-81　选择区域

`Step03` 选择【油漆桶】工具，将白色区域填充为红色，如图 4-82 所示。

`Step04` 选择【减淡】工具，将红色填充区域做减淡处理，如图 4-83 所示。

图 4-82　填充颜色

图 4-83　减淡颜色

Step05 按住 <Ctrl+D> 快捷键，完成区域选择，如图 4-84 所示。

Step06 随着时间流逝，木质表面的颜色可能会氧化变深，所以选择【加深工具】将树木部分的颜色加深，以增加材质质感，完成仿古牌楼色彩的编辑，如图 4-85 所示。

图 4-84　完成选择区域

图 4-85　完成仿古牌楼色彩的编辑

4.3　图层管理和图像模式及通道——制作月型门洞场景

4.3.1　范例展示

本节范例为制作月型门洞场景，通过制作这个场景，可以学习到图层在图片编辑中的重要性，月型门洞最终效果如图 4-86 所示。

4.3.2　知识准备

1. 图层管理

图层的应用很灵活，想要在平面设计时得心应手，必须熟练掌握图层的基本操作。在这一小节中就为读者朋友们讲解图层的基本操作，包括新建、复制、删除图层等对图层的基本操作，读者应熟练掌握图层的功能和使用方法。

（1）新建普通图层　新建普通图层的方法如下。

1）单击【创建新图层】按钮创建新图层。在 Photoshop CS6 中创建图层的方法有很多种，最常用的方法是单击【图层】面板的【创建新图层】按钮 。

按此方法操作，可以直接在当前操作图层的上方创建一个新图层，在默认情况下，Photoshop 将新建的图层按顺序命名为【图层 1】、【图层 2】……，依次类推。

2）通过复制新建图层。通过当前存在的选区也可以创建新图层。在当前图层存在选区的

图 4-86　月型门洞最终效果

> 提示：按住 <Alt> 键单击【创建新图层】按钮，可以弹出【新建图层】对话框；按住 <Ctrl> 键单击【创建新图层】按钮可在当前图层的下方创建新图层。

情况下，选择【图层】|【新建】|【通过复制的图层】菜单命令，即可将当前选区中的图像复制到一个新图层；也可以选择【图层】|【新建】|【通过剪切的图层】菜单命令，将当前选区中的图像剪切到一个新图层中。

图 4-87 所示为原图像及对应的【图层】面板，图 4-88 所示为选择【图层】|【新建】|【通过复制的图层】菜单命令得到新图层后，变换图层中的图像所得到效果，图 4-89 所示为选择【图层】|【新建】|【通过剪切的图层】菜单命令得到的新图层。

图 4-87　原图像及对应的【图层】面板

图 4-88　通过复制得到的新图层

图 4-89　通过剪切得到的新图层

（2）新建调整图层　调整图层本身表现为一个图层，其作用是调整图像的颜色，使用调整图层可以对图像试用颜色和色调调整，而不会永久改变图像中的像素。

使用调整图层时，所有颜色和色调的调整参数都位于调整图层内，但会影响它下面的所有图层，该图层像一层透明膜一样，下层图像可以透过它显示出来。这样就可以在调整图层中通过调整单个图层来校正多个图层，而不是分别对每个图层进行调整。

图 4-90 所示为原图像（由两个图层合成）及对应的【图层】面板，图 4-91 所示为在所有图层的上方增加反相调整图层后的效果及对应的【图层】面板，可以看出所有图层中的图像均被反相。

图 4-90　原图像及对应的【图层】面板

图 4-91　增加反向相调整图层后的图像及对应的【图层】面板

创建调整图层可以通过单击【图层】面板底部的【创建新的填充或调整图层】按钮，在弹出的下拉列表中选择需要创建的调整图层的类型。

例如，创建一个将所有图层加亮的调整图层可以按下述步骤操作。

1）打开图像素材，如图 4-92 所示。在【图层】面板中选择最上方的图层。

图 4-92　原图像

2）单击【图层】面板底部的【创建新的填充或调整图层】按钮。

3）在弹出的列表中选择【色阶】命令。

4）在弹出的【色阶】面板中，将灰色滑块与白色滑块向左侧拖动。完成操作后，在【图层】面板最上方可以看到如图 4-93 所示的调整图层。

提示：由于调整图层仅影响其下方的所有可见图层，故在增加调整图层时，图层位置的选择非常重要，在默认情况下，调整图层创建于当前选择的图层上方。

图 4-93　调整【色阶】后的效果及对应的【图层】面板

在使用调整图层时，还可以充分使用调整图层本身所具有图层的灵活性与优点，为调整图层增加蒙版以屏蔽对某些区域的调整，如图 4-94 所示。

图 4-94　增加蒙版后的效果及对应的【图层】面板

（3）创建填充图层　使用填充图层可以创建填充有【纯色】、【渐变】和【图案】3 类内容的图层，与调整图层不同，填充图层不影响其下方的图层。

单击【图层】面板底部的【创建新的填充或调整图层】按钮 ，在下拉列表中选择一种填充类型，设置弹出对话框参数，即可在目标图层之上创建一个填充图层。

选择【纯色】命令，可以创建一个纯色填充图层。

选择【渐变】命令，将弹出如图 4-95 所示的【渐变填充】对话框，在此对话框中可以设置填充图层的渐变效果。图 4-96 所示为创建渐变填充图层所获得的效果及对应的【图层】面板。

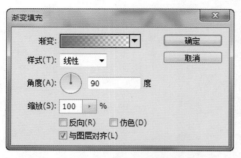

图 4-95　【渐变填充】对话框

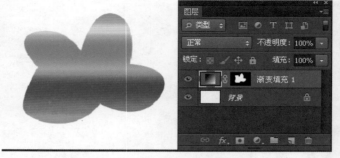

图 4-96　使用渐变填充图层所得到的效果

选择【图案】命令可以创建图案填充图层，此命令弹出的【图案填充】对话框如图 4-97 所示。

在【图案填充】对话框中选择图案并设置相关参数后，单击【确定】按钮，即可在目标图层上方创建图案填充图层。图 4-98 所示为使用载入图案所创建的图案图层（混合模式为【线性加深】）的效果及对应的【图层】面板。

图 4-97　【图案填充】对话框

图 4-98　载入图案创建的图案图层

（4）新建形状图层　在工具箱中选择【形状】工具可以绘制几何形状、创建几何形状的路径，还可以创建形状图层。在工具箱中选择【形状】工具后，单击属性栏中的相应按钮再进行绘制即可创建形状图层。图 4-99 所示为创建的【形状 1】图层及【图层】面板状态。

提示：在一个形状图层上绘制多个形状时，用户在属性栏中选择的作图模式不同，得到的效果也各不相同。

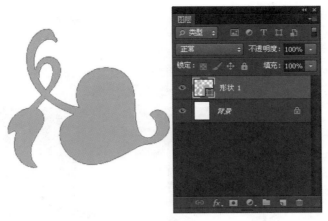

图 4-99　【形状 1】图层

1）编辑形状图层。双击形状图层前方的图标，在弹出的【拾色器】对话框中选择另外一种颜色，即可改变形状图层填充的颜色。

2）将形状图层栅格化。由于形状图层具有矢量特性，因此在此图层中无法使用对像素进行处理的各种工具与命令。若要去除形状图层的矢量特性使其像素化，则可以选择【图层】|【栅格化】|【形状】菜单命令将形状图层转换为普通图层。

（5）选择图层　正确地选择图层是正确操作的前提条件，只有选择了正确的图层，所有基于此图层的制作才有意义。下面将详细讲解 Photoshop 中选择图层的方法。

1）选择一个图层。若选择某一个图层，只需在【图层】面板中单击需要的图层，如图 4-100 所示。处于选择状态的图层与普通图层具有一定区别，被选择的图层以蓝底显示。

2）选择所有图层。使用【选择】|【所有图层】命令可以快速选择除【背景】图层以外的所有图层，也可按 <Ctrl+Alt+A> 快捷键。

3）选择连续图层。如果要选择连续的多个图层，在选择一个图层后，按住 <Shift> 键在【图层】面板中单击另一图层的图层名称，则两个图层间的所有图层都会被选中，如 4-101 所示。

4）选择非连续图层。如果要选择非连续的多个图层，在选择一个图层后，按住 <Ctrl> 键在【图层】面板中单击其他图层的图层名称，如图 4-102 所示。

图 4-100　选择单个图层　　　　图 4-101　选择连续图层　　　　图 4-102　选择非连续图层

5）选择链接图层。当要选择的图层处于链接状态时，选择【图层】|【选择链接图层】菜单命令将选中所有与当前图层存在链接关系的图层，如图 4-103 所示。

6）选择相似图层。使用【选择】|【选取相似】菜单命令可以将与当前所选图层类型相似的图层全部选中，如文字图层、普通图层、形状图层以及调整图层等，图 4-104 所示为使用此命令选中所有文字图层后的效果。

图 4-103　选择链接图层　　　　　　　图 4-104　选择相似图层

7）利用图像选择图层。除了在【图层】面板中选择图层外，还可以直接在图像中使用【移动工具】来选择图层。

选择【移动工具】按住 <Ctrl> 键，然后直接在图像中单击要选择图层中的图像。如果已经在此工具的属性栏中勾选了【自动选择】复选框，则不必按住 <Ctrl> 键。

如果要选择多个图层，可以按住 <Shift> 键并且单击要选择的其他图层的图像。

（6）复制图层　复制图层可按以下任意一种方法进行操作。

在图层被选中的情况下，选择【图层】|【复制图层】菜单命令。

在【图层】面板中用鼠标右键选择图层，在弹出的快捷菜单中选择【复制图层】命令。

将图层拖至面板下面的【创建新图层】按钮 上，待高光显示线出现时释放鼠标，如图 4-105 所示。

图 4-105　将图层拖至面板下面的【创建新图层】
按钮上及复制后效果

（7）删除图层　在对图像进行操作的过程中，经常会产生一些无用的图层或临时图层，设计完成后可以将这些多余的图层删除，以降低文件大小。删除图层可以采用以下方法。

选择要删除的图层，单击【图层】面板右上角的按钮，在弹出的下拉菜单中选择【删除图层】命令，则弹出如图 4-106 所示的提示对话框，单击【是】按钮即可删除该图层。

图 4-106　删除图层提示对话框

选择一个或多个要删除的图层，单击【删除图层】按钮，在弹出的提示对话框中单击【是】按钮即可删除该图层。

在【图层】面板中选中需要删除的图层并将其拖至【图层】面板下方的【删除图层】按钮上即可。

如果要删除处于隐藏状态的图层，可以选择【图层】|【删除】|【隐藏图层】命令，在弹出的提示对话框中单击【是】按钮。

在当前图层没有选区且选择【移动工具】的情况下，按 <Delete> 键即可删除当前所选图层。

（8）锁定图层
Photoshop 具有锁定图层属性的功能，用户可以根据需要选择锁定图层的透明像素、可编辑性和位置等属性，从而保证被锁定的属性不被编辑。

图层在任一属性被锁定的情况下，图层名称的右边会出现一个锁形图标。如果该图层的所有属性被锁定，则图标为实心锁状态；如果图层的部分属性被锁定，则图标为空心锁状态。

图 4-107　原图像及对应的【图层】面板

下面分别讲解各个锁定功能的作用。

1）锁定图层的透明像素。锁定图层透明像素的目的是使处理工作发生在有像素的地方而忽略透明区域。

例如，对如图 4-107 所示的【图层 1】中图像的非透明区域更换渐变色，则可以在此图层被选中的情况下单击【锁定透明像素】按钮，然后使用【渐变工具】进行操作，使渐变效果仅应用于非透明区域，得到如图 4-108 所示的效果。

图 4-108　绘制渐变后的效果

观察应用渐变后的效果，可看出图层的非透明区域具有渐变效果，而透明区域无变化。

2）锁定图层的图像像素。单击【锁定图像像素】按钮可锁定图层的可编辑性，以防止无意间更改或删除图层中的像素，但在此状态下仍然可以改变图层的混合模式、不透明度及图层样式。在图层的可编辑性被锁定的情况下，工具箱中所有绘图类工具及图像调整命令都会被禁止在该图层上使用。

3）锁定图层的位置。单击【锁定位置】按钮可锁定图层的位置属性，以防止图层中图像的位置被移动。在此状态下如果使用工具箱中的【移动工具】移动图像，Photoshop 将弹出如图 4-109 所示的警告对话框。

图 4-109　警告对话框

4）锁定图层所存属性。单击【锁定全部】按钮可锁定图层的所有属性，在此状态下，【锁定透明像素】、【锁定图像像素】和【锁定位置】均处于被锁定的状态，而且不透明度、填充透明度及混合模式等数值框及选项也会同时被锁定。

5）锁定选中图层。如果要锁定多个图层的相同属性，可以先将要锁定的图层选中，再将它们一起锁定。

6）锁定组中的图层。当锁定组中的全部图层时，可以选中此图层组，然后单击【图层】面板右上角的按钮，在弹出的菜单中选择【锁定组内的所有图层】命令，弹出如图 4-110 所示的【锁定组内的所有图层】对话框，设置与【锁定图层】对话框完全相同的参数，然后单击【确定】按钮即可。

（9）链接图层　链接图层是指若干个彼此相链接的图层，链接图层不会自动出现，需要用户手动链接。将图层链接起来的优点在于可以同时移动、缩放和旋转被链接的图层。

图 4-110　【锁定组内的所有图层】对话框

若要链接图层，可先选择要链接的两个或两个以上的图层，然后单击【图层】面板中的【链接图层】按钮，这时图层名称右边就出现链接图标，表示这几个图层链接在一起。

如果要取消图层链接，则先选择要取消链接的图层，然后单击【图层】面板中的【链接图层】按钮，即可解除该图层与链接图层组中图层的链接。

图 4-111 所示为将链接图层中的对象同时缩放时的状态，可以看到，变换控制框此时包含了有链接关系的两个图层中的两个对象。

提示：删除链接图层中的一个图层时，其他的图层不受影响，改变当前图层的【混合模式】、【不透明度】和【锁定】等属性时，其他与之保持链接关系的图层也不受影响。

图 4-111　链接图层操作示例

（10）设置图层不透明度属性　通过设置图层的不透明度值以改变图层的透明度，当图层不透明度为 100% 时，当前图层将完全遮盖下方的图层，如图 4-112 所示。

而当不透明度小于 100% 时，可以隐约显示下方图层的图像，图 4-113 所示为不透明度分别设置为 70% 时及 30% 时的对比效果。

图 4-112　不透明度为 100% 的效果

图 4-113　设置不透明度参数值为 70% 和 30% 的效果

2. 图像模式及通道

Photoshop CS6 提供了数种颜色模式，每一种模式的特点均不相同，应用领域也各有差异，因此了解这些颜色模式对于正确理解图像文件有很重要的意义。通道用于存储图像的颜色信息、选区信息和专色信息。

在 Photoshop 中，通道的数目取决于图像的颜色模式。例如，CMYK 模式的图像有 4 个通道，即 C 通道、M 通道、Y 通道和 K 通道，以及由四个通道合成的合成通道，如图 4-114 图所示。而 RGB 模式图像则有 3 个通道，即 R 通道、G 通道、B 通道和一个合成通道，如图 4-115 所示。

这些不同的通道保存了图像的不同颜色信息，如在 RGB 模式图像中，【红】通道保存了图像中红色像素的分布信息，【蓝】通道保存了图像中蓝色像素的分布信息，正是由于这些原色通道的存在，所有的原色通道合成在一起时，才会得到具有丰富色彩效果的图像。

在 Photoshop 中新建的通道被自动命名为 Alpha 通道，Alpha 通道用来存储选区。

专色是指在印刷时使用的一种预制油墨，使用专色通道的好处在于可以获得通过使用 CMYK 四色油墨无法合成的颜色效果，如金色与银色，此外还可以降低印刷成本。

图 4-114　CMYK 模式的【通道】面板　　图 4-115　RGB 模式的【通道】面板

（1）位图模式　位图模式的图像也叫作黑白图像或一位图像，因为它只使用黑色和白色两种颜色值来表现图像的轮廓，黑白之间没有灰度过渡色，此类图像占用的存储空间非常少。

如果要将一幅彩色的图像转换为位图模式，可以按下述步骤进行操作。

1）选择【图像】|【模式】|【灰度】菜单命令，将此图像转换为灰度模式（此时【图像】|【模式】|【位图】菜单命令才可以被激活）。

2）选择【图像】|【模式】|【位图】菜单命令，弹出如图 4-116 所示的【位图】对话框，在此设置转换模式时的分辨率及转换方式。

【位图】对话框中的重要参数说明如下。

◀在【输出】文本框中可以输入转换生成的位图模式的图像分辨率。

◀在【使用】下拉列表框中可以选择转换为位图模式的方法，每种方法得到的效果各不相同。转换为位图模式的图像可以再次转换为灰度模式，但是图像仍然只有黑、白两种颜色。

图 4-116　【位图】对话框

（2）灰度模式　灰度模式的图像是由 256 种不同程度明暗的黑白颜色组成，因为每个像素可以用 8 位或 16 位来表示，因此色调表现力比较丰富。将彩色图像转换为灰度模式时，所有的颜色信息都将被删除。

虽然 Photoshop 允许将灰度模式的图像再转换为彩色模式，但是原来已丢失的颜色信息不能再返回，因此，在将彩色图像转换为灰度模式之前，应该保存一个备份图像。

（3）Lab 模式　Lab 模式是 Photoshop 在不同颜色模式之间转换时使用的内部安全格式。它的色域包含了 RGB 模式和 CMYK 模式的色域，如图 4-117 所示。因此，将 Photoshop 中的 RGB 模式转换为 CMYK 模式时，先要将其转换为 Lab 模式，再从 Lab 模式转换为 CMYK 模式。

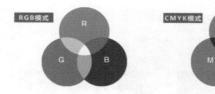

图 4-117　色域相互关系示意图

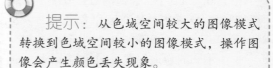

提示：从色域空间较大的图像模式转换到色域空间较小的图像模式，操作图像会产生颜色丢失现象。

（4）RGB 模式　RGB 模式是 Photoshop 默认的颜色模式，此颜色模式的图像由红 (R)、绿 (G) 和蓝 (B)3 种颜色的不同颜色值组合而成，其原理如图 4-118 所示。

RGB 模式给彩色图像中每个像素的 R、G、B 分配一个 0 ~ 255 范围的强度值，一共可以生成超过 1670 万种颜色，因此 RGB 模式下图像的颜色非常鲜艳和丰富。由于 R、G、B 三种颜色合成后产生白色，所以 RGB 模式也被称为加色模式。

RGB 模式所能够表现的颜色范围非常广，因此将此模式的图像转换为其他包含颜色种类较少的模式时，则有可能发生丢色或偏色。

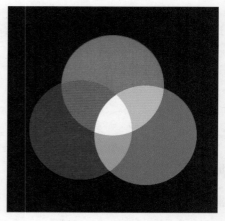

图 4-118　RGB 颜色模式的色彩构成示意图

（5）CMYK 模式　CMYK 模式是标准的工业印刷用颜色模式，如果要将 RGB 等其他颜色模式的图像输出并进行彩色印刷，必须将其颜色模式转换为 CMYK。

CMYK 模式的图像由 4 种颜色组成，即青 (C)、洋红 (M)、黄 (Y) 和黑 (K)，每一种颜色对应于一个通道及用来生成 4 色分离的原色。根据这 4 个通道，输出中心制作出青色、洋红色、黄色和黑色 4 张胶版，在印刷图像时将每张胶版中的彩色油墨组合起来以产生各种颜色，CMYK 颜色模式的色彩构成原理如图 4-119 所示。

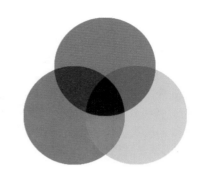

图 4-119　CMYK 颜色模式的色彩构成示意图

（6）双色调模式　双色调模式是在灰度图像上添加一种或几种彩色的油墨，以达到有彩色的效果，比起常规的 CMYK 四色印刷，其成本大大降低。

若要得到双色调模式的图像，应先将其他模式的图像转换为灰度模式，然后选择【图像】|【模式】|【双色调】菜单命令，在弹出如图 4-120 所示的【双色调选项】对话框中进行设置。

此对话框中的重要参数及选项说明如下。

◀ 在【类型】下拉列表框中选择【单色调】选项，则只有【油墨 1】被激活，生成仅有一种颜色的图像。单击【油墨 1】右侧的颜色图标，在弹出的对话框中可以选择图像的色彩。

◀ 在【类型】下拉列表框中选择【双色调】选项，可激活【油墨 1】和【油墨 2】选项，此时可以同时设置两种图像色彩，生成双色调图像。

◀ 在【类型】下拉列表框中选择【三色调】选项，即激活 3 个油墨选项，生成具有 3 种颜色的图像。

图 4-120　【双色调】对话框

（7）索引色模式　与 RGB 和 CMYK 模式的图像不同，索引模式依据一张颜色索引表来控制图像中的颜色，在此颜色模式下，图像的颜色种类最高为 256 种，因此图像文件较小，大概只有同条件下 RGB 模式图像的 1 / 3，大大减少了文件所占用的硬盘空间，缩短了图像文件在网络上传输的时间，因此多用于网络中。

对于任何一个索引模式的图像，可以选择【图像】|【模式】|【颜色表】菜单命令，在弹出的【颜色表】对话框中，应用系统自带的颜色排列或自定义颜色，如图 4-121 所示。

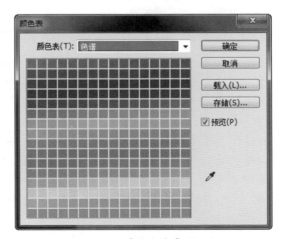

图 4-121　【颜色表】对话框

在【颜色表】下拉列表框中包含有【自定】、【黑体】、【灰度】、【色谱】、【系统（MacOS）】和【系统（Windows）】6 个选项，除【自定】选项外，其他每一个选项都有相应的颜色排列效果。

将图像转换为索引模式后，对于被转换前颜色值多于 256 种的图像而言，会丢失许多颜色信息。虽然还可以从索引模式转换为 RGB 和 CMYK 模式，但 Photoshop 无法找回丢失的颜色，所以在转换之前应该备份文件。

> 提示：转换为索引模式后，Photoshop 的大部分滤镜命令将不可以使用，因此在转换前必须先做好一切相应地操作。

（8）多通道模式　多通道模式是在每个通道中使用 256 级灰度，多通道图像对特殊的打印非常有用。将 CMYK 和 RGB 模式的图像转换为多通道模式后可创建青、洋红、黄和黑专色通道，当用户从 RGB、CMYK 或 Lab 模式的图像中删除一个通道后，该图像将自动转换为多通道模式。

通道用于存储图像的颜色信息、选区信息和专色信息。

（9）【通道】面板的使用　通道的大多数操作都是在【通道】面板中进行的，本节讲解【通道】面板的功能及使用方法。

选择【窗口】|【通道】菜单命令，可以显示或隐藏【通道】面板，如图 4-122 所示。在【通道】面板中，放置区用于存放当前的图像中存在的所有通道。在通道放置区中，如果选中的只是其中的一个通道，此时该通道上将出现一个蓝色条，如图 4-122 所示。如果想选中多个通道时，则可以按住 <Shift> 键再单击其他的通道。通道左侧的 ◉（眼睛）图标用于打开或关闭显示颜色通道。单击【通道】面板右上角黑色的三角形按钮 ，将弹出其下拉菜单，如图 4-123 所示。

在【通道】面板的底部有 4 个工具按钮，如图 4-124 所示。它们依次为【将通道作为选区载入】按钮 、【将选区存储为通道】按钮 、【创建新通道】按钮 、【删除当前通道】按钮 。

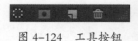

图 4-122　选择一个通道的【通道】面板　　　图 4-123　弹出的下拉菜单　　　图 4-124　工具按钮

◀【将通道作为选区载入】按钮：用于将通道中的选择区域调出。该功能与选择【选择】|【载入选区】菜单命令功能相同。

◀【将选区存储为通道】按钮：用于将选择区域存入通道中，并在后面调出来制作一些特殊效果。

◀【创建新通道】按钮：用于创建或复制一个新的通道，此时建立的通道即为 Alpha 通道。

◀【删除当前通道】按钮：用于删除一个图像中的通道。使用鼠标将通道直接拖动到垃圾桶图标处即可删除。

（10）通道的基本操作　通道的基本操作与图层是类似的，如创建新通道、复制通道和删除通道等。

1）创建新通道。创建新通道的方法如下。

方法 1：使用【通道】面板的下拉菜单。单击【通道】面板右上角黑色的三角形按钮 ，在弹出的下拉菜单中选择【新建通道】命令，弹出【新建通道】对话框，如图 4-125 所示。

◀【名称】文本框用于设定当前通道的名称，【色彩指示】选项组用于选择两种区域方式。

◀【颜色】选项组可以设定新通道的颜色。

◀【不透明度】文本框用于设定当前通道的不透明度。

单击【确定】按钮，【通道】面板中将建好一个新通道，即【Alpha 1】通道，如图 4-126 所示。

方法 2：在【通道】面板上单击下方的【创建新通道】按钮 ，即可创建一个新通道。

图 4-125　【新建通道】对话框

图 4-126　新建【Alpha 1】通道

2）复制和删除通道。

①复制通道的方法。

方法 1：使用【通道】面板的下拉菜单。单击【通道】面板右上角黑色的三角形按钮 ，在弹出的下拉菜单中选择【复制通道】命令，弹出【复制通道】对话框，如图 4-127 所示。

【复制为】文本框用于设定复制通道的名称。

【文档】下拉列表框用于设定复制通道的文件来源。

方法 2：使用【通道】面板按钮。将【通道】面板中需要复制的通道拖动到下方的【创建新通道】按钮上，就可以将所选的通道复制为一个新通道。

方法 3：在【通道】面板中用鼠标右键单击某通道，在弹出的快捷菜单中选择【复制通道】命令，选择命令后打开【复制通道】对话框复制通道。

图 4-127　【复制通道】对话框

②删除通道的方法。

若要删除无用的通道，可以在【通道】面板中选择要删除的通道，并将其拖动到面板下方的【删除当前通道】按钮上。

提示：除 Alpha 通道和专色通道外，图像的颜色通道如红通道、绿通道、蓝通道等通道也可以被删除。但这些通道被删除后，当前图像的颜色模式自动转换为多通道模式，图 4-128 所示为一幅 CMYK 模式的图像中青色通道和黑色通道被删除后的【通道】面板状态。

图 4-128　删除通道

（11）Alpha 通道　Alpha 通道与选区存在着密不可分的关系，通道可以转换成为选区，选区也可以保存为通道。例如，图 4-129 所示为一个图像中的 Alpha 通道，在其被转换成选区后，可以得到如图 4-130 所示的选区。

图 4-129　图像中的 Alpha 通道

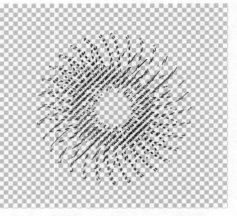

图 4-130　转换后得到的选区

图 4-131 所示为一个使用【钢笔工具】 绘制行转换得到的选区，在其被保存为 Alpha 通道后，得到如图 4-132 所示的 Alpha 通道。

图 4-131　钢笔绘制的选区

图 4-132　保存选区后得到的通道

通过这两个示例可以看出，Alpha 通道中的黑色区域对应非选区，而白色区域对应选择区，由于 Alpha 通道中可以创建从黑到白共 256 级灰度色，因此能够创建并通过编辑得到非常精细的选择区域。

1）通过操作认识 Alpha 通道。前面已经讲述过 Alpha 通道与选区的关系，下面通过一个操作实例来认识两者之间的关系。

①选择【文件】|【新建】菜单命令，新建一个适当大小的文件，选择【自定形状工具】，在属性栏中选择【雨伞】形状，并在【工具模式】下拉列表框中选择【路径】选项，在工作区中绘制形状路径，按 <Ctrl+Enter> 快捷键将路径转换为选区，如图 4-133 所示。

图 4-133　创建选区

②选择【选择】|【存储选区】菜单命令，在弹出的【存储选区】对话框中进行设置，如图 4-134 所示。

③按照第 1 步的方法绘制一只蜗牛的选区，如图 4-135 所示。

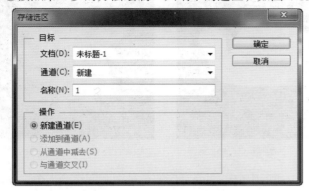

图 4-134　【存储选区】对话框　　　　　　图 4-135　创建蜗牛选区

④再次选择【选择】|【存储选区】菜单命令，在弹出的【存储选区】对话框中进行设置，如图 4-136 所示。

⑤按照第 1 步的方法绘制一个太阳的选区，如图 4-137 所示，设置其羽化值为 5。

图 4-136　【存储选区】对话框　　　　　　图 4-137　创建太阳选区

⑥再次选择【选择】|【存储选区】菜单命令，在弹出的【存储选区】对话框中设置参数，如图 4-138 所示。

⑦切换至【通道】面板可以发现该面板中多了 3 个 Alpha 通道，如图 4-139 所示。

图 4-138　【存储选区】对话框　　　　　　图 4-139　【通道】面板

⑧分别切换至 3 个 Alpha 通道，图像分别如图 4-140~图 4-142 所示。

图 4-140　1 号 Alpha 通道效果　　　图 4-141　2 号 Alpha 通道效果　　　图 4-142　3 号 Alpha 通道效果

仔细观察 3 个 Alpha 通道可以看出，3 个通道中白色部分对应的正是刚刚创建的 3 个选择区域的位置与大小，而黑色则对应于非选择区域。

而对于通道 3，除了黑色与白色外，出现了灰色柔和边缘，实际上这正是具有羽化值的选择区域保存于通道后的状态。在此状态下，Alpha 通道中的灰色区域代表部分选择，换言之，即具有羽化值的选择区域。

因此，用户创建的选择区域都可以被保存在【通道】面板中，而且选择区域被保存为白色，非选择区域被保存为黑色，具有羽化值的选择区域保存为具有灰色柔和边缘的通道。

2）将选区保存为通道。将选择区域保存成为通道的方法有以下 3 种。

①绘制好选区后，可以在【通道】面板中直接单击【将选区存储为通道】按钮。

②选择【选择】|【存储选区】菜单命令将选区保存为通道。

③在绘制的选区范围内单击鼠标右键，在弹出的快捷菜单中选择【存储选区】命令，这时弹出如图 4-143 所示的【存储选区】对话框。

此对话框中的重要参数及选项说明如下。

◀【文档】：该下拉列表框中显示了所有已打开的尺寸大小及与当前操作图像文件相同的文件的名称，选择这些文件名称可以将选择区域保存在该图像文件中。如果选择了【新建】选项，则可以将选择区域保存在一个新文件中。

◀【通道】：在该下拉列表框中列有当前文件已存在的 Alpha 通道名称及【新建】选项。如果选择已有的 Alpha 通道，可以替换该

图 4-143　【存储选区】对话框

Alpha 通道所保存的选择区域。如果选择【新建】选项可以创建一个新 Alpha 通道。

◀【新建通道】：选中该单选按钮，可以添加一个新通道。如果在【通道】下拉列表框中选择一个已存在的 Alpha 通道，下面的【新建通道】单选按钮将转换为【替换通道】单选按钮，选中此单选按钮则可以用当前选择区域生成的新通道替换所选的通道。

◀【添加到通道】：在【通道】下拉列表框中选择一个已存在的 Alpha 通道时，此单选按钮被激活，选中该单选按钮，可以在原通道的基础上添加当前选择区域所定义的通道。

◀【从通道中减去】：在【通道】下拉列表框中选择一个已存在 Alpha 通道时，此单选按钮被激活，选中该单选按钮，可以在原通道的基础上减去当前选择区域所创建的通道，即在原通道中以黑色填充当前选择区域所确定的区域。

◀【与通道交叉】：在【通道】下拉列表框中选择一个已存在的 Alpha 通道时，此单选按钮被激活，选中该单选按钮，可以得到原通道与当前选择区域所创建通道的重叠区域。

例如，图 4-144 所示为当前存在的选择区域，图 4-145 所示为已存在的一个 Alpha 通道及对应的【通道】面板。

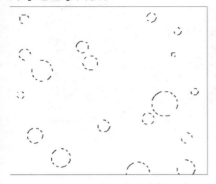 

图 4-144　当前操作的选择区域　　　　图 1-145　已存在的 Alpha 通道及对应的【通道】面板

如果选择【选择】|【存储选区】菜单命令，并在弹出的【存储选区】对话框中选中【替换通道】单选按钮，如图 4-146a 所示，则得到的通道如图 4-146b 所示。

 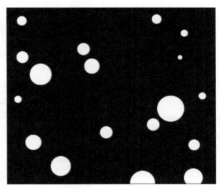

a）【存储选区】对话框　　　　　　　　　b）通道效果图

图 4-146　选中【替换通道】单选按钮的效果

如果选择【选择】|【存储选区】菜单命令，并在弹出的【存储选区】对话框中选中【添加到通道】单选按钮，如图 4-147a 所示，则得到的通道如图 4-147b 所示。

a）【存储选区】对话框　　　　　　　　　b）通道效果图

图 4-147　选择【添加到通道】选项的效果

141

如果选择【选择】|【存储选区】菜单命令，并在弹出的【存储选区】对话框中选中【从通道中减去】单选按钮，如图 4-148a 所示，则得到的通道如图 4-148b 所示。

a）【存储选区】对话框　　　　　　　　　　　b）通道效果图

图 4-148　选中【从通道中减去】单选按钮的效果

如果选择【选择】|【存储选区】菜单命令，并在弹出的【存储选区】对话框中选中【与通道交叉】单选按钮，如 4-149a 所示，则得到的通道如图 4-149b 所示。

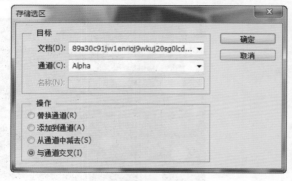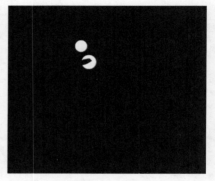

a）【存储选区】对话框　　　　　　　　　　　b）通道效果图

图 4-149　选中【与通道交叉】单选按钮的效果

通过观察可以看出在保存选择区域时，如果选择不同的选项将可以得到不同的效果。

除可以按上述方法保存选择区域外，还可以在选择区域存在的情况下，直接切换至【通道】面板中，单击【将选区存储为通道】按钮 将当前选择区域保存为一个默认的新通道。

3）将通道作为选区载入。调用 Alpha 通道所保存的选区，可以采用以下 3 种方法。

方法 1：在【通道】面板中选择该 Alpha 通道，单击【通道】面板中【将通道作为选区载入】按钮，即可调出此 Alpha 通道所保存的选区。

方法 2：按住 <Ctrl> 键，用鼠标左键单击该通道即可调出此 Alpha 通道所保存的选区。

方法 3：选择【选择】|【载入选区】菜单命令，在图像中存在选区的情况下，将弹出如图 4-150 所示的【载入选区】对话框。由于此对话框中的选项与【存储选区】对话框中的选项的意义基本相同，故在此不再赘述。

提示：按住 <Ctrl> 键单击通道，可以直接调用此通道所保存的选择区域；按住 <Ctrl+Shift> 键单击通道，可在当前选择区域中增加单击的通道所保存的选择区域；按住 <Alt+Ctrl> 键单击通道，可以在当前选择区域中减去当前单击的通道所保存的选择区域；按住 <Alt+Ctrl+Shift> 键单击通道,可以得到当前选择区域与该通道所保存选择区域重叠的选择区域。

图 4-150　【载入选区】对话框

（12）专色通道　在印刷时，一般使用 CMYK 四色油墨。但专墨颜色艳丽，有些具有反光特性和颗粒夹杂的效果，所以在设计精美印刷品和包装时可以考虑采用专墨。每种专墨在进行胶片输出时，需要单独输出在一张胶片上，所以需要在【通道】面板中为其定义一个专门的通道来记录专色信息。

使用专色通道，可以在分色时输出第 5 块或第 6 块甚至更多的色片，用于定义需要使用专色印刷或处理的图像局部。

1）Photoshop 中制作专色通道。得到专色通道可以采用以下三种方法。

◂直接创建一个空的专色通道。

◂根据当前选区创建专色通道。

◂直接将 Alpha 通道转换成专色通道。

①直接创建专色通道。在【通道】面板的下拉菜单中选择【新建专色通道】命令，将弹出如图 4-151 所示的【新建专色通道】对话框，通过设置此对话框即可完成创建专色通道的操作。

图 4-151　【新建专色通道】对话框

【新建专色通道】对话框的各参数功能如下。

◂【名称】：用于输入新通道的名称。

◂【颜色】：用于选择特别颜色。

◂【密度】：用于输入特别色的显示透明度，数值在 0~100%。

②从选区创建专色通道。如果当前已经存在一个选择区域，可以在【通道】面板的下拉菜单中选择【新建专色通道】命令，直接依据当前选区创建专色通道。

2）指定专色选项。使用上面的方法创建专色通道时，需要设置对话框中的【颜色】与【密度】参数。单击色样可以在弹出的【颜色库】对话框中选择一种专色。在【密度】文本框中输入数值，能够定义专色的透明度。

3）专色图像文件保存格式。为了使含有专色通道的图像能够正确输出，或在其他排版软件中应用，必须将文件保存为 DCS2.0EPS 格式，即选择【文件】|【存储】或【文件】|【存储为】菜单命令后，弹出【另存为】对话框，在【保存类型】下拉列表中选择【Photoshop DCS 2.0】选项，如图 4-152 所示。

143

图 4-152   选择正确的文件格式

单击【保存】按钮后，在弹出的【DCS2.0 格式】对话框中设置参数，如图 4-153 所示。

图 4-153   【DCS2.0 格式】对话框

图层蒙版可用于为图层增加屏蔽效果，其优点在于可以通过改变图层蒙版不同区域的黑白程度，控制图像对应区域的显示或隐藏状态，从而为图层添如特殊效果。在平面设计中，图层蒙版可以用来抠图，使用它进行抠图的好处是只对蒙版进行编辑，不影响图层的像素，当对图层蒙版所做效果不满意时，可以随时去掉蒙版，即可恢复图像。

图 4-154 为应用图层蒙版后的图像效果及对应的【图层】面板。

图 4-154　图层蒙版效果示例

对比【图层】面板与使用蒙版后的实际效果可以看出，图层蒙版中黑色区域部分所对应的区域被隐藏，从而显示出底层图像；图层蒙版中的白色区域显示对应的图像区域；灰色部分使图像对应的区域半隐半显。

4.3.3　范例制作

实例源文件	ywj/04/4-3.jpg
	ywj/04/4-3.psd
	ywj/04/4-3-1.jpg
视频课堂教程	资源文件→视频课堂→第 4 章→4.3

范例操作步骤

Step01 打开【4-3.jpg】图片，如图 4-155 所示。

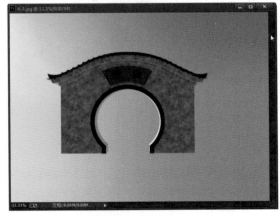

图 4-155　打开图片

145

Step02 选择背景图层，复制出图层【背景　副本】，如图 4-156 所示。

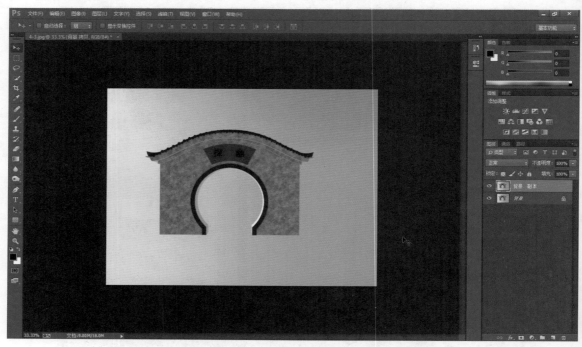

图 4-156　复制出图层【背景　副本】

Step03 选择【魔棒】工具，选择门洞背景并删除，如图 4-157 所示。

Step04 打开【4-3-1.jpg】图片，如图 4-158 所示。

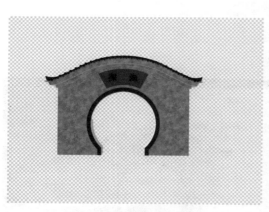

图 4-157　删除门洞背景

图 4-158　打开图片

Step05 选择风景图片拖动到月型门洞图层中，如图 4-159 所示。

Step06 选择风景图片，按住 <Ctrl+T> 快捷键，此时图片可以调整，再按下 <Shift> 键，成比例调整图片大小，如图 4-160 所示。

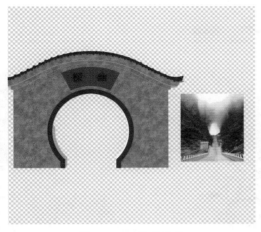

图 4-159　拖动图片　　　　　　　　　　　　图 4-160　调整图片

Step07　选择【多边形套索】工具，选择背景区域，如图 4-161 所示。

Step08　选择【油漆桶】工具，将选择区域背景填充颜色，如图 4-162 所示。

Step09　选择【仿制图章】工具，优化填充图案，月型门洞场景绘制完成，如图 4-163 所示。

图 4-161　选择背景区域　　　　　　　　　　图 4-162　填充颜色

图 4-163　月星门洞场景绘制完成

4.4 滤镜制作——假山水景效果

4.4.1 范例展示

本节范例为假山水景效果，通过制作本节范例，可以学到滤镜效果，假山最终效果如图 4-164 所示。

4.4.2 知识准备

1. 特殊滤镜

特殊滤镜包括【消失点】、【液化】和【镜头校正】3 个使用方法较为特殊的滤镜命令，下面分别讲解这 3 个特殊滤镜的使用方法。

（1）液化　选择【滤镜】|【液化】菜单命令，弹出如图 4-165 所示的【液化】对话框，使用此命令可以对图像进行扭曲变形处理。

图 4-164　假山最终效果图

图 4-165　【液化】对话框

对话框中各工具的功能说明如下。

◀使用【向前变形工具】 在图像上拖动，可以使图像的像素随着涂抹产生变形效果。

◀使用【顺时针旋转扭曲工具】 在图像上拖动，可使图像产生顺时针旋转效果。

◀使用【褶皱工具】 在图像上拖动，可以使图像产生挤压效果，即图像向操作中心点处收缩从而产生挤压效果。

◀使用【膨胀工具】 在图像上拖动，可以使图像产生膨胀效果，即图像背离操作中心点从而产生膨胀效果。

◀使用【左推工具】 在图像上拖动，可以移动图像。

◀使用【重建工具】 在图像上拖动，可将操作区域恢复原状。

◀使用【冻结蒙版工具】 可以冻结图像，被此工具涂抹过的图像区域，无法进行编辑操作。

◀使用【解冻蒙版工具】 可以解除使用冻结工具所冻结的区域，使其还原为可编辑状态。

◀使用【缩放工具】 单击一次，图像就会放大到下一个预定的百分比。

◀通过拖动【抓手工具】 可以显示原本未在预览区域中显示出来的图像。

◀在【画笔大小】下拉列表框中，可以设置使用上述各工具操作时，图像受影响区域的大小，数值越大则一次操作影响的图像区域也越大；反之，则越小。

◀在【画笔压力】下拉列表框中，可以设置使用上述各工具操作时，一次操作影响图像的程度大小，数值越大则图像受画笔操作影响的程度也越大，反之则越小。

◀在【重建选项】选项组中单击【重建】按钮，可使修改的图像向原图像效果恢复。在动态恢复过程中，按 <Space> 键可以终止恢复进程，从而中断进程并截获恢复过程的某个图像状态。

◀勾选【显示图像】复选框，可在对话框预览区域中显示当前操作的图像。

◀勾选【显示网格】复选框，可在对话框预览区域中显示辅助操作的网格。

◀在【网格大小】下拉列表框中选择相应的选项，可以定义网格的大小。

◀在【网格颜色】下拉列表框中选择相应的颜色选项，可以定义网格的颜色。

此命令的使用方法比较任意，只需在工具箱中选择需要的工具，然后在预览区域中单击或拖动即可，图 4-166 所示为原图及使用【液化】命令变形眼部后的效果。

此命令常被用于人像照片的修饰，如使用此命令将眼睛变大、脸型变窄等，读者可以尝试进行操作。

图 4-166　原图及应用【液化】滤镜后的效果

（2）消失点　【消失点】滤镜的特殊之处在于可以使用它对图像进行透视处理，使之与其他对象的透视保持一致。选择【滤镜】|【消失点】菜单命令后弹出【消失点】对话框，如图 4-167 所示。

图 4-167　【消失点】对话框

下面分别介绍对话框中各个区域及工具的功能。

◀工具区：该区域中包含了用于选择和编辑图像的工具。

◀工具选项区：该区域用于显示所选工具的选项及参数。

◀工具提示区：该区域中显示了对使用工具的提示信息。

◀图像编辑区：在此可对图像进行复制和修复等操作，同时可以即时预览调整后的效果。

◀【编辑平面工具】 ：使用该工具可以选择和移动透视网格。

◀【创建平面工具】 ：使用该工具可以绘制透视网格来确定图像的透视角度。在工具选项区中的【网格大小】文本框中可以设置每个网格的大小。

◀【选框工具】 ：使用该工具可以在透视网格内绘制选区，以选中要复制的图像，而且所绘制的选区与透视网格的透视角度相同。选择此工具时，【消

> 提示：透视网格是随 PSD 格式文件存储在一起的，当用户需要再次进行编辑时，再次选择该命令即可看到以前所绘制的透视网格。

失点】对话框如图 4-168 所示。在工具选项区的【羽化】和【不透明度】文本框中输入数值，可以设置选区的羽化和透明属性；在【修复】下拉列表框中选择【关】选项，则可以直接复制图像，选择【明亮度】选项则按照目标位置的亮度对图像进行调整，选择【开】选项则根据目标位置的状态自动对图像进行调整；在【移动模式】下拉列表框中选择【目标】选项，则将选区中的图像复制到目标位置，选择【源】选项则将目标位置的图像复制到当前选区中。

图 4-168　使用【选框工具】

提 示:
如果没有任何网格则无法绘制选区。

第 4 章

◀【图章工具】 ：按住 <Alt> 键使用该工具可以在透视网格内定义个源图像,然后在需要的地方进行涂抹即可。选择此工具时,【消失点】对话框如图 4-169 所示。在工具选项区中可以设置仿制图像时的【直径】、【硬度】、【不透明度】及【修复】等参数。

图 4-169　【图章工具】选项

◄【画笔工具】 ：使用该工具可以在透视网格内进行绘图。选择此工具时，【消失点】对话框如 4-170 所示。在其工具选项区中可以设置画笔绘图时的【直径】、【硬度】、【不透明度】及【修复】等参数，单击【画笔颜色】右侧的色块，在弹出的【拾色器】对话框中还可以设置画笔绘图时的颜色。

图 4-170 【画笔工具】选项

◄【变换工具】 ：由于复制图像时，图像的大小是自动变化的，当对图像大小不满意时，即可使用此工具对图像进行放大或缩小操作。选择此工具时，【消失点】对话框如图 4-171 所示。勾选工具选项区中的【水平翻转】或【垂直翻转】复选框后，图像会被水平或垂直翻转。

图 4-171 【变换工具】选项

◀【吸管工具】 ：使用该工具可以在图像中单击以吸取画笔绘图时所用的颜色。

◀【抓手工具】 ：使用该工具在图像中拖动可以查看未完全显示出来的图像。

◀【缩放工具】 ：使用该工具在图像中单击可以放大图像的显示比例，按住 <Alt> 键在图像中单击即可缩小图像显示比例。

（3）镜头校正　在 Photoshop CS6 中，【镜头校正】命令被置于【滤镜】菜单的顶部，并且功能更加强大，甚至内置了大量常见镜头的畸变和色差等参数，以备校正时选用，这对于使用单反相机的摄影师而言无疑是极为方便的。

选择【滤镜】|【镜头校正】菜单命令，弹出如图 4-172 所示的【镜头校正】对话框。

图 4-172　【镜头校正】对话框

1）工具区。工具区显示了用于对图像进行查看和编辑的工具，下面分别讲解各工具的功能。

◀【移去扭曲工具】 ：使用该工具在图像中拖动可以校正图像的凸起或凹陷状态。

◀【拉直工具】 ：使用该工具在图像中拖动可以校正图像的倾斜角度。

◀【移动网格工具】 ：使用该工具可以拖动图像编辑区中的网格，使其与图像对齐。

◀【抓手工具】 ：使用该工具在图像中拖动可以查看未完全显示出来的图像部分。

◀【缩放工具】 ：使用该工具在图像中单击可以放大显示图像，按住 <Alt> 键在图像中单击即可缩小显示图像。

2）图像编辑区。该区域用于显示被编辑的图像，还可以即时预览编辑图像后的效果。单击该区域左下角的 按钮可以缩小显示比例，单击 按钮可以放大显示比例。

3）原始参数区。此处显示了拍摄当前照片的相机及镜头等基本参数。

4）显示控制区。在该区域中可以对图像编辑区的显示情况进行控制。

◀【预览】：勾选该复选框后，将在图像编辑区中即时观看调整图像后的效果，否则将一直显示原图像。

◀【显示网格】：勾选该复选框则在图像编辑区中显示网格，以便精确地对图像进行调整。

◀【大小】：在此输入数值可以控制图像编辑区中显示的网格大小。

◀【颜色】：单击该色块，在弹出的【拾色器】对话框中选择一种颜色，即可重新定义网格的颜色。

5）参数设置区——自动校正。切换到【自动校正】选项卡，可以使用此命令内置的相机和镜头等数据做智能校正。

◀【几何扭曲】：勾选此复选框后，可以依据所选的相机及镜头，自动校正桶形或枕形畸变。

◀【色差】：勾选此复选框后，可依据所选的相机及镜头，自动校正可能产生的紫、青、蓝等不同的颜色杂边。

◀【晕影】：勾选此复选框后，可依据所选的相机及镜头，自动校正在照片周围产生的暗角。

◀【自动缩放图像】：勾选此复选框后，在校正畸变时，将自动对图像进行裁剪，以避免边缘出现镂空或杂点等。

◀【边缘】：当图像由于旋转或凹陷等原因出现位置偏差时，在此可以选择这些偏差的位置如何显示，其中包括【边缘扩展】、【透明度】、【黑色】和【白色】4个选项。

◀【相机制造商】：此处列举了一些常见的相机生产商，如NIKON（尼康）、Canon（佳能）以及SONY（索尼）等。

◀【相机／镜头型号】：此处列举了很多主流相机及镜头。

◀【镜头配置文件】：此出列出符合上面所选相机及镜头型号的配置文件，选择完成后，就可以根据相机及镜头的特性，自动进行几何扭曲、色差及晕影等方面的校正。

在选择配置文件时，如果能找到匹配的相机及镜头配置当然最好，如果找不到，那么也可能尝试选择其他类似的配置，虽然不能达到完全相同的调整效果，但也可以在此基础上继续进行调整，从而在一定程度上节约调整的时间和难度。

6）参数设置区——自定校正。【自定】选项卡中提供了大量用于调整图像的参数，可以手动进行调整，如图4-173所示。

图4-173　切换到【自定】选项卡

提示：只有自定义的预设才可以被删除。

◀【设置】：在该下拉列表框中可以选择预设的镜头校正调整参数。单击该下拉列表框后面的【管理设置】按钮▼，在弹出的下拉菜单中可以执行存储、载入和删除预设等操作。

◀【移去扭曲】：在此输入数值或拖动滑块，可以校正图像的凸起或凹陷状态，其功能与【扭曲工具】相同，但更容易进行精确控制。

◀【修复红／青边】：在此输入数值或拖动滑块，可以去除照片中的红色或青色色痕。

◀【修复绿／洋红边】：在此输入数值或拖动滑块，可以去除照片中的绿色或洋红色痕。

◀【修复蓝／黄边】：在此输入数值或拖动滑块，可以去除照片中的蓝色或黄色色痕。

◀【数量】：在此输入数值或拖动滑块，可以减暗或提亮照片边缘的晕影，使之恢复正常。图 4-174 所示为原图像，图 4-175 所示为减少晕影后的效果。

图 4-174 素材图像　　　　　　　　　图 4-175 减少晕影后的效果

◀【中点】：在此输入数值或拖动滑块，可以控制晕影中心的大小。

◀【垂直透视】：在此输入数值或拖动滑块，可以校正图像的垂直透视。

◀【水平透视】：在此输入数值或拖动滑块，可以校正图像的水平透视。

◀【角度】：在此输入数值或拖动表盘中的指针，可以校正图像的倾斜角度，其功能与【角度工具】相同，但更容易进行精确控制。

◀【比例】：在此输入数值或拖动滑块，可以缩小或放大图像。需要注意的是，当对图像进行晕影参数设置时，最好调整参数后单击【确定】按钮退出对话框，然后再次应用该命令对图像大小进行调整，以免出现晕影校正的偏差。

2. 内置滤镜

在 Photoshop 中滤镜可以分为两类，一类是随 Photoshop 安装而安装的内部滤镜，共 13 类近 100 个，第二类是外部滤镜，它们由第三方软件厂商按 Photoshop 标准的开放插件结构所编写，需要单独购买，比较著名的有 KPT 系列滤镜和 EyeCandy 系列滤镜。

正是这些功能强大、效果绝佳的滤镜，才使 Photoshop 具有超强的图像处理功能，并进一步拓展了设计人员的创意空间。

下面具体介绍 Photoshop 中内置滤镜的用法及效果。

（1）马赛克　使用【马赛克】滤镜可以将图像的像素扩大，从而得到马赛克效果，图 4-176 所示是【马赛克】对话框及使用此滤镜的效果图。

（2）置换　使用【置换】滤镜可以用一张 PSD 格式的图像作为位移图，使当前操作的图像根据位移图产生弯曲。【置换】对话框如图 4-177 所示。

在【水平比例】和【垂直比例】文本框中，可以设置水平与垂直方向上图像发生位移变形的程度。

选中【伸展以适合】单选按钮，在位移图小于当前操作图像的情况下拉伸位移图，使其与当前操作图像的大小相同。

选中【拼贴】单选按钮，在位移图小于当前操作图像的情况下，拼贴多个位移图，以适合当前操作图像的大小。

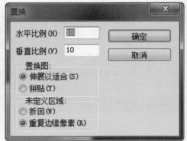

图 4-176　【马赛克】对话框及应用示例　　　　　　　图 4-177　【置换】对话框

选中【折回】单选按钮，则用位移图的另一侧内容填充未定义的图像。

选中【重复边缘像素】单选按钮，将按指定的方向沿图像边缘扩展像素的颜色。

图 4-178 所示为原图效果，图 4-179 所示为位移图，图 4-180 所示为应用【置换】命令后的效果。

图 4-178　原图

图 4-179　位移图

图 4-180　效果图

（3）极坐标　使用【极坐标】滤镜可以将图像的坐标类型从直角坐标转换为极坐标或从极坐标转换为直角坐标，从而使图像发生变形，图 4-181 所示为使用极坐标滤镜命令的前后对比效果。

图 4-181　原图及应用极坐标滤镜后的效果

（4）高斯模糊　使用【高斯模糊】滤镜可以得到模糊效果，使用此滤镜既可以取得轻微柔化图像边缘的效果，又可以取得完全模糊图像甚至无细节的效果，图 4-182 所示为原图及使用此滤镜的效果图。

图 4-182　原图及应用此滤镜后的效果

在【高斯模糊】对话框的【半径】文本框中输入数值或拖动其下方的三角形滑块，可以控制模糊程度，数值越大则模糊效果越明显。

（5）动感模糊 【动感模糊】滤镜可以模拟拍摄运动物体产生的动感模糊效果，图 4-183 所示是【动感模糊】对话框及使用此滤镜的效果图。

图 4-183 【动感模糊】对话框及应用示例

◀【角度】：在该文本框中输入数值，或调节其右侧的圆周角度，可以设置【动感模糊】的方向，不同角度产生的模糊效果不尽相同。

◀【距离】：在该文本框中输入数值或拖动其下方的三角形滑块，可以控制【动感模糊】的强度，数值越大模糊效果越强烈，动态感越强。

（6）径向模糊 使用【径向模糊】滤镜可以生成旋转模糊或从中心向外辐射的模糊效果，图 4-184 所示为【径向模糊】对话框及使用此滤镜的效果图。

径向模糊滤镜的操作说明如下：

◀拖动【中心模糊】预览框的中心点可以改变模糊的中心位置。

◀在【模糊方法】选项组中选中【旋转】单选按钮，可以得到旋转的模糊效果；选中【缩放】单选按钮，可以得到图像由中心点向外放射的模糊效果。

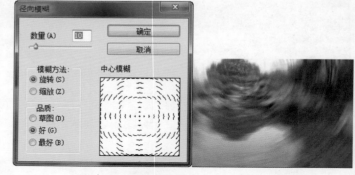

图 4-184 【径向模糊】对话框及应用示例

◀在【品质】选项组中，可以选择模糊的质量。选中【草图】单选按钮，执行速度快，但质量不够完美；选中【最好】单选按钮，执行速度慢但能够创建光滑的模糊效果；选中【好】单选按钮所创建的效果介于【草图】与【最好】之间。

（7）镜头模糊 使用【镜头模糊】滤镜可以为图像应用模糊效果以产生更浅的景深效果，以使图像中的一些对象在焦点内，而另一些区域变得模糊。

【镜头模糊】滤镜使用深度映射来确定像素在图像中的位置，可以使用 Alpha 通道和图层蒙版来创建深度映射，Alpha 通道中的黑色区域被视为图像的近景，白色区域被视为图像的远景。图 4-185 所示为原图像及【通道】面板中的通道 Alpha1，图 4-186 所示为【镜头模糊】对话框，图 4-187 所示为应用【镜头模糊】命令后的效果。

图 4-185　原图像及通道 Alpha 1

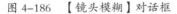

图 4-186　【镜头模糊】对话框　　　　图 4-187　应用【镜头模糊】命令后的效果

此对话框中的重要参数与选项说明如下。

◀【更快】：在预览模式下，选中该单选按钮，可以提高预览的速度。

◀【更加准确】：在预览模式下，选中该单选按钮，可以看到图像在应用该命令后所得到的效果。

◀【源】：在该下拉列表框中可以选择 Alpha 通道。

◀【模糊焦距】：拖动该滑块可以调节位于焦点内的像素深度。

◀【反相】：勾选该复选框后，模糊的深度将与【源】(选区或通道)的作用正好相反。

◀【形状】：在该下拉列表框中，可以选择自定义的光圈大小，默认情况下为 6。

◀【半径】：该参数可以控制模糊的程度。

◀【叶片弯度】：该参数用来消除光圈的边缘。

◀【旋转】：拖动该滑块，可以调节光圈的角度。

◀【亮度】：拖动该滑块，可以调节图像高光处的亮度。

◀【阈值】：拖动该滑块可以控制亮度的截止点，使比该值亮的像素都被视为镜面高光。

◀【数量】：控制添加杂色的数量。

◀【平均】、【高斯分布】：选中任意一个单选按钮，决定杂色分布的形式。

◀【单色】：勾选该复选框，使在添加杂色的同时不影响原图像中的颜色。

（8）分层云彩　使用【分层云彩】滤镜可将在前景色和背景色之间变化的随机像素值转换为柔和的云彩图案。若要得到逼真的云彩效果，必须将前景色和背景色设置为想要的云彩颜色与天空颜色，效果如图 4-188 所示。

（9）镜头光晕　使用【镜头光晕】滤镜可以创建类似太阳光所产生的光晕效果。

【镜头光晕】对话框如图 4-189 所示，在【亮度】文本框中输入数值或拖动三角滑块，可以控制光源的强度；在缩略图像中单击可以选择光源的中心点。

图 4-188　应用【云彩】命令后的效果

图 4-189　【镜头光晕】对话框

图 4-190 所示为原图及应用【镜头光晕】滤镜后的效果图。

图 4-190　原图及应用【镜头光晕】滤镜后的效果图

（10）光照效果　使用【光照效果】滤镜，通过改变 17 种光照样式、3 种光照类型和 4 种光照属性，可以在 RGB 图像上产生无数种光照效果。

如果在其纹理通道中使用灰度文件的纹理图像，还可以产生凸出的立体效果，此滤镜只能应用于 RGB 图像。

1）应用光照效果。光照效果的应用操作步骤如下。

①选择【文件】|【打开】菜单命令，在弹出的【打开】对话框中找到并选择需要打开的图片，单击【确定】按钮将其打开，如图 4-191 所示。

图 4-191　打开图片素材

②按 <Ctrl+J> 快捷键将【背景】图层复制一层，如图 4-192 所示。

③选择【滤镜】|【渲染】|【光照效果】菜单命令，打开光照效果的【属性】面板和【光源】面板，如图 4-193 所示。光照效果的属性栏如图 4-194 所示。

图 4-192　复制【背景】图层

图 4-193　光照效果的【属性】面板和【光源】面板

图 4-194　光照效果【属性栏】

④单击属性栏上的【预设】下拉按钮，在弹出的下拉列表框中选择【柔化直接光】选项，如图 4-195 所示。

⑤在光照效果的【属性】面板中设置各项参数，如图 4-196 所示。

图 4-195　选择【柔化直接光】选项　　图 4-196　设置各项参数

⑥设置完成后，单击属性栏上的【确定】按钮，为图像应用光照效果，如图 4-197 所示。

2）光照效果的【属性】面板。选择需要应用光照效果的对象，选择【滤镜】|【渲染】|【光照效果】菜单命令，打开【属性】面板，如图 4-198 所示。

在光照效果的【属性】面板中可执行下列任一操作。

①从顶部菜单中选取光照类型（聚光灯、无限光或点光），如图 4-199 所示。

◂【点光】：使光在图像正上方，向各个方向照射——像灯泡一样。

◂【无限光】：使光照射在整个平面上——像太阳一样。

◂【聚光灯】：投射一束椭圆形的光柱。预览窗口中的线条定义光照方向和角度，而手柄定义椭圆边缘。

②【颜色】：单击【颜色】旁边的色块，在弹出的【拾色器】对话框中可以设置光照颜色，如图 4-200 所示。

③【强度】：在【强度】文本框中输入数值或者拖动下方的滑块，可以更改光照的强度。

④【聚光】：在【聚光】文本框中输入数值或者拖动下方的滑块，可以更改光点大小。

图 4-197　为图片应用光照效果

图 4-198　光照效果的
【属性】面板

图 4-199　选取光照类型

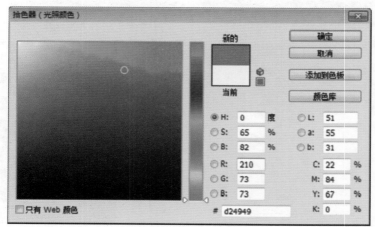

图 4-200　设置光照颜色

> 提示：若只要复制光照，则可以按住 < Alt > 键（Windows）或 < Option > 键（Mac OS），然后在文件窗口中拖动光照。

⑤【着色】：单击【着色】右侧的色块，可以在打开的【拾色器】对话框中设置环境色，如图 4-201 所示。

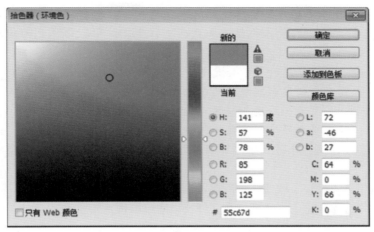

图 4-201　设置环境色

⑥【曝光度】：在【曝光度】文本框中输入数值或者拖动下方的滑块，可以控制高光和阴影细节。

⑦【光泽】：在【光泽】文本框中输入数值或者拖动下方的滑块，确定表面反射光照的程度。

⑧【金属质感】：在【金属质感】文本框中输入数值或者拖动下方的滑块，确定光照或光照投射到的对象哪个反射率更高。

⑨【环境】：漫射光，使该光照如同与室内的其他光照（如日光或荧光）相结合一样。在【环境】文本框中输入数值 100 表示只使用此光源，或者输入数值－100 以移去此光源。

⑩【纹理】：在【纹理】下拉列表框中选择任一选项，可以为通道选择图像以增加纹理效果，如图 4-202 所示。

3）光照效果的属性栏。光照效果的属性栏如图 4-203 所示。

图 4-202　【纹理】下拉列表框

图 4-203　光照效果的属性栏

①【预设】：单击【预设】下拉按钮，在弹出的 17 种不同的灯光样式中选择合适的灯光，如图 4-204 所示。

◀【两点钟方向点光】：具有中等强度和宽焦点的黄色点光。

◀【蓝色全光源】：具有全强度和没有焦点的高处蓝色全光源。

◀【圆形光】：四个点光。白色为全强度和集中焦点的点光；黄色为强强度和集中焦点的点光；红色为中等强度和集中焦点的点光；蓝色为全强度和中等焦点的点光。

◀【交叉光】：具有中等强度和宽焦点的白色点光。

◀【向下交叉光】：具有中等强度和宽焦点的两种白色点光。

◀【默认】：具有中等强度和宽焦点的白色点光。

◀【五处下射光】和【五处上射光】：具有全强度和宽焦点的下射或上射的五个白色点光。

◀【手电筒】：具有中等强度的黄色全光源。

图 4-204　选择样式

163

◄【喷涌光】：具有中等强度和宽焦点的白色点光。

◄【平行光】：具有全强度和没有焦点的蓝色平行光。

◄【RGB 光】：产生中等强度和宽焦点的红色、蓝色与绿色光。

◄【柔化直接光】：两种不聚焦的白色和蓝色平行光。其中，白色光为柔和强度，而蓝色光为中等强度。

◄【柔化全光源】：中等强度的柔和全光源。

◄【柔化点光】：具有全强度和宽焦点的白色点光。

◄【三处下射光】：具有柔和强度和宽焦点的右边中间白色点光。

◄【三处点光】：具有轻微强度和宽焦的三个点光。

②【光照】：单击【光照】按钮来添加聚光灯、点光和无限光类型。按需要重复，最多可获得 16 种光照。

③【旋转】：单击【旋转】按钮，可以重置当前光照。

④【预览】：勾选【预览】复选框，在文件窗口中可以预览光照效果。

4）删除光照。在【光源】面板中选中要删除的光照效果，单击右下角的【删除】按钮，如图 4-205 所示，即可删除选中的光照效果，如图 4-206 所示。

（11）USM 锐化　【USM 锐化】滤镜常用来校正边缘模糊的图像，此滤镜通过调整图像边缘对比度的方法强调边缘效果，从而在视觉上产生更清晰的图像效果，图 4-207 所示为原图像及应用此滤镜后的效果图。

【USM 锐化】对话框如图 4-208 所示，其重要参数与选项说明如下。

◄拖动【数量】调节滑块，可以设置图像总体的锐化程度。

◄拖动【半径】调节滑块，可以设置图像轮廓被锐化的范围，数值越大，则锐化时图像边缘的细节被忽略得越多。

◄拖动【阈值】调节滑块，可以设置相邻的像素间达到一定数值时才进行锐化。数值越高，锐化过程中忽略的像素就越多，其数值范围为 0 ~ 15。

图 4-205　单击【删除】按钮　　图 4-206　删除光照效果

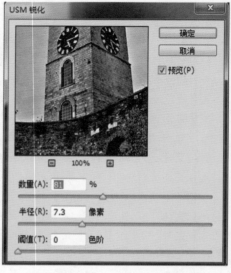

图 4-207　原图及应用 USM 锐化滤镜后的效果　　　图 4-208　【USM 锐化】对话框

4.4.3　范例制作

实例源文件	ywj/04/4-4.jpg ywj/04/4-4.psd ywj/04/4-4-1.jpg
视频课堂教程	资源文件→视频课堂→第 4 章→ 4.4

范例操作步骤

`Step01` 打开【4-4.jpg】图片，如图 4-209 所示。

`Step02` 选择【多边形套索】工具，选择填充区域，如图 4-210 所示。

图 4-209　打开图片

图 4-210　选择填充区域

`Step03` 删除该区域，加入水图片，如图 4-211 所示。

`Step04` 选择【滤镜】|【渲染】|【光照效果】菜单命令，添加光照效果，如图 4-212 所示。

图 4-211　加入水图片

图 4-212　添加光照效果

`Step05` 选择【滤镜】|【液化】菜单命令，添加液化效果，如图 4-213 所示。

图 4-213　添加液化效果

Step06 选择背景，选择【多边形套索】工具，选择
图像区域，如图 4-214 所示。

Step07 选择【滤镜】|【模糊】|【动感模糊】菜
单命令，选择图像区域，【动感模糊】对话框如图 4-215 所示。

图 4-214 选择图像区域

图 4-215 【动感模糊】对话框

Step08 选择【仿制图章】工具，
调整图形，完成假山水景效果，如
图 4-216 所示。

图 4-216 完成假山水景效果

4.5 图像优化和编辑——景观亭图像优化

4.5.1 范例展示

本节范例为景观亭图像优化，通
过图像优化，读者可以了解色彩调节
对图像变化的影响，景观亭最终效果
如图 4-217 所示。

图 4-217 景观亭最终效果

4.5.2　知识准备

1. 图像优化

（1）直接调整图像的亮度与对比度　选择【图像】|【调整】|【亮度／对比度】菜单命令，弹出如图 4-218 所示的【亮度／对比度】对话框，在此命令的对话框中可以直接调节图像的对比度与亮度。

若要增加图像的亮度，可将【亮度】滑块向右拖动，反之向左拖动。增加图像对比度的操作方法与增加亮度的相同。图 4-219 所示为原图，图 4-220 所示为调整【亮度和对比度】的效果。

图 4-218　【亮度／对比度】对话框　　　　图 4-219　原图像图　　　　图 4-220　调整【亮度／对比度】的效果

勾选【使用旧版】复选框，可以使用 Photoshop CS6 版本以前的【亮度／对比度】命令来调整图像，而默认情况下，则使用新版的功能进行调整。新版命令在调整图像时，将仅对图像的亮度进行调整，而色彩的对比度保持不变，如图 4-221 所示。

a）原图像　　　　　　　　b）用新版处理后的效果　　　　　　c）用旧版处理后的效果

图 4-221　新旧版本处理的不同效果

（2）平衡图像的色彩　选择【图像】|【调整】|【色彩平衡】菜单命令，可用于对偏色的数码照片进行色彩校正，校正时可以根据数码照片的阴影、中间调和高光等区域分别进行精确的颜色调整，【色彩平衡】对话框如图 4-222 所示。

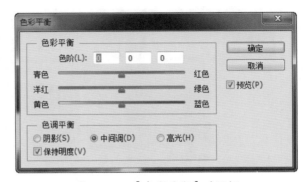

图 4-222　【色彩平衡】对话框

此命令使用较为简单，操作步骤如下。

1）打开任一张图像，选择【图像】|【调整】|【色彩平衡】菜单命令。

2）在【色调平衡】选项组中选择需要调整的图像色调区，如调整图像的暗部，则应选中【阴影】单选按钮。

3）拖动 3 个滑轨上的滑块调节图像，如为图像增加红色，则向右拖动【红色】滑块，拖动的同时要观察图像的调整效果。

4）得到满意效果后，单击【确定】按钮即可。

为色彩平淡的照片应用【色彩平衡】命令后的对比效果如图 4-223 所示。

图 4-223 应用【色彩平衡】命令后的对比效果

提示：勾选【保持明度】复选框可以保持图像对象的色调不变，即只有颜色值发生变化，图像像素的亮度值不变。

（3）直接调整图像色调 选择【图像】|【调整】|【变化】菜单命令，打开【变化】对话框，如图 4-224 所示，在此可以直观地调整图像或选区的色相、亮度和饱和度。

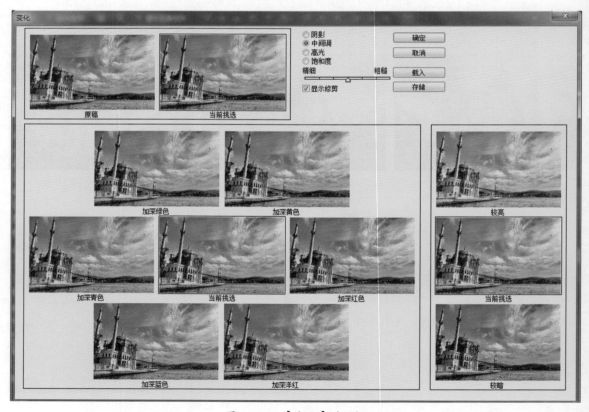

图 4-224 【变化】对话框

对话框中各参数的说明如下。

◀【原稿】和【当前挑选】：在第一次打开该对话框的时候，这两个缩略图完全相同；调整后，【当前挑选】缩略图显示为调整后的状态。

◀【较亮】、【当前挑选】和【较暗】：分别单击【较亮】和【较暗】两个缩略图，可以增亮或加暗图像，【当前挑选】缩略图显示当前调整的效果。

◀【阴影】、【中间调】、【高光】与【饱和度】：选中对应的单选按钮，可分别调整图像中该区域的色相、亮度与饱和度。

◀【精细／粗糙】：拖动该滑块可确定每次调整的数量，将滑块向右侧移动一格，可使调整度双倍增加。

◀调整色相：对话框左下方有 7 个缩略图，中间的【当前挑选】缩略图与左上角的【当前挑选】缩略图的作用相同，用于显示调整后的图像效果。另外 6 个缩略图分别可以用来改变图像的 RGB 和 CMY6 种颜色，单击其中任意缩略图，均可增加与该缩略图对应的颜色。例如，单击【加深绿色】缩略图，可在一定程度上增加绿色，按需要可以单击多次，从而得到不同颜色的效果。

◀【存储】：单击【存储】按钮，可以将当前对话框的设置保存为一个 AVA 的文件。

如果在以后的工作中遇到需要进行同样调整的图像，可以在此对话框中单击【载入】按钮，调出该文件以设置此对话框。图 4-225 所示为原图，图 4-226 所示为应用【变化】命令调整后的效果。

图 4-225　原图

图 4-226　应用【变化】命令后的效果

（4）自然饱和度　【图像】|【调整】|【自然饱和度】菜单命令用于调整图像的饱和度，使用此命令调整图像时可以使图像颜色的饱和度不会溢出，换言之，此命令可以仅调整与已饱和颜色相比，那些不饱和颜色的饱和度。

选择【图像】|【调整】|【自然饱和度】菜单命令后，弹出【自然饱和度】对话框，如图 4-227 所示。

◀拖动【自然饱和度】滑块可以调整与已饱和颜色相比，那些不饱和颜色的饱和度，从而获得更加柔和自然的图像饱和度效果。

◀拖动【饱和度】滑块可以调整图像中所有颜色的饱和度，使所有颜色获得等量饱和度调整，因此使用此滑块可能导致图像的局部颜色过饱和。

图 4-228 所示为原图像，图 4-229 所示为使用此命令调整后的效果，图 4-230 所示则是使用【色相／饱和度】命令提高图像饱和度的效果，对比可以看出此命令在调整颜色饱和度方面的优势。

图 4-227　【自然饱和度】对话框

图 4-228　原图像

图 4-229　【自然饱和度】的调整结果

图 4-230　【色相 / 饱和度】的调整结果

2. 图像编辑

（1）【色阶】命令　【图像】|【调整】|
【色阶】菜单命令是一个功能非常强大的调整
命令，使用此命令可以对图像的色调和亮度进
行调整。选择【图像】|【调整】|【色阶】
菜单命令，将弹出如图 4-231 所示的【色阶】对
话框。

调整图像色阶的方法如下。

1）在【通道】下拉列表框中选择要调整的
通道，如果选择【RGB】或【CMYK】，则对
整幅图像进行调整。

2）若要增加图像对比度则拖动【输入色阶】
区域的滑块，其中向左侧拖动白色滑块可使图
像变亮，向右侧拖动黑色滑块可以使图像变暗。

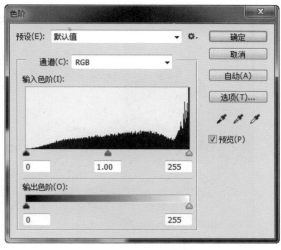

图 4-231　【色阶】对话框

3）拖动【输出色阶】区域的滑块可以降低图像的对比度，将白色滑块向左侧拖动可使图像变暗，
将黑色滑块向右侧拖动可使图像变亮。

4）在拖动滑块的过程中仔细观察图像的变化，得到满意的效果后，单击【确定】按钮即可。

下面详细介绍各参数及命令的使用方法。

◀【通道】：在【通道】下拉列表框中可以选择一个通道，从而使色阶调整工作基于该通
道进行，此处显示的通道名称依据图像颜色模式而定，RGB 模式下显示红、绿、蓝，CMYK
模式下显示青色、洋红、黄色、黑色。

◀【输入色阶】：设置【输入色阶】文本框中的数值或拖动其下方的滑块，可以对图像的
暗色调、高亮色和中间色的数值进行调节。图 4-232 所示为原图像及对应的【色阶】对话框，
图 4-233 所示为向右侧拖动黑色滑块后的图像效果及对应的【色阶】对话框。图 4-234 所示
为向左侧拖动白色滑块后的图像效果及对应的【色阶】对话框。该对话框中的灰色滑块代表
图像的中间色调。

图 4-232　原图像及【色阶】对话框

171

图 4-233　向右拖动黑色滑块后的图像效果及【色阶】对话框

图 4-234　向左侧拖动白色滑块后的图像效果及【色阶】对话框

◀【输出色阶】：设置【输出色阶】文本框中的数值或拖动其下方的滑块，可以减少图像的白色与黑色，从而降低图像的对比度。

◀【黑色吸管】 ▨ ：使用该吸管在图像中单击，Photoshop 将定义单击处的像素为黑点，并重新分布图像的像素，从而使图像变暗。图 4-235 所示为黑色吸管单击处，图 4-236 所示为单击后的效果，可以看出整体图像变暗。

图 4-235　黑色吸管单击处

图 4-236　单击后的效果

◀【灰色吸管】：使用此吸管单击图像，可以从图像中减去此单击位置的颜色，从而校正图像的色偏。

◀【白色吸管】：与黑色吸管相反，Photoshop 将定义使用白色吸管单击处的像素为白点，并重新分布图像的像素值，从而使图像变亮。图 4-237 所示为白色吸管单击处，图 4-238 所示为单击后的效果，可以看出整体图像变亮。

图 4-237　白色吸管单击处

图 4-238　单击后的效果

◀单击【预设选项】按钮，在弹出的下拉菜单中选择【存储预设】/【载入预设】选项，打开【存储】/【载入】对话框，单击【存储】按钮，可以将当前对话框的设置保存为一个 *.alv 文件，在以后的工作中如果遇到需要进行同样设置的图像，单击【载入】按钮，调出该文件，可自动使用该设置。

◀【自动】：单击该按钮，Photoshop 可根据当前图像的明暗程度自动调整图像。

◀【选项】：单击该按钮，弹出【自动颜色校正选项】对话框，设置各项参数，单击【确定】按钮可以自动校正颜色，如图 4-239 所示。

（2）【曲线】命令　与【色阶】命令调整方法一样，使用【曲线】命令可以调整图像的色调与明暗度，与【色阶】命令不同的是，【曲线】命令可以精确调整高光、阴影和中间调区域中任意一点的色调与明暗度。

选择【图像】|【调整】|【曲线】菜单命令，将显示如图 4-240 所示的【曲线】对话框。

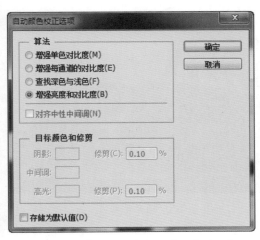

图 4-239　【自动颜色校正选项】对话框

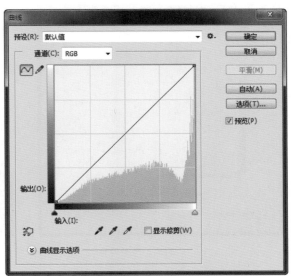

图 4-240　【曲线】对话框

曲线的水平轴表示像素原来的色值，即输入色阶，垂直轴表示调整后的色值，即输出色阶，下面通过一个实例来更进一步理解【曲线】命令。

1）打开任一张图片，如图 4-241 所示。

2）选择【图层】|【调整】|【曲线】菜单命令，弹出【曲线】对话框。

3）在【曲线】对话框中使用鼠标将曲线向上调整到如图 4-242 所示的状态来提高亮度，得到如图 4-243 所示的效果。

图 4-241　图片

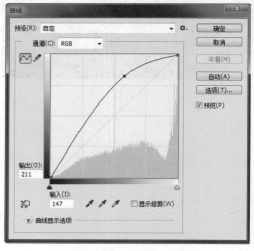

图 4-242　调节曲线

图 4-243　调整的效果

4）使用鼠标将曲线向下调整到如图 4-244 所示的状态来增强暗面，得到如图 4-245 所示的效果，单击【确定】按钮完成调整。

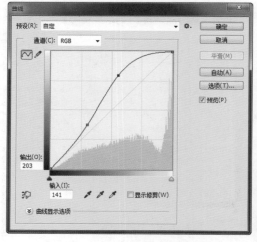

图 4-244　向下调整曲线

图 4-245　调整的效果

使用【曲线】对话框中的【在图像上单击并拖动可修改曲线】按钮 🖐，可以在图像中通过拖动的方式快速调整图像的色彩及亮度。

例如，图 4-246 所示为单击【在图像上单击并拖动可修改曲线】按钮后，在要调整的图像位置摆放鼠标指针时的状态，由于当前摆放鼠标指针的位置显得曝光不足，所以将向上拖动鼠标指针以提亮图像，如图 4-247 所示，此时的【曲线】对话框如图 4-248 所示。

在上面处理图像的基础上，再将鼠标指针置于阴影区域要调整的位置，如图 4-249 所示，按照前面所述的方法，向下拖动鼠标以调整阴影区域，如图 4-250 所示，此时的【曲线】对话框如图 4-251 所示。

图 4-246　摆放鼠标指针的位置

图 4-247　向上拖动鼠标指针以提亮图像

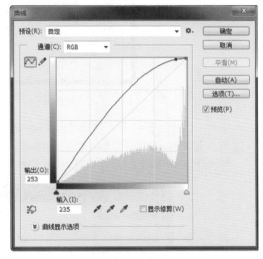

图 4-248　【曲线】对话框设置

图 4-249　摆放鼠标指针位置

图 4-250　向下拖动鼠标指针以暗淡图像

提示：　【曲线】命令是对图像的色调进行控制，其功能非常强大，不仅可以调整图像的亮度还可以调整对比度和颜色等。与【色阶】命令相比，【曲线】命令可以调节任意形状，在控制色调方面更细致一些，但它在处理图像的亮部和暗部（即曲线的两端）时功能不强，处理时变化不大，不如色阶方便。按 <Ctrl+M> 快捷键也可打开【曲线】对话框。

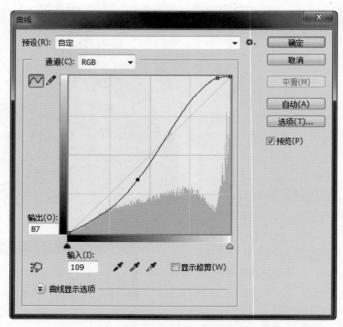

图 4-251　【曲线】对话框设置

（3）【黑白】命令　使用【黑白】命令可以将图像处理成为灰度图像的效果，也可以选择一种颜色，将图像处理成为单一色彩的图像。

选择【图像】|【调整】|【黑白】菜单命令，即可调出如图 4-252 所示的【黑白】对话框。

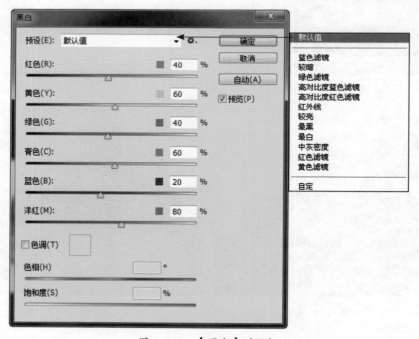

图 4-252　【黑白】对话框

【黑白】对话框中各参数的说明如下。

◀【预设】：在此下拉列表中，可以选择 Photoshop 自带的多种图像处理方案，从而将图像处理成为不同程度的灰度效果。

◀颜色设置：在对话框中间的位置，存在 6 个滑块，分别拖动各个滑块，即可对原图像中对应色彩的图像进行灰度处理。

◀【色调】：勾选该复选框后，对话框底部的两个色条及右侧的色块将被激活，如图 4-253 所示。两个色条分别代表了【色相】与【饱和度】，在其中调整出一个要叠加到图像上的颜色，即可轻松地完成对图像的着色操作；也可以直接单击右侧的颜色块，在弹出的【拾色器】对话框中选择一个需要的颜色。

图 4-253　激活后的色彩调整区

下面通过操作来进一步了解【黑白】命令，操作步骤如下。

1）打开一张图像，如图 4-254 所示。

2）选择【图像】|【调整】|【黑白】菜单命令，弹出如图 4-255 所示的【黑白】对话框。

3）使用鼠标拖动各滑块来调整画面的层次，对话框设置如图 4-256 所示，调整的效果如图 4-257 所示。

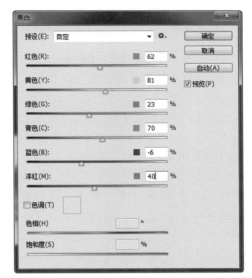

图 4-254　图像

图 4-255　【黑白】对话框

图 4-256　【黑白】对话框

图 4-257　调整的效果

4）勾选【色调】复选框以激活【色调】选项，再设置【色相】和【饱和度】如图 4-258 所示，得到如图 4-259 所示的效果，单击【确定】按钮完成调整。

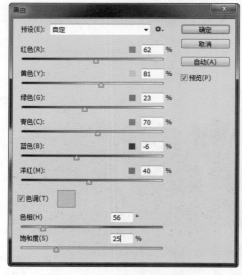

图 4-258　【黑白】对话框　　　　　　　　　　图 4-259　调整的效果

（4）【色相/饱和度】命令　使用【色相/饱和度】命令不仅可以对一幅图像进行【色相】、【饱和度】和【明度】的调节，还可以调整图像中特定颜色成分的色相、饱和度和亮度，还可以通过【着色】选项将整个图像变为单色。

选择【图像】|【调整】|【色相/饱和度】菜单命令，弹出如图 4-260 所示的【色相/饱和度】对话框。对话框中各参数的详细介绍如下。

◀【全图】：单击此选项后的下拉按钮在弹出的下拉列表中可以选择调整的颜色范围。

◀【色相】、【饱和度】和【明度】滑块：拖动对话框中的【色相】(范围：－180～+180)、【饱和度】(范围：－100～+10) 和【明度】(范围：－100～+100) 滑块，或在其文本框中输入数值，可以分别调整图像的色相、饱和度及明度。

◀【吸管】：选择【吸管工具】在图像中单击，可选定一种颜色作为调整的范围。选择【添加到取样工具】在图像中单击，可以在原有颜色变化范围上增加当前单击的颜色范围。选择【从取样中减去工具】在图像中单击，可以在原有颜色变化范围上减去当前单击的颜色范围。

◀【着色】：勾选此复选框可以将一幅灰色或黑白的图像着色为某种颜色。

◀【在图像上单击并拖动可修改饱和度】按钮：选中此工具后，在图像中单击某一处，并在图像中向左或向右拖动，可以减少或增加包含所单击像素颜色范围的饱和度，如果存执行此操作时按住 <Ctrl> 键，则左右拖动可以改变相对应区域的色相。

图 4-260　【色相/饱和度】对话框

图 4-261 所示为在 全图 下拉列表框中选择【黄色】并调整前后的效果对比。

图 4-261　应用【色相 / 饱和度】命令前后的效果对比

（5）【渐变映射】命令　使用【图像】|【调整】|【渐变映射】菜单命令可以将指定的渐变色映射到图像的全部色阶中，从而得到一种具有彩色渐变的图像效果，此命令的【渐变映射】对话框如图 4-262 所示。

此命令的使用方法比较简单，只需在对话框中选择合适的渐变类型即可。如果需要反转渐变，则勾选【反向】复选框。

图 4-263 所示为黑白照片应用渐变映射后得到的浅色效果。

图 4-262　【渐变映射】对话框

图 4-263　黑白照片及应用【渐变映射】命令后的效果

（6）【照片滤镜】命令　【图像】|【调整】|【照片滤镜】菜单命令用于模拟传统光学滤镜特效，它能够使照片呈现暖色调、冷色调及其他颜色的色调，打开一幅需要调整的照片并选择此命令后，弹出如图 4-264 所示的【照片滤镜】对话框。

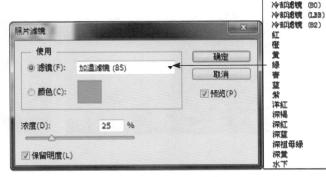

图 4-264　【照片滤镜】对话框

此对话框的各个参数的作用如下。

◀【滤镜】：在该下拉列表框中选择预设的选项，对图像进行调节。

◀【颜色】：单击该色块，并使用【拾色器】对话框为自定义颜色滤镜指定颜色。

◀【浓度】：拖动滑块以调整此命令应用于图像中的颜色量。

◀【保留明度】：勾选该复选框，可在调整颜色的同时保持原图像的亮度。

图 4-265 所示为原图像，图 4-266 所示为经过调整照片的色调使其出现偏暖的效果。

图 4-265　原图像

图 4-266　色调偏暖效果

（7）【阴影 / 高光】命令　【阴影 / 高光】命令专门用于处理在摄影中由于用光不当而出现局部过亮或过暗的照片。选择【图像】|【调整】|【阴影 / 高光】菜单命令，弹出如图 4-267 所示的【阴影 / 高光】对话框。

此对话框中的参数说明如下。

◀【阴影】：在此拖动【数量】滑块或在此文本框中输入相应的数值，可改变暗部区域的明亮程度，其中数值越大或滑块的位置越偏向右侧，则调整后图像的暗部区域也会越亮。

◀【高光】：在此拖动【数量】滑块或在此文本框中输入相应的数值，可改变高亮区域的明亮程度，其中数值越大或滑块的位置越偏向右侧，则调整后图像的高亮区域也会越暗。

图 4-268 所示的为原图像，图 4-269 所示为应用该命令后的效果。

图 4-267　【阴影 / 高光】对话框

图 4-268　原图像

图 4-269　【阴影 / 高光】命令示例

（8）【HDR 色调】命令　在 Photoshop CS6 中，如果针对一张照片进行 HDR 合成，则选择【图像】|【调整】|【HDR 色调】菜单命令，其【HDR 色调】对话框如图 4-270 所示。

观察这个对话框就可以看出，与其他大部分图像调整命令相似，此命令也提供了预设调整功能，选择不同的预设能够调整得到不同的 HDR 照片结果。以图 4-271 所示的原图像为例，图 4-272 所示为几种不同的调整效果。

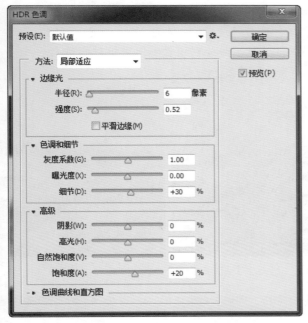

图 4-270　【HDR 色调】对话框

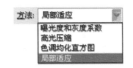

图 4-271　原图像

图 4-272　选择不同预设时得到的调整效果

单击【方法】右侧的下拉按钮，弹出【方法】下拉列表框，如图 4-273 所示。下面的讲解中将针对此命令提供的几种调整方法进行讲解。

图 4-273　【方法】下拉列表框

1）局部适应。这是【HDR 色调】命令在情况下选择的处理方法，使用此方法时可控制的参数也最多，如图 4-274 所示。下面来分别讲解一下此命令中各部分的参数功能。

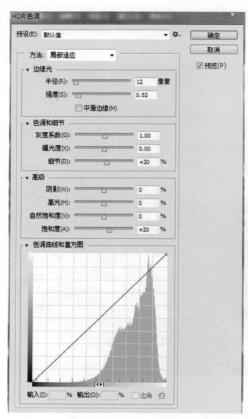

图 4-274

【色调和细节】选项组中的参数用于控制图像的色调与细节，各参数的具体说明如下。

◀【灰度系数】：此参数可控制高光与暗调之间的差异，其数值越大（向左侧拖动）则图像的亮度越高，反之则图像的亮度越低。

◀【曝光度】：控制图像整体的曝光强度，也可以将之理解成为亮度。

◀【细节】：数值为负数时（向左侧拖动），画面变得模糊，反之，数值为正数（向右侧拖动）时，可显示出更多的细节内容。

◀【阴影／高光】：此参数用于控制图像阴影或高光区域的亮度。

【颜色】选项组中的参数用于控制图像的色彩饱和度，各参数的具体说明如下。

◀【自然饱和度】：拖动此滑块可以调整那些与已饱和颜色相比，不饱和颜色的饱和度，从而获得更加柔和自然的图像饱和度效果。

◀【饱和度】：拖动此滑块可以调整图像中所有颜色的饱和度，使所有颜色获得等量饱和度的调整，因此使用此滑块有可能导致图像的局部颜色过饱和。

【色调曲线和直方图】选项组中的参数用于控制图像的整体亮度，其使用方法与编辑【曲线】

【边缘光】选项组中的参数用于控制图像边缘的发光及其对比度，各参数的具体说明如下。

◀【半径】：此参数可控制发光的范围。图 4-275 所示为分别设置不同数值时的对比效果。

◀【强度】：此参数可控制发光的对比度。图 4-276 所示为分别设置不同数值时的对比效果。

图 4-275　设置不同【半径】值的对比效果

图 4-276　设置不同【强度】值的对比效果

对话框中的曲线基本相同，单击其右下角的【复位曲线】按钮，可以将曲线恢复到初始状态。例如，图4-277所示为初始状态的图像效果，图4-278所示为调整后的曲线状态，图4-279所示为调整后的【HDR色调】对话框。

2）曝光度和灰度系数。选择此方法后，分别调整【曝光度】和【灰度系数】两个参数，可以改变照片的曝光等级和灰度的强弱，图4-280所示为调整前后的效果对比。

3）高光压缩。选择此方法后，会对照片中的高光区域进行降暗处理，从而得到比较特殊的效果，如图4-281所示。

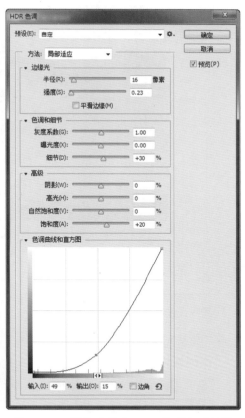

图4-277 初始状态　　图4-278 调整曲线后的效果　　图4-279 调整后的【HDR色调】对话框

图4-280 调整曝光及灰度前后的效果对比

图4-281 使用【高光压缩】方法调整前后的效果对比

4）色调均化直方图。选择此方法后，将对画面中的亮度进行平均化处理，此方法对低调照片有强烈的提亮作用。图 4-282 所示为调整前后的效果对比。

图 2-282　使用【色调均化直方图】方法调整前后的效果对比

4.5.3　范例制作

实例源文件	ywj/04/4-5.jpg
	ywj/04/4-5.psd
视频课堂教程	资源文件→视频课堂→第 4 章→4.5

范例操作步骤

`Step01` 打开【4-5.jpg】图片，如图 4-283 所示。

`Step02` 选择【图像】|【调整】|【曲线】菜单命令，打开【曲线】对话框，设置参数并调整曲线，如图 4-284 和图 4-285 所示。

图 4-283　打开图片

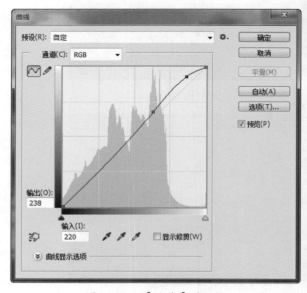

图 4-284　【曲线】对话框

图 4-285　调整曲线后效果

Step03 选择【图像】|【调整】|【色相／饱和度】菜单命令,打开【色相／饱和度】对话框,设置参数并调整色相和饱和度,如图 4-286 和图 4-287 所示。

图 4-286 【色相／饱和度】对话框　　　　　图 4-287 调整色相／饱和度效果

Step04 选择【图像】|【调整】|【自然饱和度】菜单命令,打开【自然饱和度】对话框,设置参数并调整自然饱和度,如图 4-288 所示,完成景观亭图像的优化,如图 4-289 所示。

图 4-288 【自然饱和度】对话框　　　　　图 4-289 完成景观亭图像的优化

4.6 本章小结

　　用 Photoshop 做一些漂亮的图片,或对照片进行简单的加工并不是 Photoshop 设计人员的最终目的。作品的灵魂是创意,然而创意这东西并不是那么好学的,甚至根本学不会,学创意比学 Photoshop 本身要难得多。色彩应用是图形图像处理和制作的一个重要环节,好的色彩应用搭配能让人产生一种舒适的感觉,作品的美感也由此而生。相反,色彩应用搭配不当,则会让人产生不想看的心理,作品也就谈不上什么感染力。色彩的应用搭配不仅需要平时留心观察身边的事物,还在于多练习。留心观察才会知道什么地方用什么色彩能达到最好效果,还要适时地与同学、老师和朋友交流,发现别人出色的地方,多多学习;也要善于发现别人的不足之处,吸取经验教训。

第 5 章
景观小品设计

本章导读

通过学习本章范例可以熟练应用 SketchUp 的一些基本工具和命令，包括直线、圆形、矩形等基本形体的绘制，通过【推 / 拉】、【路径跟随】等基础命令生成三维体块，灵活使用辅助线绘制精准模型以及熟悉标注模型的尺寸等操作。

	学习目标 知识点	认 识	理 解	应 用
学习要求	掌握绘制基本二维图形的方法			√
	掌握绘制三维图形的方法			√
	熟悉绘制模型的技巧		√	

5.1　制作水景

实例源文件	ywj/05/5-1.skp
视频课堂教程	资源文件→视频课堂→第 5 章→5.1

范例操作步骤

5.1.1　绘制地面部分

Step01 选择【矩形】工具，绘制矩形地面，矩形尺寸为长 13948.5mm，宽 11955.0mm，如图 5-1 所示。

Step02 选择【推 / 拉】工具，推拉矩形，推拉厚度为 350mm，如图 5-2 所示。

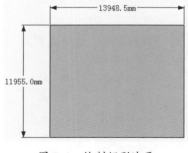

图 5-1　绘制矩形地面

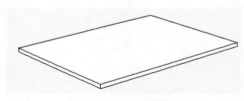

图 5-2　推拉至一定厚度

Step03 选择【直线】工具，绘制直线轮廓，如图 5-3 所示。

Step04 选择【推/拉】工具，推拉至一定厚度，并创建为群组，如图 5-4 所示。

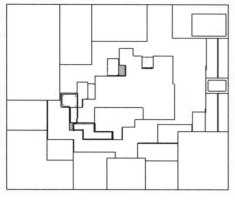

图 5-3　绘制直线轮廓

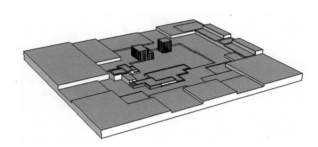

图 5-4　推拉至一定厚度

 提示：将模型创建为群组，可以绘制出较为清晰的模型。

5.1.2　添加组件模型并设置材质

Step01 选择【窗口】|【组件】菜单命令，打开【组件】对话框，如图 5-5 所示。

Step02 添加树木和人物组件，如图 5-6 所示。

图 5-5　【组件】对话框

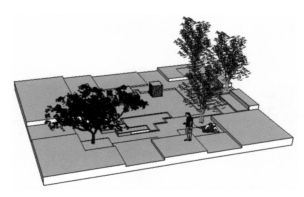

图 5-6　添加组件

Step03 选择【材质】工具，打开【材质】编辑器，分别选择【浅水池】和【人工草皮植被】材质，如图 5-7 所示。

Step04 设置模型材质，制作完成水景，如图 5-8 所示。

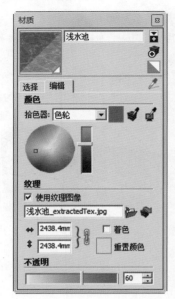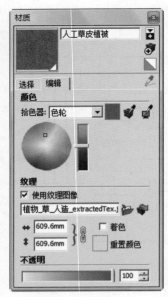

图 5-7　打开【材质】编辑器

图 5-8　制作完成水景

5.2　制作庭院

实例源文件	ywj/05/5-2.skp
视频课堂教程	资源文件→视频课堂→第 5 章→5.2

范例操作步骤

5.2.1　绘制楼体部分

Step01　选择【直线】工具，绘制直线，如图 5-9 所示。

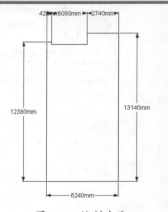

图 5-9　绘制直线

Step02 选择【推/拉】工具，推拉矩形，推拉厚度为 11100mm，如图 5-10 所示。

Step03 选择【偏移】工具，偏移图形，偏移距离为 240mm，如图 5-11 所示。

Step04 运用【直线】工具和【推/拉】工具，绘制台阶部分，如图 5-12 所示。

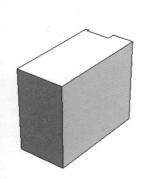

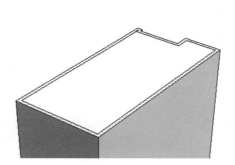

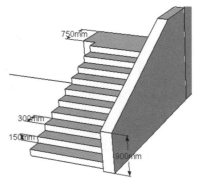

图 5-10 推拉至一定厚度　　　　图 5-11 偏移图形　　　　图 5-12 绘制台阶部分

Step05 运用【矩形】工具和【推/拉】工具，绘制窗户，并创建为组件，如图 5-13 所示。

Step06 选择【移动】工具，移动并复制窗户，如图 5-14 所示。

Step07 运用【直线】工具和【推/拉】工具，绘制挡雨部分，如图 5-15 所示。

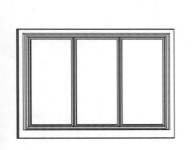

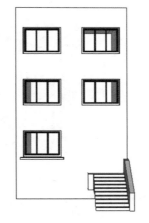

图 5-13 绘制窗户　　　　图 5-14 移动并复制窗户　　　　图 5-15 绘制挡雨部分

Step08 运用【矩形】工具和【推/拉】工具，绘制门，如图 5-16 所示。

Step09 运用【直线】工具和【路径跟随】工具，绘制台阶扶手，如图 5-17 所示。

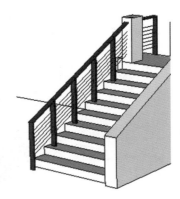

图 5-16 绘制门　　　　图 5-17 绘制台阶扶手

5.2.2　绘制地面部分

> **Step01** 运用【矩形】工具和【推/拉】工具，绘制地面部分，如图 5-18 所示。
> **Step02** 运用【直线】工具和【推/拉】工具，绘制花池部分，如图 5-19 所示。

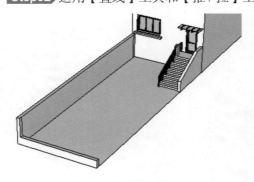

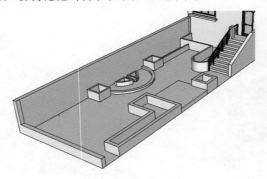

图 5-18　绘制地面部分　　　　　　　　图 5-19　绘制花池部分

> **Step03** 运用【矩形】工具和【推/拉】工具，绘制栏杆部分，如图 5-20 所示。
> **Step04** 运用【直线】工具和【推/拉】工具，绘制廊架部分，如图 5-21 所示。

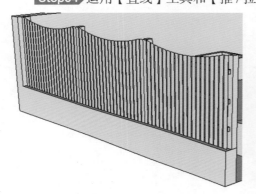

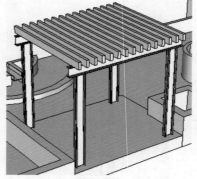

提示：使用模型交错可以绘制出栏杆。

图 5-20　绘制栏杆部分　　　　　　图 5-21　绘制廊架部分

> **Step05** 运用【直线】工具和【推/拉】工具，绘制水池部分，如图 5-22 所示。
> **Step06** 选择【圆弧】工具，绘制圆弧，如图 5-23 所示。
> **Step07** 选择【插件】|【线面工具】|【拉线成面】菜单命令，绘制水面，如图 5-24 所示。

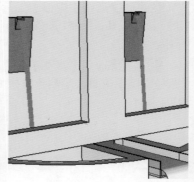

图 5-22　绘制水池部分　　　　图 5-23　绘制圆弧　　　　图 5-24　绘制水面

5.2.3 添加材质与组件

Step01 选择【材质】工具，打开【材质】编辑器，分别选择【浅水池】材质设置水池，选择【02.jpg】材质设置水池边的地面，选择【03.jpg】纹理设置水池内部地面，产生石子的效果，选择【04.jp】纹理图像设置花墙附近地面，如图 5-25 所示。

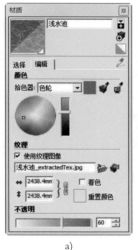
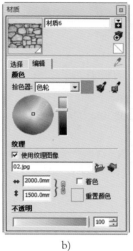
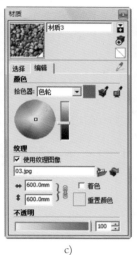
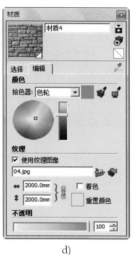

　　　a)　　　　　　　　　b)　　　　　　　　　c)　　　　　　　　　d)

图 5-25 选择不同的材质

Step02 设置模型材质，如图 5-26 所示。

Step03 选择【窗口】|【组件】菜单命令，打开【组件】对话框，如图 5-27 所示。

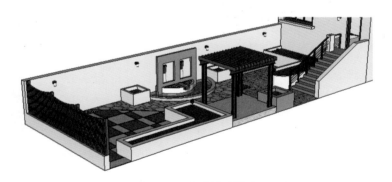

图 5-26 设置模型材质　　　　　　　图 5-27 【组件】对话框

Step04 在场景中添加组件，绘制完成庭院，如图 5-28 所示。

图 5-28 绘制完成庭院

5.3 绘制喷泉

实例源文件	ywj/05/5-3.skp
视频课堂教程	资源文件→视频课堂→第 5 章→ 5.3

范例操作步骤

5.3.1 绘制水池部分

Step01 选择【多边形】工具，绘制多边形，边数为 25，半径为 1100mm，如图 5-29 所示。

Step02 选择【偏移】工具，向内偏移距离为 205mm，如图 5-30 所示。

Step03 选择【推 / 拉】工具，推拉图形，如图 5-31 所示。

Step04 选择【偏移】工具，偏移多边形，偏移距离为 855mm，如图 5-32 所示。

图 5-29 绘制多边形

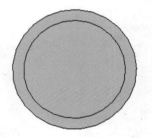

图 5-30 偏移多边形

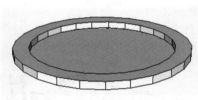

图 5-31 推拉图形

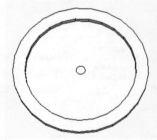

图 5-32 偏移多边形

5.3.2 绘制喷泉部分

Step01 选择【圆弧】工具，绘制圆弧，如图 5-33 所示。

Step02 选择【旋转】工具，配合使用 <Ctrl> 键，旋转复制圆弧，如图 5-34 所示。

Step03 在【沙盒】工具中，选择【根据等高线创建】工具，创建喷泉，如图 5-35 所示。

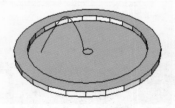

图 5-33 绘制圆弧

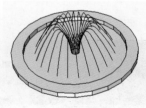

图 5-34 旋转复制圆弧

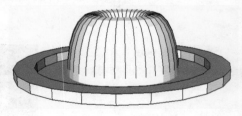

图 5-35 创建喷泉

5.3.3 添加材质

Step01 选择【材质】工具，打开【材质】编辑器，选择【浅水池】材质设置喷泉，选择【层列粗糙石头】材质设置水池边，如图 5-36 所示。

Step02 设置模型材质，完成的喷泉模型如图 5-37 所示。

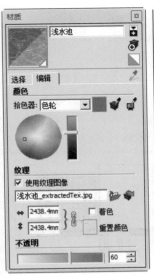 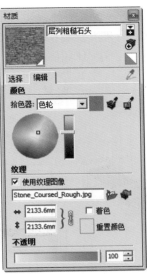

图 5-36 选择不同材质

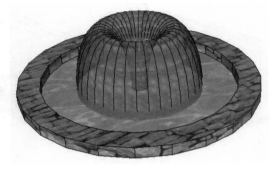

图 5-37 设置模型材质

5.4 绘制景观墙

实例源文件	ywj/05/5-4.skp
视频课堂教程	资源文件→视频课堂→第 5 章→ 5.4

范例操作步骤

5.4.1 绘制墙体与座椅部分

Step01 选择【矩形】工具，绘制矩形，如图 5-38 所示。

Step02 选择【圆弧】工具，绘制圆角，半径为 45mm，如图 5-39 所示。

Step03 选择【推 / 拉】工具，推拉图形，如图 5-40 所示。

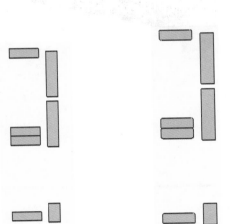 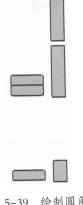 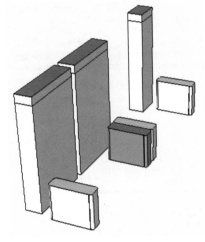

图 5-38 绘制矩形　　　图 5-39 绘制圆角　　　图 5-40 推拉图形

Step04 运用【矩形】工具和【推/拉】工具，绘制长方体，如图 5-41 所示。
Step05 运用【移动】工具和【旋转】工具，移动并复制长方体，如图 5-42 所示。
Step06 运用【直线】工具和【矩形】工具，绘制屏风轮廓，如图 5-43 所示。

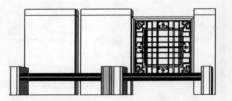

提示：屏风可以使用图片做背景，使用【直线】工具描绘图形，可以绘制出复杂的模型造型。

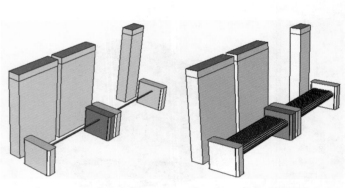

图 5-41　绘制长方体　　图 5-42　移动并复制长方体　　图 5-43　绘制屏风轮廓

5.4.2　添加材质

Step01 选择【材质】工具，打开【材质】编辑器，选择【05.jpg】纹理，设置墙体，选择颜色设置木质部分，如图 5-44 所示。

Step02 设置模型材质，景观墙绘制完成，如图 5-45 所示。

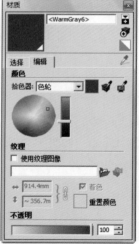
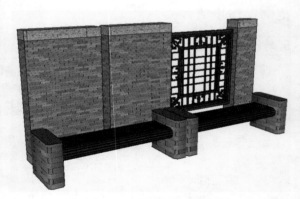

图 5-44　选择材质　　　　　　　　　图 5-45　景观墙绘制完成

5.5　绘制景观小品

实例源文件	ywj/05/5-5.skp
视频课堂教	资源文件→视频课堂→第 5 章→ 5.5

范例操作步骤

5.5.1 绘制景观小品模型

Step01 选择【矩形】工具，绘制矩形，矩形尺寸为长 470mm、宽 470mm，如图 5-46 所示。

Step02 选择【推 / 拉】工具，推拉图形，推拉 100mm，如图 5-47 所示。

Step03 运用【偏移】工具和【推 / 拉】工具，偏移和推拉距离为 5mm，如图 5-48 所示。

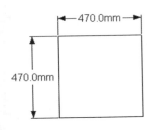

图 5-46 绘制矩形

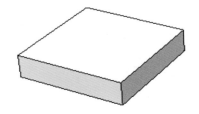

图 5-47 推拉矩形

图 5-48 绘制图形

Step04 运用【偏移】工具和【圆弧】工具，绘制路径和截面，如图 5-49 所示。

Step05 选择【路径跟随】工具，绘制图形，如图 5-50 所示。

Step06 选择【推 / 拉】工具，推拉图形，推拉高度为 10mm，如图 5-51 所示。

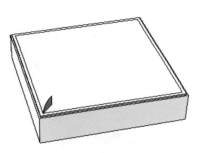

图 5-49 绘制路径截面

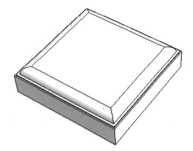

图 5-50 绘制图形

图 5-51 推拉图形

Step07 选择【偏移】工具，偏移图形，偏移距离为 10mm，运用【推 / 拉】工具，推拉高度为 415mm，如图 5-52 所示。

Step08 使用相同方法，绘制完成底座部分，如图 5-53 所示。

Step09 运用【圆弧】工具和【路径跟随】工具，绘制小品顶部，如图 5-54 所示。

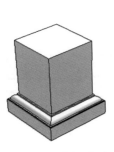

图 5-52 推拉图形

图 5-53 绘制完成底座部分

图 5-54 绘制小品顶部

Step10 运用【圆弧】工具和【直线】工具，绘制碎花部分，如图 5-55 所示。

图 5-55　绘制碎花部分

> 提示：景观小品是景观中的一部分，读者可以通过绘制这些小的模型来积累绘图经验。

5.5.2　添加材质

Step01 选择【材质】工具，打开【材质】编辑器，为模型选择不同的颜色，如图 5-56 所示。

Step02 设置模型材质，绘制完成景观小品，如图 5-57 所示。

图 5-56　选择不同材质

图 5-57　设置完成景观小品

5.6　场景塑造

实例源文件	ywj/05/5-6.skp
视频课堂教程	资源文件→视频课堂→第 5 章→ 5.6

范例操作步骤

5.6.1 绘制景观小品模型

Step01 选择【矩形】工具，绘制矩形，矩形尺寸为长 6200mm、宽 4510mm，如图 5-58 所示。

Step02 运用【直线】工具和【圆弧】工具，绘制直线和圆弧，如图 5-59 所示。

Step03 选择【推 / 拉】工具，推拉图形到一定厚度，如图 5-60 所示。

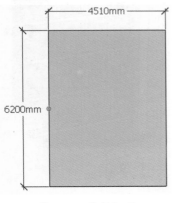

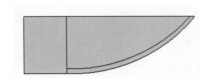

图 5-59　绘制直线和圆弧

图 5-58　绘制矩形

图 5-60　推拉图形

Step04 选择【矩形】工具，绘制矩形，如图 5-61 所示。

Step05 选择【推 / 拉】工具，推拉一定厚度，如图 5-62 所示。

Step06 选择【矩形】工具，绘制矩形，并创建群组，如图 5-63 所示。

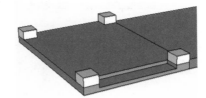

图 5-62　推拉一定厚度

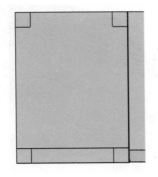

图 5-61　绘制矩形

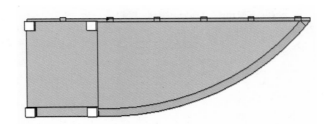

图 5-63　绘制矩形

Step07 选择【推 / 拉】工具，推拉图形，如图 5-64 所示。

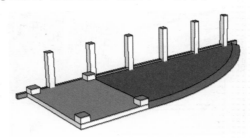

图 5-64　推拉图形

Step08 运用【偏移】工具和【推/拉】工具，绘制柱子顶部，如图 5-65 所示。

Step09 运用【矩形】工具和【推/拉】工具，绘制围栏，如图 5-66 所示。

Step10 选择【移动】工具配合使用 <Ctrl> 键，移动并复制围栏，如图 5-67 所示。

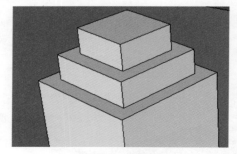

图 5-65 绘制柱子顶部

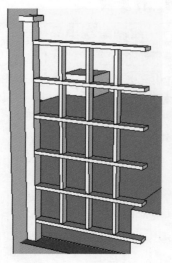

图 5-66 绘制围栏

图 5-67 移动并复制围栏

Step11 运用【矩形】工具和【推/拉】工具，绘制车棚架，如图 5-68 所示。

Step12 运用【矩形】工具和【直线】工具，绘制截面与路径，如图 5-69 所示。

Step13 选择【路径跟随】工具，绘制车棚顶部，如图 5-70 所示。

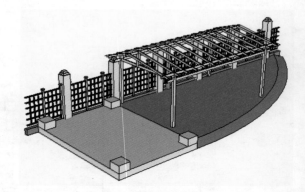

图 5-68 绘制车棚架

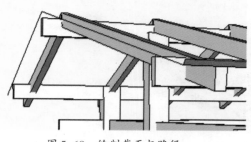

图 5-69 绘制截面与路径

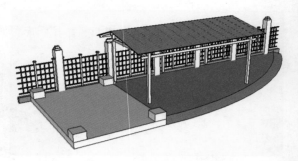

图 5-70 绘制车棚顶部

5.6.2 添加材质

Step01 选择【材质】工具，打开【材质】编辑器，选择【06.jpg】纹理设置木质地面部分，选择颜色设置顶部，选择【07.jpg】纹理设置地面，选择【08.jpg】纹理设置墙体柱子部分，如图 5-71 所示。

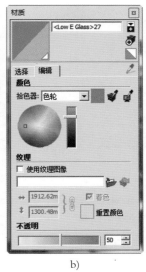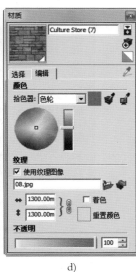

a)　　　　　　　　　b)　　　　　　　　　c)　　　　　　　　　d)

图 5-71　选择不同材质

Step02 设置模型材质，如图 5-72 所示。

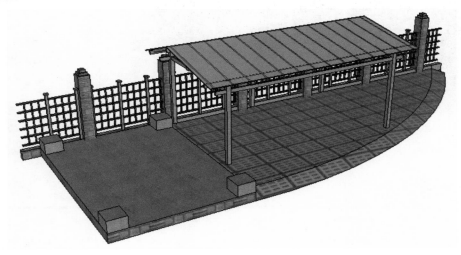

图 5-72　设置材质

5.6.3 导入文件

Step01 选择【文件】|【导入】菜单命令，弹出【打开】对话框，如图 5-73 所示。
Step02 添加组件，完成场景塑造，如图 5-74 所示。

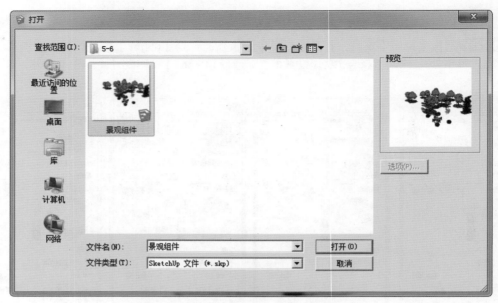

图 5-73　【打开】对话框

图 5-74　添加组件

> 提示：场景中的组件，可以在组件命令中寻找。读者也可以自己积累植物组件，在以后绘制模型中可以直接使用。

5.7　本章小结

　　通过本章的练习，相信读者可以更加熟练应用这些基本工具和命令，通过一些简单模型的绘制，可以领悟绘制模型中的一些技巧和方法。学习是循序渐进的过程，相信通过不断努力会更加熟练。

第6章
别墅庭院景观设计

本章导读

通过学习本章范例，可以了解别墅庭院景观的绘制技巧与流程方法，作为住宅市场细分出来的一种用地类型，别墅庭院是私属景观的主载体，其设计方法需要不断更新，以满足人们对景观的高品质要求，与其他类型的住宅相比，别墅的特点在于提供个性化的生活方式、对环境品质要求较高、完全私有的庭院空间。别墅作为现代高档的住宅形式，其庭院景观设计有其自身的个性。而现阶段别墅庭院的景观设计还停留在表层的物质阶段，缺乏对精神方面的关怀。一个优秀的庭院景观必须设计巧妙、施工得当、养护妥善，才能体现别墅庭院景观的潜在魅力。

学习目标 知识点	认 识	理 解	应 用
图形的导入			√
模型景观的细化			√
最终处理模型景观的方法			√

学习要求

6.1 案例分析

实例源文件	ywj/06/6-1.skp
视频课堂教程	资源文件→视频课堂→第 6 章→6.1

现在的人们对私家庭院、楼顶的空中花园甚至面积较大的阳台设计逐渐重视起来，要用景观将建筑没能表达完全或难以表达的东西去表达，因此景观的设计说明是十分必要的，无论是中式、日式或欧式等风格的设计都要从以下几个方面来分析。别墅景观全图如图 6-1 所示。

图 6-1 别墅景观全图

6.1.1　设计的基本原则

保证别墅朝向。依据地区气候特点及课题研究，良好的朝向对于住户来说，无论是采光日照，还是通风，都是至关重要的。而且良好的朝向是在保证住户使用权利的前提下提高容积率的最有力手段。阳光的朝向也是方案的根本依据之一。

确保使用功能合理。居住、活动、文化及绿化景观是居住区使用功能的主体，不能以牺牲使用功能来换取简单的形式上的虚华，而应该以居住环境丰富的内涵体现新世纪住区的特征，达到形式与内容相统一，避免城市住区塑造方面的误区。

以点状的组团绿地、带状的林荫步行道和集中块状的中心绿地为主的居住区绿化系统，最大限度地发挥了绿地的功效，满足不同层次的居民活动的需求，将别墅组团与绿色活动空间融为一体。

6.1.2　设计的主导思想

创造良好的居住环境和生态环境一直是设计者不断追寻的目标，新别墅作为面向新世纪，为设计创意提出了明确的目标定位。本方案主要从以下几个方面体现了全新的城市住区内涵。

居住区是家庭生活的原点，通过对家庭发展趋势的关注，实现以人为本的设计思想。工业社会中"生产与生活分离""重生产轻生活"等观念都将在新世纪产生全新的变化，家庭具有比纯粹的居住更为广阔的社会功能。家庭生活将进入高质量的阶段，从而也将赋予居住区更为生动的时代气息。因此，居住区规划设计定位于为每个人及家庭提供具有优美环境和温馨氛围的家园社区。

我国在 20 世纪末进入老龄人口社会，这一人口变化趋势将在新世纪产生深远的社会影响。本规划设计中努力尝试为居住者，尤其是老幼弱小者，提供方便的步行系统，为其活动提供开敞的景观空间，使这一部分居住者的安全活动范围不仅仅局限于居室。种植植物必须着眼于长期，在形成良好的庭院景观的同时，应考虑方便今后的养护管理，在节省经费和美化环境方面，要有其突出的优点，争取以少的投入，获得最佳的效果。

6.1.3　植物设计说明

植物在整体环境景观构建上有着极其重要的地位。

乔木的应用。乔木有常绿性和落叶性，其主干单一而明显，树形有高壮或低矮，并有开花美丽而以观花为主的树种。在景观设计上必须综合树形的高矮、树冠的冠幅、枝干粗细、开花季节和色彩变化等因素加以应用。推荐树种有树菠萝、芒果树、樟树、白玉兰、棕榈和紫薇。

灌木的应用。灌木树形低矮，基部易分枝成多数枝干，树冠变化较大。

观叶植物的应用。观叶植物以观赏其美丽的叶形和叶色为主，在造园应用上，必须选择有适当光照的地点栽植，使其生长繁茂、叶型美观。推荐树种有吊兰、彩叶草、沿阶草和鱼尾葵。

攀缘植物的应用。攀缘植物可利用一切空间，采用多种形式扩大绿化量。墙体的垂直绿化丰富了景观层次，有利于夏季降温，对冬期保温也起到一定的调节作用。

6.1.4　植物配置说明

植物配置应坚持功能性、艺术性、生态性和经济性的统一，突出植物的景观营造和生态效益，注意：因地制宜，适地适树；层次丰富，群落搭配；季相转换，四季常绿，四季有花；营造意境，提升品质，设置基调树种。

6.1.5　具体规划

别墅庭院按功能分区进行具体规划大致可分为中心区、游泳区、休息区和绿化区四个功能区，如图 6-2 所示。

图 6-2 功能分区

6.1.6 设计亮点

1）渗水砖铺面的优点如下。

①美观。面层好看，通体着色，毛面颗粒均匀、亚光、柔和、色泽自然；质感好，采用进口颜料，耐晒时间长，难以褪色；颜色丰富，比传统使用的灰色和红色要自然，用于改善各条道路的景观。

②强度高、抗折性好。表面耐磨，使用寿命长，整体为通体色，主要原材料有沙、矿渣和粉煤灰等环保材料，防滑透水，可减少水分流失，有利于周边植被的生长，并且保持散热及湿度呼吸功能。

③平整。线条比较好看，缺边缺角的情况比较少，砖与砖之间排列整齐大方，缝隙较小，很少出现高低不平、单块松动和断裂现象。

2）庭院摆放椅子，漆成与花园色调相协调的颜色，让其成为点缀花园的重要元素，一座自然风吹过的花园就是最美好的见证。

6.2 绘制模型

Step01 选择【直线】工具，绘制模型区域，如图 6-3 所示。

Step02 选择【推/拉】工具，推拉地面，地面推拉出 3000mm，如图 6-4 所示。

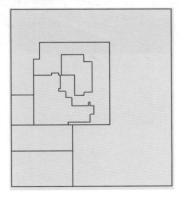

图 6-3 绘制模型区域

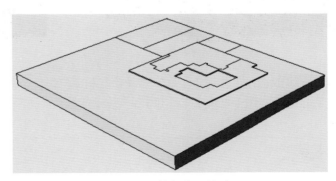

图 6-4 推拉地面模型

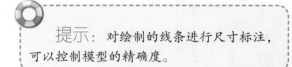

> Step03 选择【推/拉】工具，推拉出泳池，如图 6-5 所示。

> Step04 选择【直线】工具，绘制别墅轮廓的一部分，如图 6-6 所示。

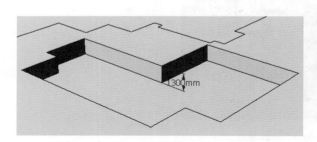

提示：对绘制的线条进行尺寸标注，可以控制模型的精确度。

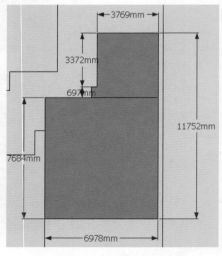

图 6-5　推拉泳池

图 6-6　绘制别墅轮廓的一部分

> Step05 选择【推/拉】工具，推拉轮廓到一定厚度，如图 6-7 所示。

> Step06 选择【直线】工具，绘制顶部轮廓，如图 6-8 所示。

> Step07 选择【推/拉】工具，推拉顶部到一定厚度，如图 6-9 所示。

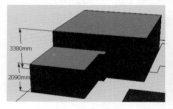
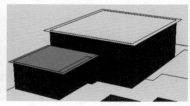

图 6-7　推拉轮廓

图 6-8　绘制顶部轮廓

图 6-9　推拉顶部

> Step08 选择【直线】工具，绘制窗户轮廓，如图 6-10 所示。

> Step09 选择【推/拉】工具，推拉出窗户部分，并创建为组件，如图 6-11 所示。

图 6-10　绘制窗户轮廓

图 6-11　推拉窗户模型

> Step10 选择【移动】工具，移动并复制窗户组件，如图 6-12 所示。

> Step11 运用【直线】工具和【推/拉】工具，绘制模型顶部，并创建为群组，如图 6-13 所示。

提示：将模型创建为群组，这样在修改的时候会很方便。

图 6-12　移动并复制窗户组件

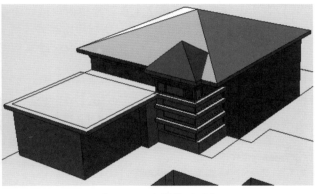

图 6-13　绘制模型顶部

Step12 选择【推 / 拉】工具，推拉别墅平台，如图 6-14 所示。

Step13 选择【直线】工具，绘制一层轮廓，如图 6-15 所示。

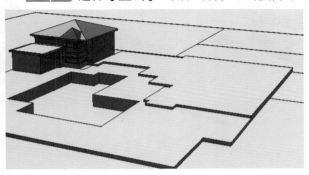

图 6-14　推拉别墅平台

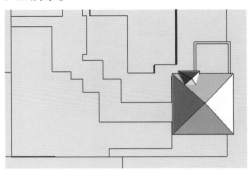

图 6-15　绘制一层轮廓

Step14 选择【推 / 拉】工具，推拉一层高度，如图 6-16 所示。

Step15 选择【直线】工具，绘制窗户轮廓，如图 6-17 和图 6-18 所示。

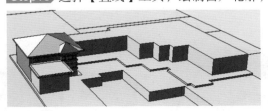

图 6-16　推拉一层高度

图 6-17　绘制窗户轮廓 1

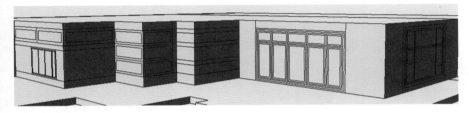

图 6-18　绘制窗户轮廓 2

提示：将窗户轮廓创建为组件，这样如果绘制相同的模型，复制组件即可，且在编辑组件的时候，所有复制组件会跟随改变。

第 6 章

Step16 选择【推／拉】工具，推拉窗户，如图 6-19 所示。

Step17 选择【直线】工具，绘制二层平台轮廓，并创建为群组，如图 6-20 所示。

Step18 选择【推／拉】工具，推拉出二层平台厚度，如图 6-21 所示。

图 6-19　推拉窗户

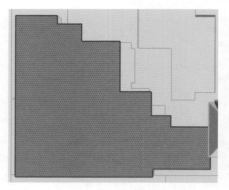

图 6-20　绘制二层平台轮廓

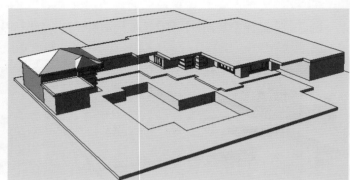

图 6-21　推拉二层平台

Step19 选择【直线】工具，绘制二层底部轮廓，如图 6-22 所示。

Step20 选择【推／拉】工具，将二层底部轮廓推拉出一定高度，如图 6-23 所示。

Step21 选择【直线】工具，绘制二层窗户轮廓，如图 6-24 所示。

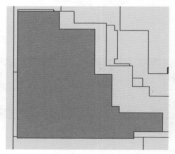

图 6-22　绘制二层底部轮廓

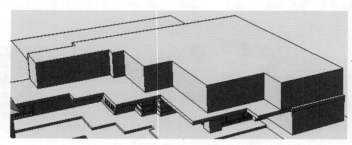

图 6-23　推拉出二层底部轮廓

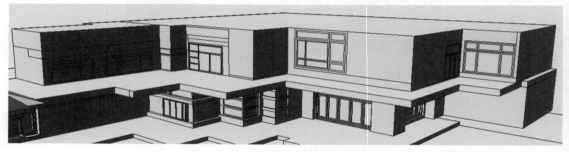

图 6-24　绘制二层窗户轮廓

Step22 选择【推 / 拉】工具，推拉出二层窗户，如图 6-25 所示。

Step23 运用【直线】工具和【推 / 拉】工具，绘制二层拐角窗户，如图 6-26 所示。

Step24 运用【直线】工具和【推 / 拉】工具，绘制建筑顶部窗户，如图 6-27 所示。

图 6-25　推拉二层窗户

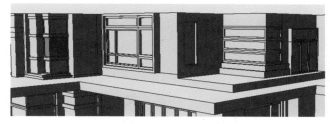

图 6-26　绘制二层拐角窗户

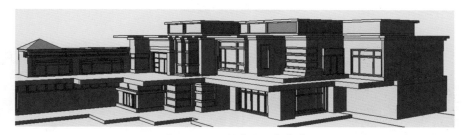

图 6-27　绘制建筑顶部窗户

Step25 选择【直线】工具，绘制建筑顶部，如图 6-28 所示。

Step26 选择【矩形】工具，绘制矩形柱子轮廓，如图 6-29 所示。

Step27 选择【推 / 拉】工具，推拉出柱子，并创建为群组，如图 6-30 所示。

图 6-28　绘制建筑顶部

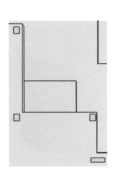

图 6-29　绘制矩形柱子轮廓

图 6-30　推拉柱子

第 6 章

Step28 运用【圆】工具和【直线】工具，绘制截面和路径，如图 6-31 所示。

Step29 选择【路径跟随】工具，绘制栏杆，如图 6-32 所示。

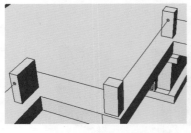

图 6-31　绘制截面和路径　　　　　　　图 6-32　绘制栏杆

Step30 选择【矩形】工具，绘制护栏，如图 6-33 所示。

Step31 使用同样方法，绘制出台阶楼梯部分，如图 6-34 所示。

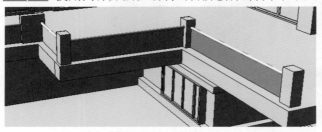

图 6-33　绘制护栏

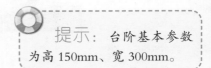

提示：台阶基本参数
为高 150mm、宽 300mm。

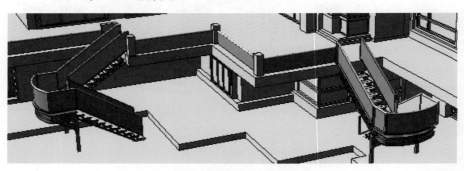

图 6-34　绘制台阶楼梯

6.3　细化前方景观效果

Step01 选择【圆】工具，绘制半径为 230mm 的圆形，如图 6-35 所示。

Step02 选择【推 / 拉】工具，推拉圆形，推拉高度为 600mm，如图 6-36 所示。

Step03 选择【缩放】工具，缩放图形，按住 <Ctrl> 键，缩放 1.5 倍，如图 6-37 所示。

Step04 选择【偏移】工具，偏移顶部圆形，偏移距离为 110mm，如图 6-38 所示。

Step05 选择【推 / 拉】工具，推拉图形，推拉高度为 160mm，如图 6-39 所示。

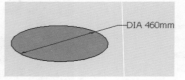

图 6-35　绘制圆形　　　　　图 6-36　推拉圆形

图 6-37　缩放图形　　　　图 6-38　偏移顶部圆形　　　　图 6-39　推拉图形

Step06 运用【缩放】工具和【推 / 拉】工具，绘制图形，如图 6-40 所示。

Step07 选择【多边形】工具，绘制边数为 8 的多边形，如图 6-41 所示。

Step08 选择【直线】工具，绘制路径，如图 6-42 所示。

图 6-40　绘制图形　　　　图 6-41　绘制多边形　　　　图 6-42　绘制路径

Step09 选择【路径跟随】工具，绘制植物茎部模型，如图 6-43 所示。

Step10 选择同样方法绘制完成植物花盆，设置植物原有色彩，如图 6-44 所示。

图 6-43　绘制植物茎部模型　　　图 6-44　绘制完成植物花盆

提示：绿植可以在组件当中寻找。

Step11 运用【矩形】工具和【推 / 拉】工具，绘制植物围墙部分，如图 6-45 所示。

Step12 运用【矩形】工具和【推 / 拉】工具，绘制路灯底部，如图 6-46 所示。

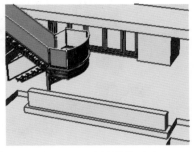
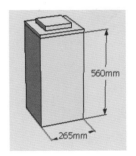

图 6-45　绘制植物围墙　　　图 6-46　绘制路灯底部

第 6 章

Step13 选择【缩放】工具，缩放图形，按住 <Ctrl> 键中心缩放，如图 6-47 所示。

Step14 选择【圆】工具和【推/拉】工具，绘制圆柱，并创建为群组，如图 6-48 所示。

Step15 运用【圆】工具、【直线】工具以及【推/拉】工具，绘制灯架部分，并创建为群组，如图 6-49 所示。

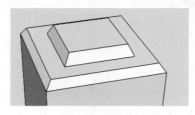

图 6-47 缩放图形

图 6-48 绘制圆柱

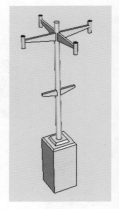

图 6-49 绘制灯架

Step16 选择【圆】工具绘制圆，如图 6-50 所示。

Step17 选择【路径跟随】工具，绘制灯罩，如图 6-51 所示。

Step18 选择【移动】工具，移动并复制图形，如图 6-52 所示。

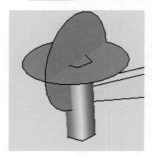

图 6-50 绘制圆

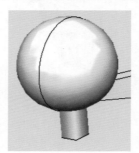

图 6-51 绘制灯罩

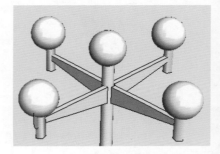

图 6-52 移动并复制图形

Step19 运用【多边形】工具和【推/拉】工具，绘制花盆，如图 6-53 所示。

Step20 在场景中继续添加组件，如图 6-54 所示。

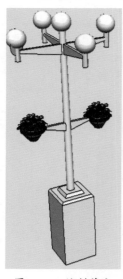

图 6-53 绘制花盆

图 6-54 添加组件

6.4　细化后方景观效果

Step01 添加后方树木组件，如图 6-55 所示。

Step02 选择【文件】|【导入】菜单命令，导入背景图形，如图 6-56 所示。

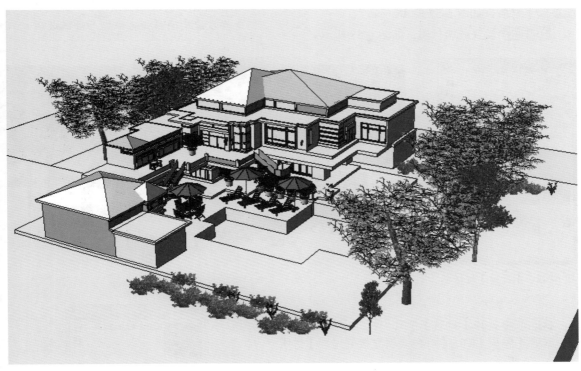

图 6-55　添加组件树木

图 6-56　导入背景图形

6.5 处理最终细节

Step01 选择【材质】工具，打开【材质】
编辑器，选择【半透明材质】中的【蓝色半透
明玻璃】材质，如图 6-57 所示。

Step02 设置玻璃材质，如图 6-58 所示。

提示：将玻璃材质增加一定厚度，
这样在渲染的时候可以增加玻璃效果。

图 6-57 【材质】对话框
参数设置

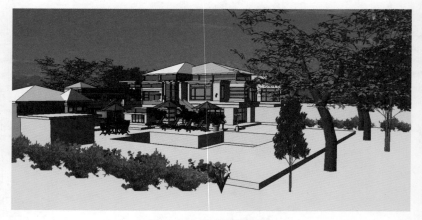

图 6-58 设置玻璃材质

Step03 选择【材质】工具，打开【材质】编辑
器，选择【屋顶】中的【红色金属立接缝屋顶】材质，
如图 6-59 所示。

Step04 设置屋顶材质，屋顶颜色可以在【材质】
编辑器中更改，如图 6-60 和图 6-61 所示。

图 6-59 【材质】对话框的参数设置

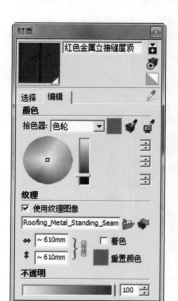

图 6-60 设置材质颜色

图 6-61 设置屋顶材质

Step05 选择【材质】工具，打开【材质】编辑器，选择【木质纹】中的【原色樱桃木质纹】材质，如图 6-62 所示。

Step06 设置窗框材质，如图 6-63 所示。

图 6-62　【材质】对话框的参数设置

图 6-63　设置窗框材质

Step07 选择【材质】工具，打开【材质】编辑器，选择【石头】中的【浅色砂岩方石】材质，如图 6-64 所示。

Step08 设置墙体材质，如图 6-65 所示。

图 6-64　【材质】对话框的参数设置

图 6-65　设置墙体材质

Step09 选择【材质】工具，打开【材质】编辑器，选择【石头】中的【砖石建筑】材质，如图 6-66 所示。

Step10 设置地面材质，如图 6-67 所示。

图 6-66　【材质】对话框的参数设置

图 6-67　设置地面材质

第
6
章

Step11 选择【材质】工具，打开【材质】编辑器，选择【石头】中的【黄褐色碎石】材质，如图 6-68 所示。

Step12 设置楼层地面材质，如图 6-69 所示。

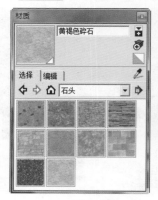

图 6-68 【材质】对话框

图 6-69 设置楼层地面材质

Step13 选择【材质】工具，打开【材质】编辑器，选择【砖和覆盖】中的【蓝色砖】材质，并调整颜色，如图 6-70 所示。

Step14 设置游泳池表面材质，如图 6-71 所示。

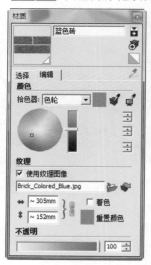

图 6-71 设置游泳池表面材质

Step15 选择【材质】工具，打开【材质】编辑器，选择【水纹】中的【浅水池】材质，如图 6-72 所示。

Step16 设置游泳池水面的材质，如图 6-73 所示。

图 6-70 【材质】对话框的参数设置

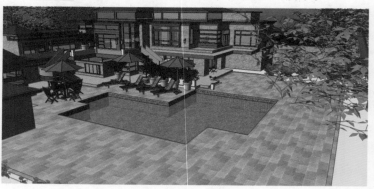

图 6-72 【材质】对话框

图 6-73 设置游泳池水面的材质

Step17 选择【材质】工具，打开【材质】编辑器，选择【植被】中的【草皮植被 1】材质，如图 6-74 所示。

Step18 设置地面草坪材质，如图 6-75 所示。

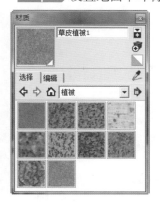

图 6-74　【材质】对话框

图 6-75　设置地面草坪面材质

Step19 选择【材质】工具，打开【材质】编辑器，选择【金属】中的【金属光亮波浪纹】材质，如图 6-76 所示。

Step20 设置栏杆金属材质，如图 6-77 所示。

图 6-76　【材质】对话框

图 6-77　设置栏杆金属材质

Step21 选择【材质】工具，打开【材质】编辑器，选择【半透明材质】中的【灰色半透明玻璃】材质，如图 6-78 所示。

Step22 设置护栏玻璃材质，如图 6-79 所示。

图 6-78　【材质】对话框的参数设置

图 6-79　设置护栏玻璃材质

Step23 打开【V-Ray material editor】对话框（材质编辑器），不要关闭，如图 6-80 所示。

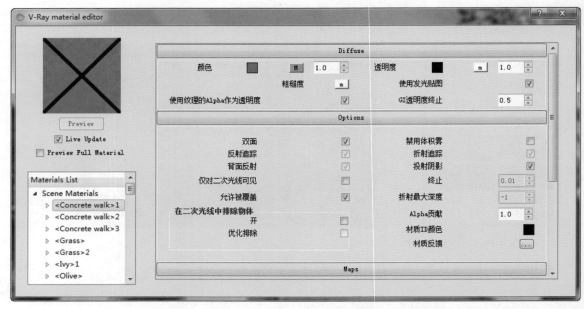

图 6-80　打开【V-Raymaterial editor】对话框（材质编辑器）

Step24 打开【材质】编辑器，如图 6-81 所示。

Step25 使用 SketchUp【材质】编辑器的【提取材质】工具 🖊，提取材质，V-Ray 材质面板会自动跳到该材质的属性上，并选择该材质，然后单击鼠标右键，在弹出的菜单中执行【CreateLayer】（创建图层）|【Reflection】（反射）命令，如图 6-82 所示，并将【反射】调整为 1.0，接着单击反射层后面的 m 符号，并在弹出的对话框中选择【TexFresnel】（菲涅尔）模式，如图 6-83 所示，最后单击【OK】按钮。

图 6-81　打开【材质】编辑器

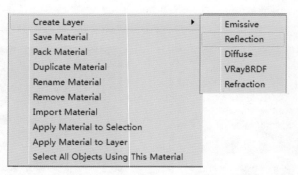

图 6-82　反射

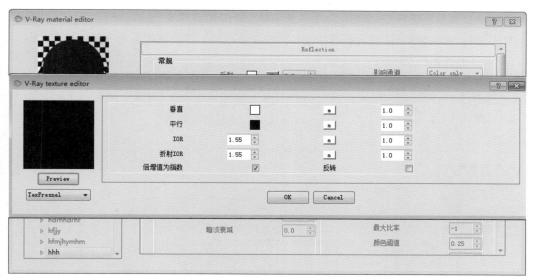

图 6-83　选择【TexFresnel】模式

Step26 同理调整水纹材质，【反射】调整为 16，调整到凹凸贴图属性面板，将凹凸贴图值调整到 1，如图 6-84 所示，单击后面的 m 符号，接着在弹出的对话框中渲染【TexNoise】（噪波）模式，如图 6-85 所示。

图 6-84　调整反射值及凹凸贴图属性

图 6-85　选择噪波模式

Step27 金属材质的设置，使用 SketchUp【材质】编辑器的【提取材质】工具 ✐，提取材质，V-Ray 材质面板会自动跳到该材质的属性上，并选择该材质，然后单击鼠标右键，在弹出的菜单中执行【Create Layer】|【Reflection】命令，金属材质有一定的模糊反射的效果，所以要把【高光】的光泽度调整为 0.8，【反射】的光泽度调整为 0.85，接着单击反射层后面的 m 符号，并在弹出的对话框中选择【TexFresnel】模式，将【折射 IOR】调整为 6，将【IOR】调整为 1.55，如图 6-86 所示，最后单击【OK】按钮。

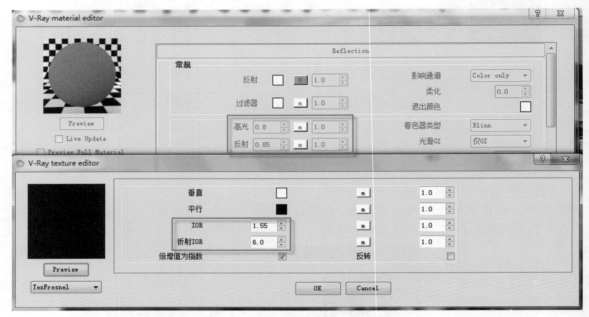

图 6-86 设置参数

Step28 打开 V-Ray 渲染设置面板，进行环境（Environment）设置，如图 6-87 所示。

Environment							
GI（天光）开启	☑	1.0	M	使用反射	☐	X 1.0	m
背景开启	☑	1.0	M	使用折射	☐	X 1.0	m

图 6-87 环境设置

Step29 全局光颜色的设置，如图 6-88 所示。

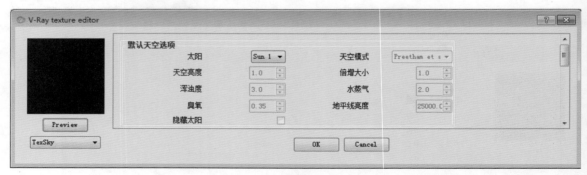

图 6-88 全局光颜色的设置

Step30 背景颜色的设置，如图 6-89 所示。

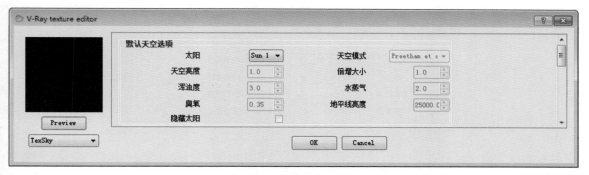

图 6-89　背景颜色的设置

Step31 将采样器类型更改为【自适应 DMC】，并将【最大细分】设置为 16，提高细节区域的采样，然后将【抗锯齿过滤器】激活，并选择常用的【Catmull Rom】过滤器，如图 6-90 所示。

图 6-90　参数设置

Step32 进一步提高【DMC sampler】（纯蒙特卡罗采样器）的参数，主要提高了【噪波阈值】，使图面噪波进一步减小，如图 6-91 所示。

DMC sampler			
自适应数量	0.85	最小采样	12
噪波阈值	0.01	全局细分倍增	1.0

图 6-91　参数设置

Step33 修改【Irradiancemap】（发光贴图）中的数值，将【最小比率】改为 - 3，【最大比率】改为 0，如图 6-92 所示。

Irradiance map			
基本参数			
最小比率	-3	颜色阈值	0.4
最大比率	0	法线阈值	0.3
半球细分	50	距离极限	0.1
插值采样	20	帧插值采样	2

图 6-92　参数设置

Step34 在【Lightcache】(灯光缓存)中将【细分】修改为 1200,如图 6-93 所示。

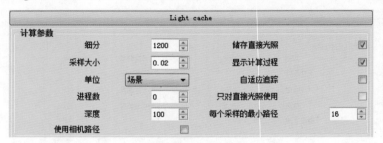

图 6-93　参数设置

Step35 设置完成后就可以渲染了,效果如图 6-94 所示。

图 6-94　渲染效果

6.6　本章小结

　　别墅庭院景观设计借助园林景观规划设计的各种手法,使庭院环境得到进一步优化,亲近欧式乡村的小清新,回归原始生态和质朴本真的生活,显示出强烈归属感以及理性荣耀感。

第7章
中式纪念公园设计

本章导读

　　中国古典园林在世界上享有极高的荣誉。中国自然山水式园林作为一种艺术,造园艺术历来与中国的文学艺术相通,相互之间有着深远的渊源,尤其受唐宋时期写意山水画的影响,在整个园林建造上处处蕴藏着丰富的文化内涵。

　　中国古典园林作为一种兼有实用与审美双重属性的艺术作品,在营造要素上,主要包括了山水创作、建筑经营、植物配置、动物生趣、天象季相、景线布局、装饰陈设和诗情画意八项因素,通过相互融合贯通来表达相关意境。

　　本章范例所制作的中式纪念公园将充分展现古典园林的魅力。

学习要求	学习目标 知识点	认　识	理　解	应　用
	模型的绘制			√
	模型景观的细化			√
	最终处理模型景观的方法			√

7.1　案例分析

实例源文件	ywj/07/7-1.skp
视频课堂教程	资源文件→视频课堂→第 7 章→ 7.1

　　公园作为城市建设的重要内容之一,是城市生态系统和城市基础建设的重要组成部分,为人们提供休息、娱乐、欣赏、锻炼、纪念以及举办集体文化活动的场所。

　　纪念公园作为公园体系中的重要组成部分,有着其他类型公园不可替代的功能和作用,成为建设现代文明社会和人文社会的一个重要的文化组成部分,被越来越多地重视起来。现代社会的发展速度越来越快,人们对于古代文化的遗忘越来越严重,对古代文化遗产的保护日显重要,在人们忙于奔波劳累的时候出现一种可以让人们忘记烦恼和忧愁,减轻压力又可以让人们怀念历史文化的场所也日显重要,纪念公园正是在这样的促使下产生的。中式纪念公园景观全图如图 7-1 所示。

图 7-1　中式纪念公园景观全图

7.1.1　设计的基本理念

复古之风在近几年悄然风行起来，中式古典园林广泛被人们所接受，它不仅能反映出强烈的中式民族文化特点，而且可以让人们更容易理解其中的文化内涵，中国人对于这一点更有一种亲和力。简单的复古是不适应当今社会的，用现代手法与古典元素相结合，融为一体，古今结合，融合中式园林的曲径通幽、步移景异、隔障法和借景法等典雅意境，让整个园林弥漫着浓厚的人文历史气韵，使进入园林的人们感受到中国文化的源远流长，起到教育和纪念性作用。

另一方面，随着经济发展加快，生态环境恶化，空气污染严重，而城市绿地面积越来越少，绿地对于净化空气、吸收粉尘、美化环境及改变局部小气候的作用不可轻视，所以城市纪念公园的建设非常重要，它改善了城市环境问题，也让人们对古文化有了一定的了解。

7.1.2　设计方案说明

本次设计旨在与研究景观建筑和周边环境设计在现代社会的应用发展趋势，努力做到文化内涵的挖掘和地块环境的保护，以及社区气氛的营造，着力营造一个舒适自然的游览空间。该方案既有现代的智能与设计，又有传统的内涵和稳重，保留了古代文化的同时也符合现代人对环境生活的需求。

在设计手法上，以一横一纵的主干道方式设计出整体感强、内容规整、功能分区合理、植物配置适合、游览路线清晰明了的总体布局。在各个建筑小品上，充分利用东汉元素，让人们在游览园区的时候容易感受到东汉时期的文化内涵，以达到游园思情。在功能上，景观设计的物理功能要充分满足人们的尺度需要、生理需要和心理需要，使人们在园林活动中舒适、安全而高效。在设计上，遵循人本主义原则，在设计中建立环境舒适，功能齐全，无障碍的园林空间，做到全心全意为人民服务的态度。在细节设计中，用微妙的汉代元素变化让游园者感受到汉代文化的源远流长，使设计达到以人为本的设计原则，更具人性化。在园林设计上充分尊重自然，保护自然，并遵循节约资源、因地制宜、生态设计和绿色建筑等生态原则，将整个园林分为中心广场区、停车区、广场雕塑区、休息娱乐区、活动区、观光区、亲水区、儿童乐园和卫生间等。

1）中心广场区。此区以园、半圆以及半圆条形组成，中心为一个大圆，周围以半圆或以半圆条环绕，进行优化组合，形成中心的植物花卉，外围再以游览圈广场、文化石、景观小品、花廊及景观带组成中心广场。

2）停车场。此区以园林一角为地点，为交通要道，是为了缓解交通压力、更好地为人们服务、解决交通不畅问题而设计的，在此停车后还可以直接进入中心广场区，其交通便利、方便、舒适。

3）广场雕塑区。此区交通便利，以雕塑为中心来显示整个园林的重点，纪念荀淑以及八龙冢，使人们刚进入园林就感受到汉代文化的博大，该区后有小叠泉和广场等，雕塑后一小条泉水直达中心湖区。

4）休息娱乐区。此区以安逸和悠闲为主，设置一些座椅供人们休息，周围的植物配置最丰富，使人们即使在不同的地点也能感受到不同的风景。该区配置了各个季节的植物，使人们在不同的季节也能感受到园林的美景，在植物搭配上，也比较注重植物的高低搭配，有高大的树木，中间也有灌木等，再配合色调丰富的低矮植物，形成立体布局，同时，地面植物和水生植物共存，改变单一的植物种植，为人们休息提供良好的休息环境。周围的湖水还能使人们在休息时从视觉和听觉上获得多种感受。

中部的休息娱乐区以河面上为主，由亭子、小桥和走廊组成，使人们突破一贯的地面休息娱乐区的布局，让人们在水上休息和娱乐，从而感受到水面上的乐趣。

5）活动区。此区以三个小广场组成，用以满足不同人群活动的需要，并且这三个活动区间隔较远、互不干扰，活动区周围都相应地配置休息娱乐的设施供人们使用。

6）观光区。观光区主要在游览时供人们观赏，植物的配置要求较高，做到高中低、近中远、白天和夜晚、不同季节、不同地点和不同空间可以观赏到不同美景的要求。

7）亲水区。此区主要在湖边进行，由湖和湖边一些设施组成，供人们在水边游戏和玩耍，主要有小桥流水、小船、水上走廊和亭子等，使人们在此区玩耍时舒适和方便。

8）卫生间。由于此园林面积较大，卫生间是不可避免的，在不同的方向上设计两个卫生间，满足不同方向的人群使用。

9）儿童乐园。此区以三个六边形为主要基地，在六边形中设置儿童玩耍设施，主要有草地和沙地，还有一些儿童娱乐的基本设施，用以满足儿童玩耍的需求。另外一点比较重要的是，此区的设计一定要确保儿童的安全，如包裹设施和基地的无障碍等，确保无坚硬棱角出现。

7.2　绘制模型

Step01 选择【直线】工具，绘制模型区域，如图 7-2 所示。

Step02 运用【直线】工具和【圆弧】工具，绘制主道路轮廓，如图 7-3 所示。

Step03 运用【直线】工具和【圆弧】工具，绘制主建筑物底部轮廓，如图 7-4 所示。

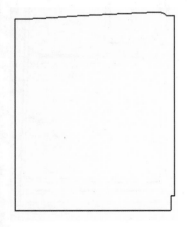

图 7-2　绘制模型区域

图 7-3　绘制主道路轮廓

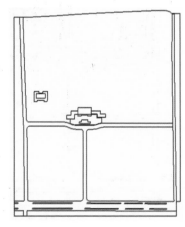

图 7-4　主建筑物底部轮廓

Step04 运用【直线】工具和【圆弧】工具，绘制附属筑物底部轮廓，如图 7-5 所示。

Step05 选择【直线】工具，绘制庭院走廊轮廓，如图 7-6 所示。

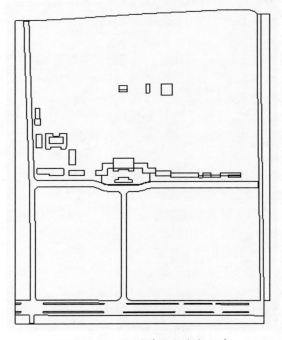

图 7-5 绘制附属建筑物底部轮廓

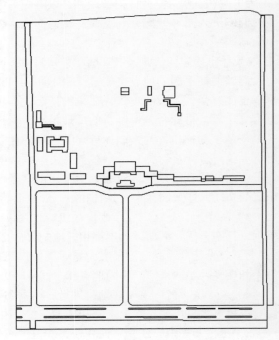

图 7-6 绘制庭院走廊轮廓

Step06 运用【直线】工具和【圆弧】工具，绘制围墙及观光路轮廓，如图 7-7 所示。

Step07 运用【直线】工具和【圆弧】工具，绘制停车带及附属建筑内院，如图 7-8 所示。

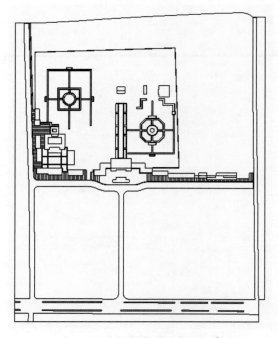

图 7-7 绘制围墙及观光路轮廓

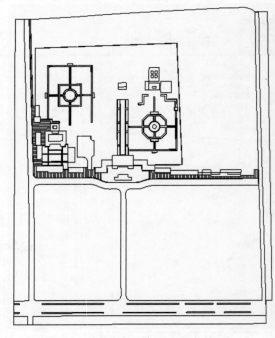

图 7-8 绘制停车带及附属建筑内院

Step08 选择【直线】工具，绘制主建筑物轮廓，如图 7-9 所示。

Step09 运用【直线】工具和【圆弧】工具，绘制主建筑物轮廓亭子及内部主道路绿化带轮廓，如图 7-10 所示。

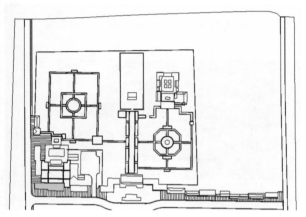

图 7-9 绘制主建筑物轮廓

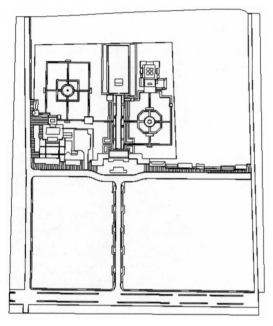

图 7-10 绘制主建筑物轮廓亭子
及内部主道路绿化带轮廓

Step10 选择【直线】工具，绘制绿化树池轮廓，如图 7-11 所示。

Step11 选择【直线】工具，绘制虚拟物体轮廓，如图 7-12 所示。

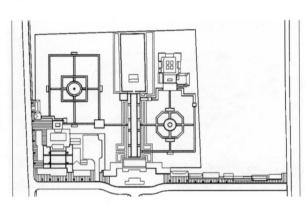

图 7-11 绘制绿化树池轮廓

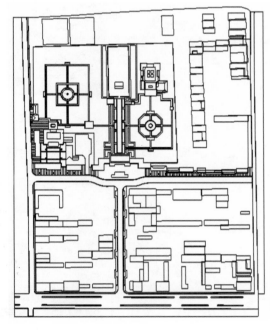

图 7-12 绘制虚拟物体轮廓

第 7 章

Step12 选择【矩形】工具，绘制主通道口轮廓，如图 7-13 所示。

Step13 运用【直线】工具和【推/拉】工具，选择一处台阶推拉一定高度，绘制正门台阶轮廓，如图 7-14 所示。

Step14 运用【直线】工具和【推/拉】工具，按一定高度做出台阶形状，绘制正门台阶，如图 7-15 所示。

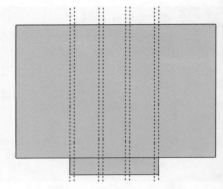

图 7-13　绘制主通道口轮廓

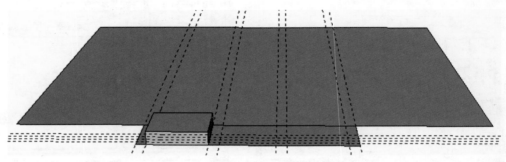

图 7-14　绘制正门台阶轮廓

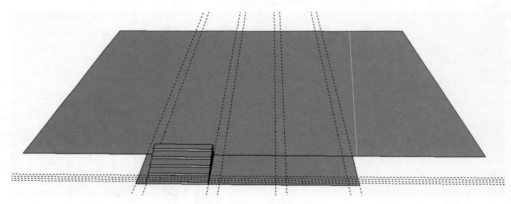

图 7-15　绘制正门台阶

Step15 按上述方法将所有台阶全部绘制完成，如图 7-16 所示。

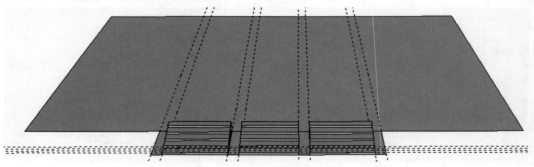

图 7-16　绘制全部正门台阶

Step16 选择【卷尺】工具按原尺寸线做出辅助线，运用【直线】工具绘制所需图形，绘制正门台阶的左侧墙，如图 7-17 所示。

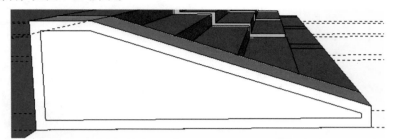

图 7-17　绘制正门台阶的左侧墙

Step17 选择【偏移】工具偏移一定尺寸，运用【推 / 拉】工具推拉一定尺寸，绘制正门台阶左侧墙，如图 7-18 所示。

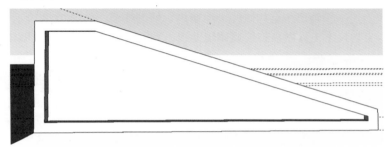

图 7-18　绘制正门台阶左侧墙

Step18 按上述方法做出所有台阶侧墙。正门台阶绘制完成，如图 7-19 所示。

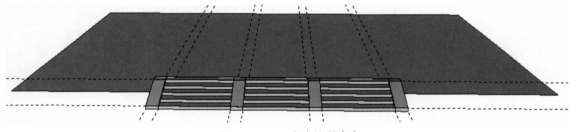

图 7-19　正门台阶绘制完成

Step19 选择【推 / 拉】工具向上推拉一定尺寸，绘制建筑物首层底，如图 7-20 所示。

图 7-20　绘制建筑物首层底

227

Step20 选择【圆】工具按一定半径画圆，绘制外侧柱子底部轮廓，如图 7-21 所示。

Step21 选择【推／拉】工具推拉一定尺寸，然后选择【缩放】工具单击圆顶面，按住 <Ctrl> 键，缩放一定比例，绘制外侧柱子底部。如图 7-22 所示。

Step22 选择【推／拉】工具，推拉一定尺寸，绘制外侧柱子柱身，如图 7-23 所示。

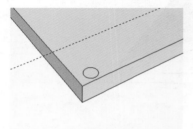 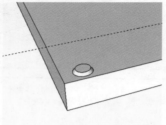 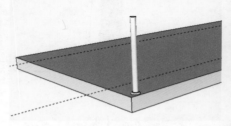

图 7-21　绘制外侧柱子底部轮廓　　图 7-22　绘制外侧柱子底部　　　　图 7-23　绘制外侧柱子柱身

Step23 按照上述步骤画出所有构造柱，绘制内、外侧柱子，如图 7-24 所示。

Step24 选择【卷尺】工具做出首层墙体辅助线，运用【矩形】工具绘制墙体轮廓，如图 7-25 所示。

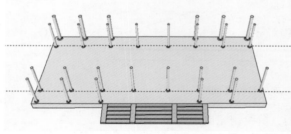 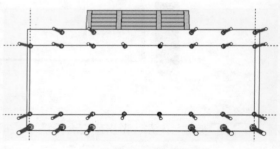

图 7-24　绘制内、外侧柱子　　　　　　　　图 7-25　绘制墙体轮廓

Step25 选择【拉伸】工具将墙体拉伸至内柱高度，绘制首层墙体，如图 7-26 所示。

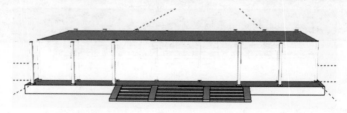

图 7-26　绘制首层墙体

Step26 选择【卷尺】工具，按照一定尺寸绘制窗台辅助线，选择【矩形】工具，按照柱间距离画出窗台，然后选择【推／拉】工具做出窗台，绘制首层窗台，如图 7-27 所示。

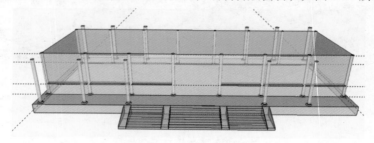

图 7-27　绘制首层窗台

Step27 选择【卷尺】工具，按照实际测量绘制门辅助线，如图 7-28 所示。

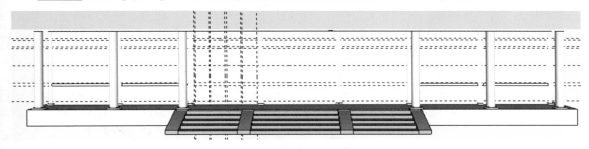

图 7-28 绘制门辅助线

Step28 选择【矩形】工具，按照辅助线画出正门，运用【推/拉】工具推拉一定尺寸，绘制正门，如图 7-29 所示。

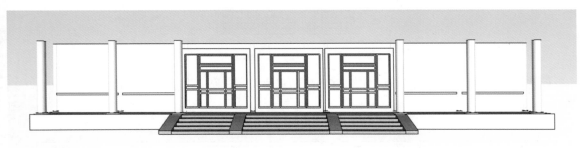

图 7-29 绘制正门

Step29 选择【卷尺】工具，按照实际测量绘制窗户辅助线，如图 7-30 所示。

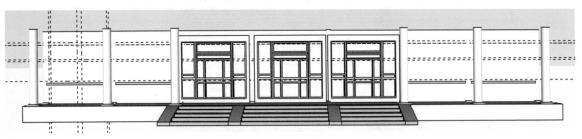

图 7-30 绘制窗户辅助线

Step30 选择【矩形】工具，按照辅助线绘制正面窗户轮廓，运用【推/拉】工具推拉一定尺寸，绘制正面窗户，如图 7-31 所示。

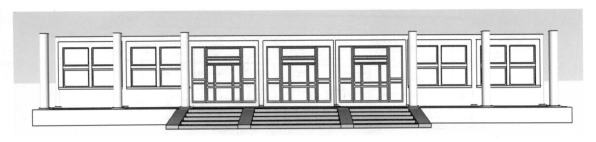

图 7-31 绘制正面窗户

Step31 选择【偏移】工具，在顶视图中将首层屋顶偏移至外部柱子外侧，再通过【偏移】工具偏移至外部柱子内侧，将中间部分删除，绘制首层屋顶轮廓部分，如图 7-32 所示。

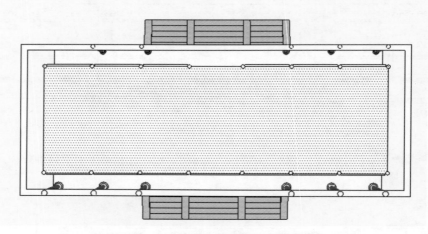

图 7-32 绘制首层屋顶轮廓部分

Step32 选择【推/拉】工具，将柱子上方矩形推拉一定厚度，绘制首层屋顶部分，如图 7-33 所示。

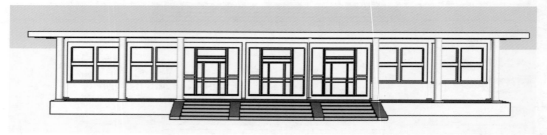

图 7-33 绘制首层屋顶部分

Step33 选择【直线】工具，绘制顶部，如图 7-34 所示。

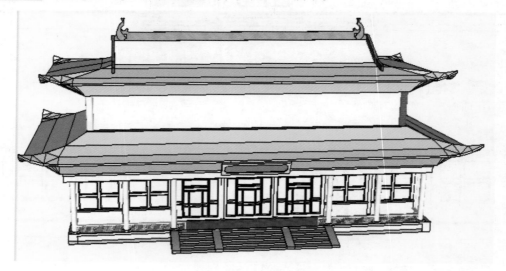

图 7-34 绘制顶部

Step34 绘制完成其余建筑模型，如图 7-35 所示。

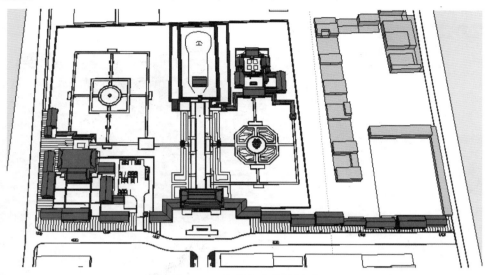

图 7-35　绘制完成建筑模型

7.3　添加组件与材质并渲染出图

Step01 为场景添加树木与人物组件，如图 7-36 所示。

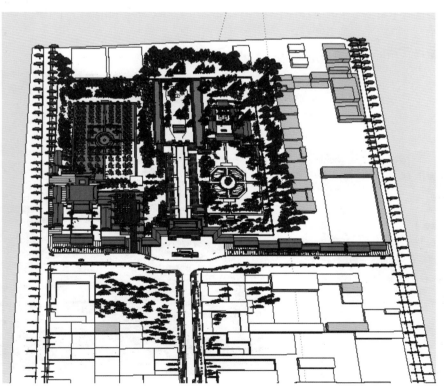

图 7-36　添加组件

Step02 选择【材质】工具，打开【材质】编辑器，选择【植被】中的【人工草皮植被】材质，如图 7-37 所示。

Step03 设置地面材质，如图 7-38 所示。

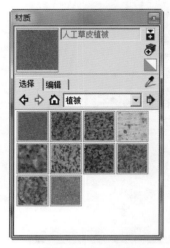

图 7-37 【材质】对话框的参数设置

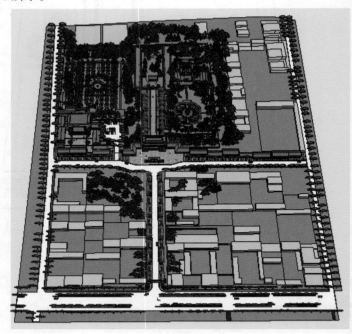

图 7-38 设置地面材质

Step04 选择【材质】工具，打开【材质】编辑器，选择【沥青和混凝土】中的【新沥青】材质，如图 7-39 所示。

Step05 设置路面为【新沥青】材质，如图 7-40 所示。

图 7-39 【材质】对话框的参数设置

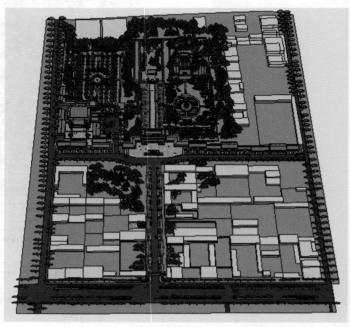

图 7-40 设置路面为【新沥青】材质

Step06 选择【材质】工具，打开【材质】编辑器，选择【石头】中的【砖石建筑】材质，如图 7-41 所示。

Step07 设置人行路面材质，如图 7-42 所示。

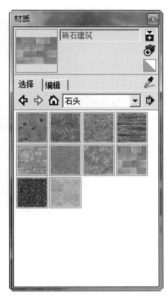

图 7-41　【材质】对话框的参数设置

图 7-42　设置人行路面材质

Step08 选择【材质】工具，打开【材质】编辑器，使用纹理图像【7-1.jpg】材质，如图 7-43 所示。

Step09 设置亭子周围路面材质，如图 7-44 所示。

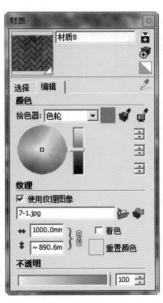

图 7-43　【材质】对话框的参数设置

图 7-44　设置亭子周围路面材质

第 7 章

233

Step10 使用 SketchUp【材质】编辑器的【提取材质】工具，提取材质，V-Ray 材质面板会自动跳到该材质的属性上，并选择该材质，然后单击鼠标右键，在弹出的菜单中执行【Create Layer】（创建图层）|【Reflection】（反射）命令，如图 7-45 所示，并将【反射】调整为 1.0，接着单击反射层后面的 m 符号，并在弹出的对话框中选择【TexFresnel】（菲涅尔）模式，如图 7-46 所示，最后单击【OK】按钮。

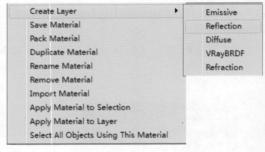

图 7-45　反射

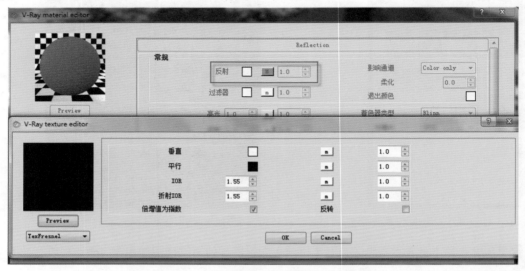

图 7-46　选择【TexFresnel】模式

Step11 同理调整水纹材质，【反射】调整为 16，调整到凹凸贴图属性面板，将凹凸贴图值调整到 1，如图 7-47 所示，单击后面 m 符号，接着在弹出的对话框中渲染【TexNoise】（噪波）模式，如图 7-48 所示。

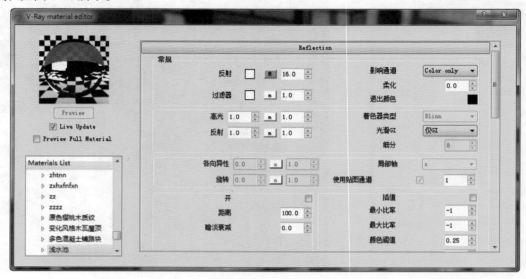

图 7-47　调整反射值

图 7-48　选择噪波模式

Step12 金属材质的设置，使用 SketchUp【材质】对话框的【提取材质】工具 ✎，提取材质，V-Ray 材质面板会自动跳到该材质的属性上，并选择该材质，然后单击鼠标右键，在弹出的菜单中执行【Create Layer】|【Reflection】命令，金属材质有一定的模糊反射的效果，所以要把【高光】的光泽度调整为 0.8，【反射】的光泽度调整为 0.85，接着单击反射层后面的 m 符号，并在弹出的对话框中选择【TexFresnel】模式，将【折射 IOR】调整为 3，将【IOR】调整为 1.55，如图 7-49 所示，最后单击【OK】按钮。

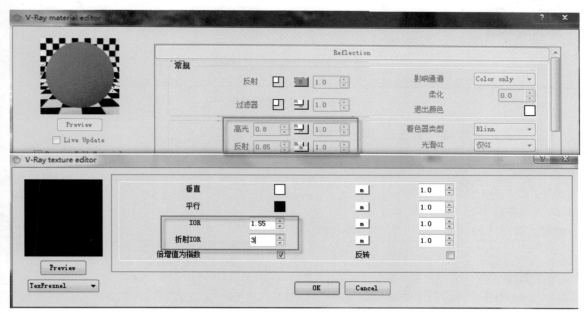

图 7-49　设置参数

Step13 打开 V-Ray 渲染设置面板，进行环境（Environment）设置，如图 7-50 所示。

图 7-50　环境设置

Step14 全局光颜色的设置，如图 7-51 所示。

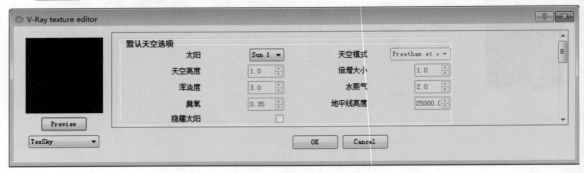

图 7-51　全局光颜色的设置

Step15 背景颜色的设置，如图 7-52 所示。

图 7-52　背景颜色的设置

Step16 将采样器类型更改为【自适应 DMC】，并将【最大细分】设置为 16，提高细节区域的采样，然后将【抗锯齿过滤器】激活，并选择常用的【CatmullRom】过滤器，如图 7-53 所示。

图 7-53　参数设置

Step17 进一步提高【DMCsampler】（纯蒙特卡罗采样器）的参数，主要提高了【噪波阈值】，使图面噪波进一步减小，如图 7-54 所示。

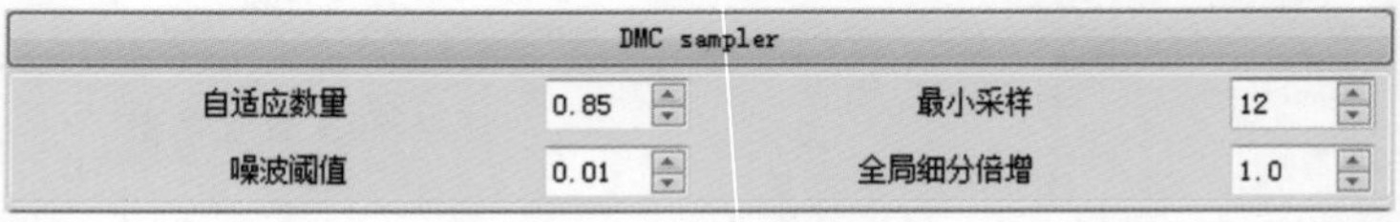

图 7-54　参数设置

Step18 修改【Irradiancemap】（发光贴图）中的数值，将【最小比率】改为 - 3，【最大比率】改为 0，如图 7-55 所示。

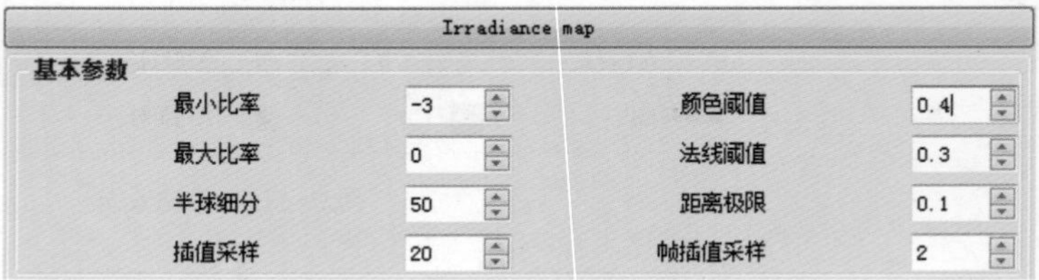

图 7-55　参数设置

Step19 在【Lightcache】（灯光缓存）中将【细分】修改为 1200，如图 7-56 所示。

Light cache

计算参数

细分	1200	储存直接光照 ☑
采样大小	0.02	显示计算过程 ☑
单位	场景	自适应追踪 ☐
进程数	0	只对直接光照使用 ☐
深度	100	每个采样的最小路径 16
使用相机路径	☐	

图 7-56　参数设置

Step20 设置完成后就可以渲染了，效果如图 7-57 所示。

图 7-57　渲染效果

7.4　Photoshop 后期处理

Step01 打开【7-1.jpg】图片，如图 7-58 所示。

中式纪念公园.jpg @ 100%(RGB/8#)

100%　文档:1.49M/1.49M

图 7-58　打开图片

Step02 选择【图像】|【调整】|【曲线】菜单命令，打开【曲线】对话框，设置参数并调整曲线，如图 7-59 和图 7-60 所示。

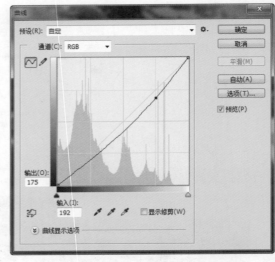

图 7-59 【曲线】对话框

图 7-60 调整曲线后的效果

Step03 选择【图像】|【调整】|【色相/饱和度】菜单命令，打开【色相/饱和度】对话框，设置参数并调整色相和饱和度，如图 7-61 和图 7-62 所示。

图 7-61 【色相/饱和度】对话框

图 7-62　调整【色相／饱和度】的效果

Step04 选择【图像】｜【调整】｜【自然饱和度】
菜单命令，打开【自然饱和度】对话框，设置参数并调
整自然和度，如图 7-63 所示，完成中式纪念公园设计，
如图 7-64 所示。

图 7-63　【自然饱和度】对话框

图 7-64　调整自然饱和度的效果

7.5　本章小结

在经济飞速发展的今天，随着人们物质生活的提升，精神生活也变得日益重要。怎样在这样
的大环境下使人们在满足物质生活的同时也能满足精神生活，怎样让人们在释放压力同时还能感
受古文化的魅力，怎样让人们在欣赏美景的同时还能想起我国著名伟人的事迹，怎样提升人们的
文化素养是急需解决的现实问题。

第8章
道路及绿化景观设计

本章导读

　　通过学习本章范例，可以了解道路及绿化景观的绘制技巧与流程方法，绿化工程是树木、花卉、草坪、地被和攀缘等植物的种植工程，要依据有关工程项目的原理，按照国家批准的文件施工。绿化工程是创造景色如画、健康文明的绿化景观，是反映社会意识形态的空间艺术，要满足人们精神文明的需要，另一方面，园林又是社会物质福利的事业，是现实生活的实境。

学习要求	学习目标 知识点	认　识	理　解	应　用
	图形的导入			√
	模型景观的摆放			√
	最终处理模型景观的方法			√

8.1　案例分析

实例源文件	ywj/08/8-1.skp
视频课堂教程	资源文件→视频课堂→第8章→8.1

　　道路绿化是城市绿化的重要组成部分，是改善城市道路生态环境的重要市政基础设施，与人们的日常生活和工作学习息息相关，本章案例如图8-1所示。

图8-1　道路及绿化景观全图

8.1.1 设计理念

提高公路绿化层次的差异，通过使用高大乔木、小乔木、花灌木、色叶小灌木和地被植物形成多层次、高落差的绿化格局。多栽乔木，少栽甚至不栽草，实现从"路边有绿化"到"道路从森林中穿过"设计理念的跨越，注重公路绿化带的长远性与可持续性。提高绿化种植密度（三年后可以移植），极大地提高道路绿化地含绿量，重要路段力求工程竣工时即有效很好地根据道路绿化的管理难度，本设计做到突出重点，在城市外围、绿岛和交通转盘处，进行了浓墨重彩的刻画。

8.1.2 园林绿化树种的选择

景观美化工程的成功与否在很大程度上取决于植物品种的选择是否科学合理，本路段所经地区的自然条件恶劣，要使绿化苗木成活则必须采取相应措施，保证植物生长的必备条件。为此，遵循"适地适树"绿化建设基本原则，应加强树木花草生态学特性的考察和研究，在植物的选择与配置上注意当地环境的适应性、种类间关系的协调性和互补性，以乡土树种为主，适当应用经过试验的适应当地条件的引种树。

以绿为主，在满足交通功能的前提下，注意保护环境，减少水土流失，增加与周围景观的协调性。植物选择应考虑生物学特性、公路结构特点、立地条件和管理养护条件等诸多因素，具体应注意以下几个方面：

1）抗逆性强，要求耐干旱、抗污水、病虫害少、便于管理。

2）不会产生其他环境污染，不影响交通，不会成为附近农作物传播病虫害的媒介。

3）树木根系良好，萌蘖性强，宜成活，耐修剪。

4）节约型树种，抗旱，抗寒，适应性强且养护费用低。

5）以乡土树种为主，多采用短时间能达到美化效果的苗木。

鉴于此，本着"因地制宜，适地适树"的原则，筛选出绝对优化的植物种类。

8.1.3 绿化和美化施工措施

2m以下的苗木可以立装；2m以上的苗木必须斜放或平放。土球朝前，树梢朝后，并用木架将树冠架稳。土球直径大小20cm的苗木只装一层；小土球可以码放2～3层，土球之间必须码放紧密，以防摇晃。土球上不准站人或放置重物。

在运输途中，押运人员要和司机配合好，经常检查苫布是否掀起，短途运苗则中途不要休息。长途行车时，必须适当撒水淋湿树根，休息时应选择荫凉处停车，防止风吹日晒。

卸车时要爱护苗木，轻拿轻放。裸根苗要顺序拿放，不准乱抽，更不能整车推卸，带土球卸车时，不得提拉树干，而应双手抱土球轻轻放下。较大的土球卸车时，可用一块结实的长木板，从车厢斜放到地上，将土球推倒在木板上，顺势慢慢滑下，绝不可滚动土球。

1. 移栽树木的修剪

（1）修剪的目的

1）保持水分代谢的平衡。移植树木，不可避免地要损伤一些树根，为使新植苗木迅速成活和恢复生长，必须对地上部分适当剪去一些枝叶，以减少水分蒸腾，保持水分代谢的平衡。

2）培养树型。修剪还要注意能使树木长成预想的形态，以符合设计要求。

3）减少伤害。剪除带病虫枝条，可以减少病虫危害。另外，剪去一些枝条，可减轻树冠重量，对防止树木倒伏也有一定作用。这对春季多风沙地区的绿化植树尤为重要。

（2）修剪的原则　树木的修剪，一般遵循原树的基本特点，不可违反其自然生长规律。

1）落叶乔木凡是具有明显中央领导枝的树种，应尽量保护或保持中央领导枝的优势。中心干不明显的树种，应选择比较直立的枝条代替领导枝直立生长，但必须通过修剪控制与直立枝竞争的侧生枝，并应合理确定分枝高度，一般要求 2m 以上。

2）灌木的修剪一般有两种方法，一为疏枝，即将地上长出的部分枝条剪除；另一为短截，剪去枝条前端的一部分。对灌木进行短截修剪时，树冠一般应保持内高外低，成半圆型。对灌木进行疏枝修剪时，应注意外密内稀，以利通风透光。根蘖发达的丛生树种，应多疏剪老枝，使其不断更新、旺盛生长，常绿树则一般不剪。

2. 栽植

（1）散苗　将树苗按规定（设计图或定点木桩）散放于定植穴（坑）内，称为"散苗"。

1）爱护苗木，要轻拿轻放，不得损伤树根、树皮、枝干或土球。

2）散苗速度与栽苗速度相适应，边散边栽，散毕栽完，尽量减少树根暴露的时间。

3）假植沟内剩余苗木露出的根系，应随时用土掩埋。

4）对常绿树种树形最好的一面，应朝向主要观赏面。

5）散苗后，要及时用设计图纸详细核对，发现错误立即改正，以保证正确的植树位置。

（2）栽苗

1）栽苗的操作方法如下。

露根乔木大苗的栽植法：一人将树苗放入坑中扶直，另一个用坑边的表土填入，至一半时，将苗木轻轻提起，使根颈部与地表相平，使根自然地向下呈舒展状态，然后用脚踏实土壤，或用木棒夯实，继续填土，直到比坑边稍高，再用力踏实或夯实一二次，最后用土在坑的边缘做好灌水堰。

带土球苗的栽植法：栽植土球苗，须先量好坑的深度与土球高度是否一致，如有差别则及时挖深或填土，绝不可盲目入坑，造成来回搬动土球。土球入坑后应先在土球底部四周垫少量土，将土球固定，注意使树干直立，然后将包装材料剪开，（易腐烂之包装物可以不取），随即填入表土至坑的一半，用木棍于土球四周夯实，再继续用土填满穴（坑）并夯实，注意夯实时不要砸碎土球，最后围堰。

2）栽苗的注意事项和要求如下。

平面位置和高度必须符合设计规定。树身上下垂直。如果树干弯曲，其弯曲度应朝向当地主风方向。栽植深度：裸根乔木苗，应较原根颈土痕深 5 ~ 10cm；灌木应与原土痕平齐；带土球苗木比土球顶部深 2 ~ 3cm。灌水堰筑完后，将捆绕树冠的绳解开取下，使枝条舒展。

3. 栽植的养护管理

1）立支柱。较大的苗木为了防止被风吹倒，应立支柱支撑。

2）灌水。苗木栽好的，在无雨开掘的情况下，24 小时之内必须灌上第一遍水，水要浇透，使土壤充分吸收水分，有利于土壤与根系紧密结合，这样才有利于成活。

3）施肥。为提高土壤肥力，最好施一些优质的有机肥做基肥。通过施肥，供给园林植物生长所必须的养分，同时改良土壤。施肥以有机肥为主，夏季也可结合根外追肥，一般的新栽树木，除基肥外，每年可施肥一至二次，春秋季可进行。

4）病虫害的防治。为防治地下害虫，保护草木，可在施肥的同时，施以适量农药，必须注意撒施均匀，避免药粉成团块状，影响地被和色块。植物的生长发育是在错综复杂的生态条件下进行的。病虫害的侵袭是植物生长的大敌，在病虫害防治上需要贯彻"预防为主，综合防治"的原则，防患于未然，要加强病虫害的调整测报，一旦发生，要治早、治小、治了，选择最佳防治期进行防治，以节约资金和人力，有效地控制病虫害的发生与蔓延，保证植物健康生长，巩固和提高绿化效果。

5）看管和巡查。为了保护树木，免遭人为的其他破坏，设置看管巡查人员，看护绿地，保护树木，发现问题时反映处理。

8.2 创建基本模型

Step01 选择【矩形】工具，绘制出矩形轮廓，矩形尺寸为长 827505mm，宽 649780mm，如图 8-2 所示。

Step02 选择【直线】工具，绘制出道路轮廓，如图 8-3 所示。

Step03 选择【矩形】工具，绘制道路划线，如图 8-4 所示。

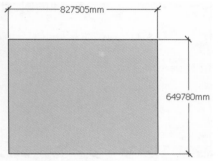

图 8-2 绘制矩形

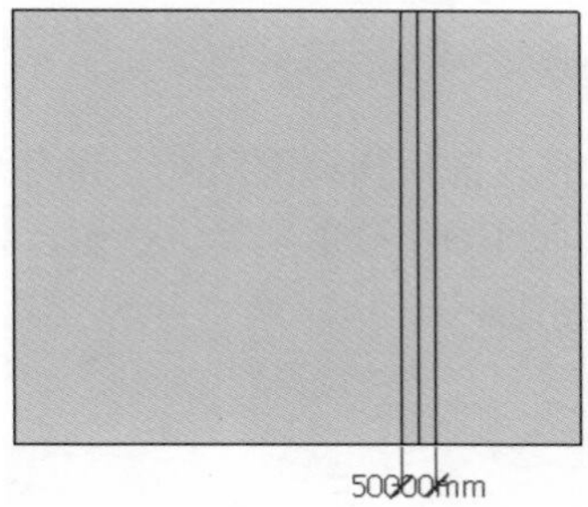

图 8-3 绘制道路轮廓

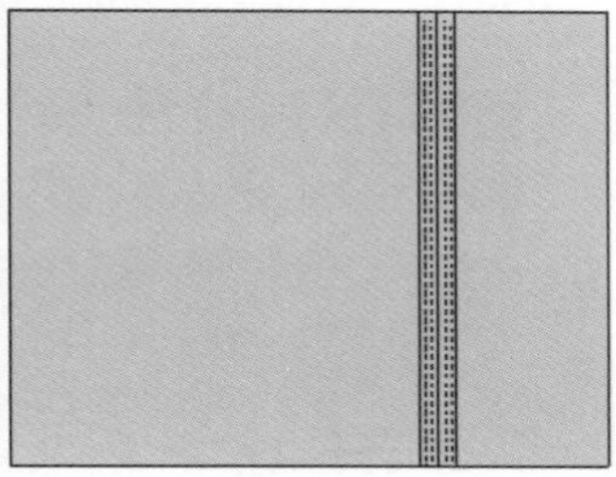

图 8-4 绘制道路划线

Step04 选择【直线】工具，绘制道路边坡度，如图 8-5 所示。

Step05 选择【直线】工具和【圆弧】工具，绘制天桥平台轮廓，如图 8-6 所示。

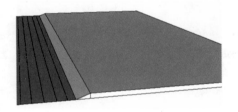

图 8-5 绘制道路坡度

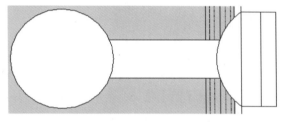

图 8-6 绘制天桥平台轮廓

Step06 选择【偏移】工具，偏移图形，如图 8-7 所示。

Step07 选择【推/拉】工具，推拉 6625mm，如图 8-8 所示。

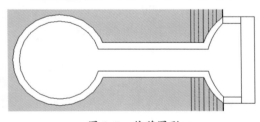

图 8-7 偏移图形

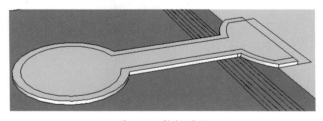

图 8-8 推拉图形

Step08 选择【偏移】工具，偏移 1500mm，如图 8-9 所示。

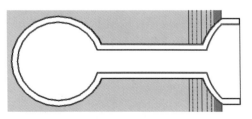

图 8-9 偏移图形

Step09 选择【推拉】工具，推拉图形，如图 8-10 所示。

Step10 选择【直线】工具和【圆】工具，绘制线条，如图 8-11 所示。

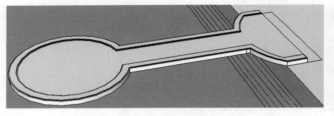

图 8-10　推拉图形　　　　　　　　　　　图 8-11　绘制线条

Step11 选择【推/拉】工具，推拉到一定厚度，如图 8-12 所示。

Step12 运用【直线】工具和【推/拉】工具，绘制台阶部分，如图 8-13 所示。

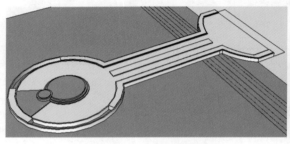
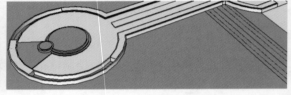

图 8-12　推拉图形　　　　　　　　　　　图 8-13　绘制台阶部分

Step13 选择【矩形】工具，绘制矩形，矩形尺寸为长 850mm、宽 850mm，如图 8-14 所示。

Step14 选择【推拉】工具和【偏移】工具，绘制图形，并创建为群组，如图 8-15 所示。

Step15 运用【圆弧】工具和【直线】工具，绘制截面，如图 8-16 所示。

Step16 选择【圆】工具，绘制圆形路径，如图 8-17 所示。

图 8-14　绘制矩形　　图 8-15　绘制图形　　　图 8-16　绘制截面　　　　图 8-17　绘制圆形路径

Step17 选择【路径跟随】工具，绘制圆柱顶部模型，如图 8-18 所示。

Step18 选择【直线】工具，绘制绿植部分，如图 8-19 所示。

Step19 选择【移动】工具，配合使用 <Ctrl> 键，移动并复制圆柱模型，如图 8-20 所示。

图 8-18　绘制
圆柱顶部模型

图 8-19　绘制
绿植部分

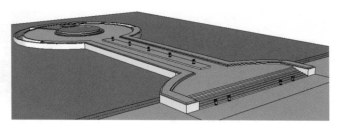

图 8-20　移动并复制圆柱模型

Step20 运用【直线】工具和【推 / 拉】工具，绘制圆形平台的台阶部分，如图 8-21 所示。

Step21 选择【直线】工具，绘制柱子轮廓，如图 8-22 所示。

Step22 选择【推 / 拉】工具，推拉出柱子厚度，并创建为群组，如图 8-23 所示。

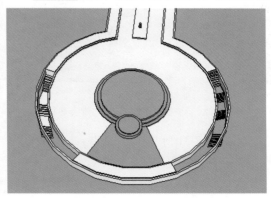

图 8-21　绘制圆形平台的台阶部分

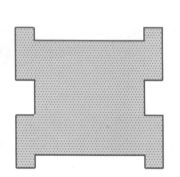

图 8-22　绘制柱子轮廓

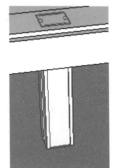

图 8-23　推拉出柱子厚度

Step23 运用【直线】工具和【推 / 拉】工具，绘制柱子上半部分，如图 8-24 所示。

Step24 选择【移动】工具，移动并复制图形，如图 8-25 所示。

图 8-24　绘制柱子上半部分

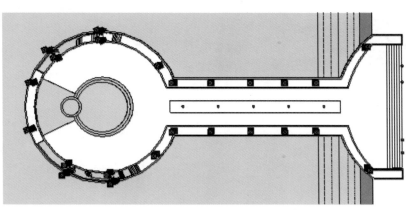

图 8-25　移动并复制图形

第 8 章

Step25 选择【圆弧】工具，绘制圆弧形状，如图 8-26 所示。
Step26 选择【推 / 拉】工具，推拉到一定厚度，如图 8-27 所示。
Step27 选择【根据网格创建】工具，创建网格，如图 8-28 所示。

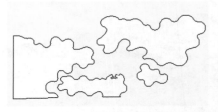

图 8-26　绘制圆弧形状

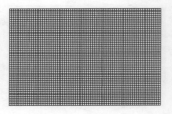

图 8-27　推拉到一定厚度

图 8-28　创建网格

Step28 选择【曲面起伏】工具，拉伸网格，如图 8-29 所示。
Step29 选择【移动】工具，移动网格与模型重叠，如图 8-30 所示。

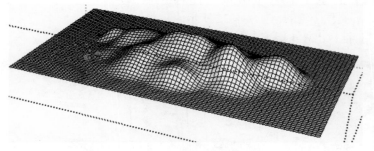

图 8-29　拉伸网格

图 8-30　移动网格

Step30 选择【移动】工具，将模型移动到合适位置，如图 8-31 所示。
Step31 运用【圆弧】工具和【直线】工具，绘制模型，如图 8-32 所示。

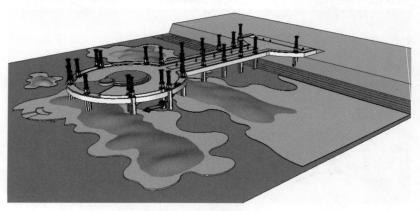

图 8-31　移动图形

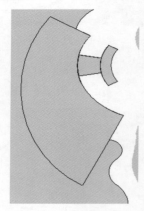

图 8-32　绘制模型轮廓

Step32 选择【推 / 拉】工具，推拉到一定厚度，如图 8-33 所示。

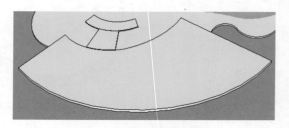

图 8-33　推拉到一定厚度

Step33 运用【直线】工具和【圆弧】工具，绘制轮廓，如图 8-34 所示。

Step34 选择【推 / 拉】工具，推拉模型到一定厚度，如图 8-35 所示。

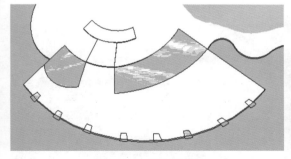

图 8-34　绘制轮廓

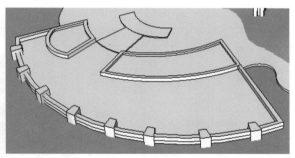

图 8-35　推拉模型到一定厚度

Step35 为场景添加树木与轮船组件，如图 8-36 所示。

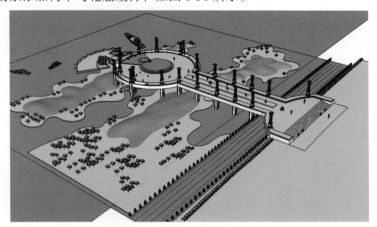

图 8-36　添加组件

8.3 添加材质并渲染出图

Step01 选择【材质】工具，打开【材质】编辑器，选择【植被】中的【人工草皮植被】材质，如图 8-37 所示。

Step02 设置地面材质，如图 8-38 所示。

图 8-37　【材质】对话框
的参数设置

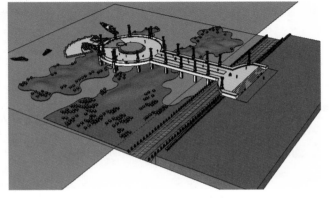

图 8-38　设置地面材质

Step03 选择【材质】工具，打开【材质】编辑器，选择【沥青和混凝土】中的【新沥青】材质，如图 8-39 所示。

Step04 设置路面材质，如图 8-40 所示。

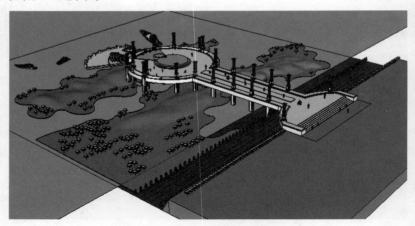

图 8-39　【材质】对话框的
　　　　　参数设置

图 8-40　设置路面材质

Step05 选择【材质】工具，打开【材质】编辑器，选择【颜色】中的【颜色 D04】材质，如图 8-41 所示。

Step06 设置平台主体材质，如图 8-42 所示。

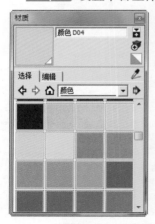

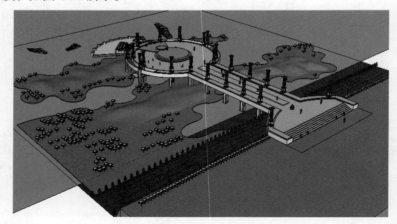

图 8-41　【材质】对话框的
　　　　　参数设置

图 8-42　设置平台主体材质

Step07 选择【材质】工具，打开【材质】编辑器，选择【颜色】中的【颜色 C17】材质，如图 8-43 所示。

Step08 设置扇形平台与主体平台中心位置模型的材质，如图 8-44 所示。

Step09 选择【材质】工具，打开【材质】编辑器，选择【水纹】中的【Water-Pool】1 材质，如图 8-45 所示。

Step10 设置水面材质，如图 8-46 所示。

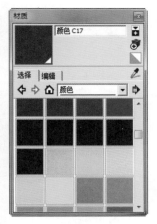

图 8-43 【材质】对话框的
参数设置

图 8-44 设置扇形平台与主体平台中心位置模型的材质

图 8-45 【材质】对话框的
参数设置

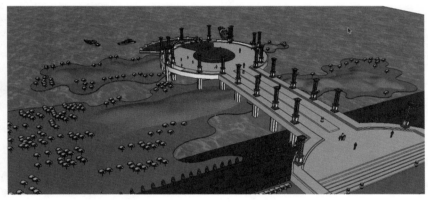

图 8-46 设置水面材质

Step11 使用 SketchUp【材质】编辑器的【提取材质】工具，提取材质，V-Ray 材质面板会自动跳到该材质的属性上，并选择该材质，然后单击鼠标右键，在弹出的菜单中执行【Create Layer】（创建图层）|【Reflection】（反射）命令，如图 8-47 所示，并将【反射】调整为 1.0，接着单击反射层后面的 m 符号，并在弹出的对话框中选择【TexFresnel】（菲涅尔）模式，如图 8-48 所示，最后单击【OK】按钮。

Create Layer ▶	Emissive
Save Material	Reflection
Pack Material	Diffuse
Duplicate Material	VRayBRDF
Rename Material	Refraction
Remove Material	
Import Material	
Apply Material to Selection	
Apply Material to Layer	
Select All Objects Using This Material	

图 8-47 反射

第 8 章

249

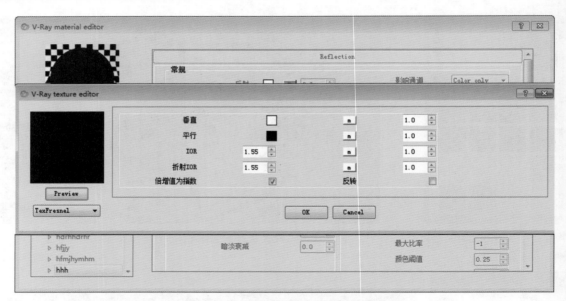

图 8-48　选择【TexFresnel】模式

Step12 同理调整水纹材质，【反射】调整为 16，单击 m 符号，接着在弹出的对话框中渲染【TexNoise】（噪波）模式，如图 8-49 和图 8-50 所示。

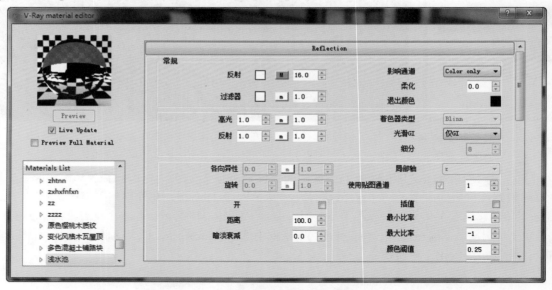

图 8-49　调整反射值

图 8-50　选择噪波模式

Step13 金属材质的设置，使用 SketchUp 对话框的【提取材质】工具 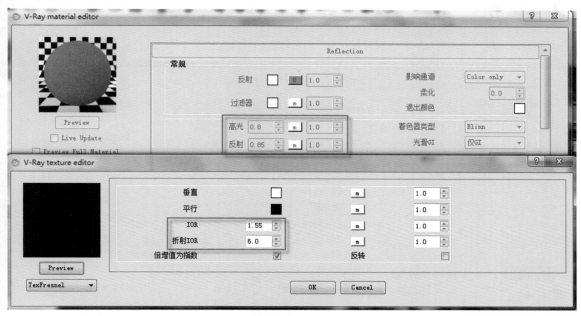，提取材质，V-Ray 材质面板会自动跳到该材质的属性上，并选择该材质，然后单击鼠标右键，在弹出的菜单中执行【CreateLayer】｜【Reflection】命令，金属材质有一定的模糊反射效果，所以要把【高光】的光泽度调整为 0.8，【反射】的光泽度调整为 0.85，接着单击反射层后面的 m 符号，并在弹出的对话框中选择【TexFresnel】模式，将【折射 IOR】调整为 6，将【IOR】调整为 1.55，如图 8-51 所示，最后单击【OK】按钮。

图 8-51　设置参数

Step14 打开 V-Ray 渲染设置面板，进行环境（Environment）设置，如图 8-52 所示。

图 8-52　环境设置

Step15 全局光颜色的设置，如图 8-53 所示。

图 8-53　全局光颜色的设置

第 8 章

251

Step16 背景颜色的设置，如图 8-54 所示。

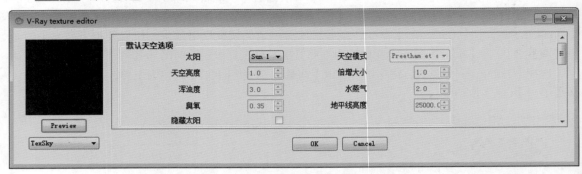

图 8-54　背景颜色的设置

Step17 将采样器类型更改为【自适应 DMC】，并将【最大细分】设置为 16，提高细节区域的采样，然后将【抗锯齿过滤器】激活，并选择常用的【Catmull Rom】过滤器，如图 8-55 所示。

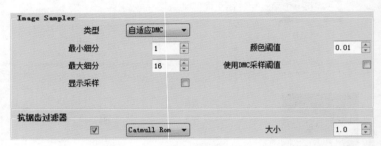

图 8-55　参数设置

Step18 进一步提高【DMC sampler】（纯蒙特卡罗采样器）的参数，主要提高了【噪波阈值】，使图面噪波进一步减小，如图 8-56 所示。

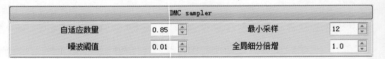

图 8-56　参数设置

Step19 修改【Irradiance map】（发光贴图）中的数值，将其【最小比率】改为 -3，【最大比率】改为 0，如图 8-57 所示。

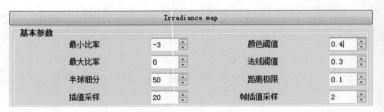

图 8-57　参数设置

Step20 在【Light cache】（灯光缓存）中将【细分】修改为 1200，如图 8-58 所示。

图 8-58　参数设置

Step21　设置完成后就可以渲染了，效果如图 8-59 所示。

图 8-59　渲染效果

8.4　Photoshop 后期处理

Step01　打开【8-1.jpg】图片，如图 8-60 所示。

图 8-60　打开图片

Step02 选择【图像】|【调整】|【曲线】菜单命令，打开【曲线】对话框设置参数并调整曲线，如图 8-61 和图 8-62 所示。

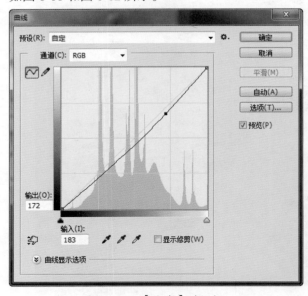

图 8-61 【曲线】对话框　　　　　　　　　　图 8-62 调整曲线后效果

Step03 选择【图像】|【调整】|【色相／饱和度】菜单命令，打开【色相／饱和度】对话框，设置参数并调整色相和饱和度，如图 8-63 和图 8-64 所示。

图 8-63 【色相／饱和度】对话框　　　　　图 8-64 调整【色相／饱和度】的效果

Step04 选择【图像】|【调整】|【自然饱和度】菜单命令，打开【自然饱和度】对话框，设置参数并调整自然饱和度，如图 8-65 和图 8-66 所示。

图 8-65 【自然饱和度】对话框

图 8-66 调整自然饱和度的效果

Step05 选择【减淡】工具，选择海面进行高光处理，完成图片的调整，道路及绿化景观设计如图 8-67 所示。

图 8-67 完成调整效果

8.5 本章小结

　　一个好的多功能道路绿化能够以大块绿化为重点和视觉中心，带动周边带状绿化，形成一个此起彼伏的绿化高潮，其绿化也能随不同的道路造型和道路走向形成不同的绿化景观，并使其图案化、生态化、合理化，从而具备良好的俯视效果，呈现舒适优美的视觉景观，提高国道的绿化率、绿视率，促使国道的生态环境质量提高。

第9章
中心广场景观设计

本章导读

　　中心广场景观设计应体现"以人为本"的概念，强调"人与自然的和谐"，充分考虑当地地理和地形条件，尽量利用土地的沟壑山丘，尽量避免大土方的改造，并主张通过景观设计，实现意境再造。在开敞空间与私密空间之间寻找结合点，使广场既有满足人们较大范围社会交往的开敞活动区，又有适合人们独自休闲停留的具有私密性的小空间。强调细部处理多样化，尤其应注意中心景观与边角地带的精心雕琢，对绿化主体、道路和小品的细部设计更应该体现设计师的匠心独具，给人们带来灵感与回味。

学习要求	学习目标 知识点	认　识	理　解	应　用
	模型的绘制			√
	模型景观摆放			√
	最终处理模型景观的方法			√

9.1　案例分析

实例源文件	ywj/09/9-1.skp
视频课堂教程	资源文件→视频课堂→第 9 章→ 9.1

　　在整个绿化环境设计中，根据各区域的不同位置及使用功能的差异，在植物的选择上也各有侧重，中心广场以富有激情的红色五角枫、郁郁葱葱的竹林、生长茂盛的栾树和充满收获希望的银杏为主，搭配以流线型的小灌木组团及景石，形成立体感强、层次丰富的植物组景；整个设计充满大量现代感的植物造型，其如水流畅的线型，在视觉上给人以轻松和愉悦的感觉，本章案例如图 9-1 所示。

图 9-1　中心广场景观效果

9.1.1　设计指导思想

该广场环境设计上，充分体现本广场的观景和休闲功能，利用植物在环境与观赏方面的主要功能，改变由大面积铺地形成的硬质大空间（主空间），创造由植物构成的软质小空间（次空间），将两者有机结合，构成一系列亲切的富有生命力的、和谐的绿化空间，使在此地游玩的人们真正能感受到亲切、自然和赏心悦目。因此，下面确立了在使用功能、观赏功能及景观质量设计中的几条原则。

1）在设计中充分结合环境，结合现代人的审美情趣和使用功能要求，运用现代环境艺术设计手法，创造一种开朗明丽、恬静自然的新世纪高品位的广场绿化景观。

2）充分突出其观赏性和使用功能，给从此地经过的人们在视觉上带来强大冲击，使他们留下美好的印象，让在此地游玩和赏景的人们流连忘返。

3）广场内植物配置选择落叶和常绿树木相结合，观花、观果和观叶等植物树木兼顾，创造"季季有变化，四季色不同"的景观效果。

4）在总体设计中，大面积地进行绿化，提高其观赏性；绿地内硬化地面，为人们提供休憩和游玩的空间；园林小品控制在较低限度，以提高绿化率，降低资金投入。

5）依据确定的特色和绿地的空间形式，创造与之协调的地形和地貌，建设出独具特色、高质量、高品位、高标准、低投资、优美宜人的环境氛围。

6）城市广场，被称为城市的客厅，是提供人们散步休息、接触交往和娱乐等行为的公共活动场所。

9.1.2　设计指导原则

1）文化原则：广场设计力求挖掘当地历史文化底蕴，并体现新时代的城市风貌。

2）以人为本的原则：广场作为重要的公共活动场所，广场空间应充分考虑人们的多维感觉。

3）生态原则：充分考虑当地气候特征，并评估周边地区环境特征，实现人与自然、广场与区域的和谐共生。

4）可持续性发展的原则：广场设计时充分考虑以后的发展，在协调全局的同时，并为以后的发展预留空间。

5）经济原则：设计时充分考虑其经济因素，广场构成要素力求在利用最少资源和能源的同时，获得环境、经济和社会上最大的利益。

6）分期建筑原则：广场建筑可以分阶段及分片实施，每一步实施的过程都与整体空间形态相结合。

以人为本就是要充分考虑人的情感、心理及生理的需要。比如，景观及公共设施的布局与尺度要符合人的视觉观赏位置、角度以及人体工程学的要求，座椅的摆放位置要考虑人对私密空间的需要等。

首先，城市广场是城市中两种最具价值的开放空间之一。城市广场是城市中重要的建筑、空间和枢纽，是市民社会生活的中心，起着当地市民的"起居室"、外来旅游者的"客厅"的作用。城市广场在城市开放空间中最具公共性、最富艺术感染力，也最能反映现代都市文明的魅力。其次，城市文化广场建设是一项系统工程，涉及建筑空间形态、立体环境设施、园林绿化布局、衔接道路交通系统等方面。在城市广场设计中还应体现经济效益、社会效益和环境效益并重的原则。

不同文化、不同地域、不同时代孕育的广场也会有不同的风格内涵。把握好广场的主题和风格取向，形成广场鲜明的特色和内聚力与外引力，将直接影响广场的生命力。根据地方特色展现地方文化是一个空间的精神内涵所在，仅仅有形式和功能是不够的，内涵才是一个作品的灵魂，中国的文化源远流长，任何带有人文主题的公共开放空间总是耐人寻味，是一个使人流连忘返的好场所。能否挖掘和提炼具有地方特色的风情和风俗，并恰到好处地表现在景观意象中，是城市广场景观规划设计成败的关键。

注重文化内涵的城市广场设计在我国也有很多成功的例子，如西安钟鼓楼广场的设计，首先突出了两座古楼的形象，保持它们的通视效果，采用了绿化广场、下沉式广场、下沉式商业街、传统商业建筑和地下商城等多元化空间设计，创造了一个具有个性的场所，增加了钟鼓楼作为"城市客厅"的吸引力和包容性。其次，钟鼓楼广场在设计元素上采用有隐喻中国传统文化的多项设计，使在广场上交往的人们可以享受到传统文化的气息，创造了一个完整的、富有历史文化内涵又面向未来城市的文化广场。

综上所述，在设计城市广场时，应提倡"以人为本、效益兼顾、突出文化、内外兼顾"的原则，更好地发挥聚会、休闲、锻炼和娱乐等功能，体现现代人的价值观、审美观和趣味性。改善居民生活环境、塑造城市形象、提高城市品位、优化城市空间，才是城市广场建设的目的，也是设计者追求的终极目标。

9.1.3 绿色景观设计

本方案绿色景观设计的原则如下。

1）充分发挥乡土植物生命力强的作用。

2）创造人工植物群落的群体效益，季相色彩效益。

3）创造良好的小气候生态环境。

4）建立人文与自然景观的融洽关系，创造回归自然的环境条件。

5）使绿地林荫等"软质景观"与道路广场等"硬质景观"达到平衡。

6）把人们的审美及游赏需求和创造生态景观结合起来，取得可持续发展的综合效益。

植物配植的要点如下。

1）整个广场的植物造景设计遵循生态学和美学理论，以生物多样性为特色，充分尊重功能需求和人与自然的融合；综合考虑当地气候和土壤因素，以乡土树种为主，突出地方文化内涵；追求绿地的景观效益，最终形成季相分明、个体优美、群体宏伟的景观效果。

2）绿化景观考虑一定的层次，并采用复合混交林的绿化方式，增加绿化覆盖面积和叶面指数，在空间竖向上求得景观的平衡和增加植物的层次美及景观展示条件。

3）植物配置根据因地制宜的原则，力求意境上的独特性、功能上的综合性、生态上的科学性、经济上的合理性、风格上的地方性。以香樟、桂花、红枫和银杏等植物为基调树种，选用多种乔木和花灌木进行搭配，做到层次分明、错落有致、丰富多彩。这些花木的合理搭配形成四季有花可赏、四季有景可观的景观效果，并使人们能清晰地感受到四季更迭、时间流转和万物生长的变化。

4）在林间绿地，为了不影响广场的采光和通风，可在林间种植小乔木和花灌木，设置种植有台湾四季青草、金叶女贞、瓜子黄杨、红花继木、杜鹃、茶梅的模纹花坛等，从而在整体上形成乔木、灌木和草地相互交错的完整植物群落。

5）充分运用垂直绿化等形式，增加绿化的景观效果，美化广场环境。

9.2 创建主道、建筑及周边设施

Step01 运用【直线】工具和【圆弧】工具，绘制主道路轮廓，如图 9-2 所示。

Step02 运用【直线】工具和【圆弧】工具，绘制广场道路轮廓，如图 9-3 所示。

Step03 运用【圆】工具和【圆弧】工具，绘制广场内部轮廓线，如图 9-4 所示。

Step04 选择【推/拉】工具，推拉建筑轮廓到一定厚度，如图 9-5 所示。

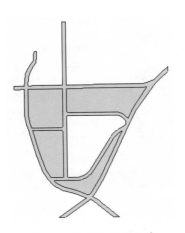

图 9-2 绘制主道路轮廓

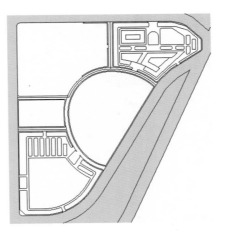

图 9-3 绘制广场道路轮廓

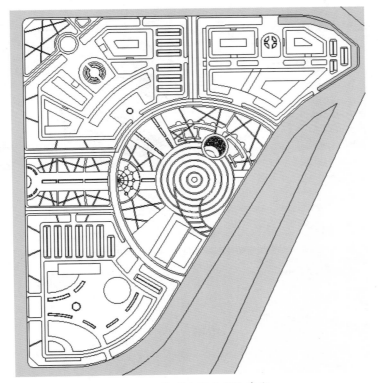

图 9-4 绘制广场内部轮廓线

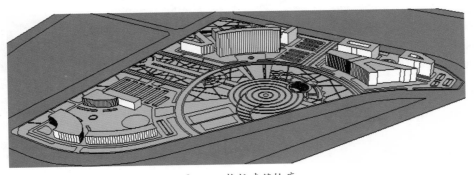

图 9-5 推拉建筑轮廓

第 9 章

Step05 选择【圆】工具，绘制截面与路径，如图 9-6 所示。

Step06 选择【路径跟随】工具，绘制半圆，如图 9-7 所示。

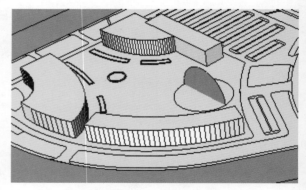

图 9-6　绘制截面与路径

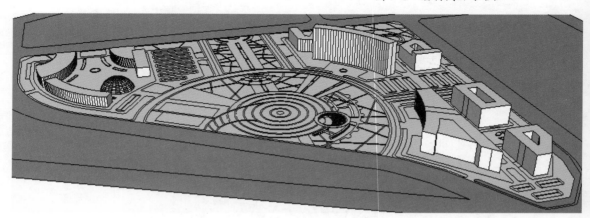

图 9-7　绘制半圆

Step07 选择【推/拉】工具，推拉出水池，推拉高度为 450mm，如图 9-8 所示。

Step08 选择【推拉】工具，推拉出围墙，推拉高度为 3000mm，如图 9-9 所示。

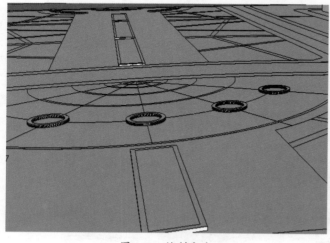

图 9-8　绘制水池

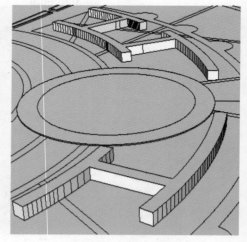

图 9-9 绘制围墙

Step09 运用【推拉】工具和【圆弧】工具，绘制出广场看台部分，如图 9-10 所示。

Step10 运用【直线】工具和【推/拉】工具，简单绘制出建筑窗户，如图 9-11 所示。

Step11 运用【圆】工具和【推/拉】工具，绘制广场柱子，如图 9-12 所示。

Step12 选择【直线】工具，绘制广场雕塑轮廓，如图 9-13 所示。

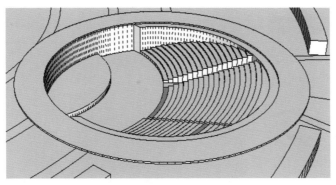

图 9-10 绘制广场看台

图 9-11 绘制建筑窗户

Step13 选择【推 / 拉】
工具，推拉广场雕塑轮廓，
推拉厚度为 2000mm，并创
建为群组，如图 9-14 所示。

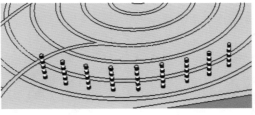

图 9-12 绘制广场柱子

Step14 选择【旋转】
工具，按住 <Ctrl> 键，旋转复制模型，如图 9-15 所示。

Step15 运用【圆弧】工具和【直线】工具，绘制
篮球场轮廓，如图 9-16 所示。

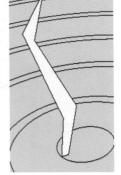

图 9-13 绘制广场雕塑轮廓

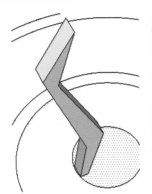

图 9-14 推拉场雕塑轮廓

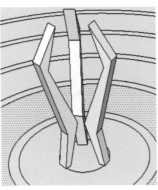

图 9-15 旋转复制模型

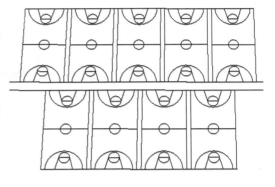

图 9-16 绘制篮球场轮廓

第 9 章

261

9.3 完成模型的最终细节

Step01 选择【矩形】工具，绘制矩形，如图 9-17 所示。

Step02 选择【推/拉】工具，推拉矩形到一定厚度，如图 9-18 所示。

图 9-17 绘制矩形

图 9-18 推拉矩形到一定厚度

Step03 选择【直线】工具，绘制建筑轮廓线，如图 9-19 所示。

Step04 选择【推/拉】工具，推拉建筑轮廓线，如图 9-20 所示。

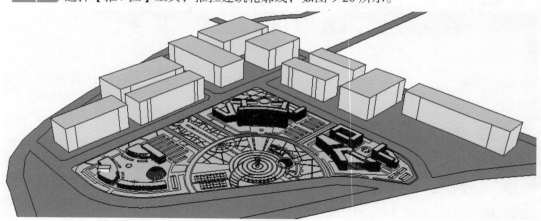

图 9-19 绘制建筑轮廓线

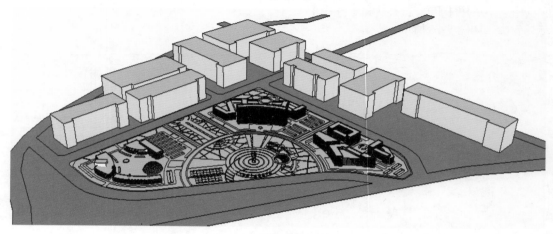

图 9-20 推拉建筑轮廓线

Step05 选择【材质】工具，打开【材质】编辑器，选择【植被】中的【人工草皮植被】材质，如图 9-21 所示。

Step06 设置人工草皮植被，如图 9-22 所示。

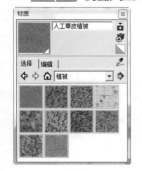
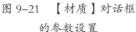

图 9-21 【材质】对话框
的参数设置

图 9-22 设置人工草皮植
被

Step07 选择【材质】工具，打开【材质】编辑器，选择【植被】中的【草皮植被 1】材质，如图 9-23 所示。

Step08 设置草皮植被 1，如图 9-24 所示。

图 9-23 【材质】对话框
的参数设置

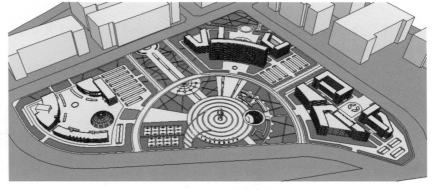

图 9-24 设置草皮植被 1

Step09 选择【材质】工具，打开【材质】编辑器，选择【瓦片】中的【多片石灰石瓦片】材质，如图 9-25 所示。

Step10 设置多片石灰石瓦片，如图 9-26 所示。

图 9-25 【材质】对话框
的参数设置

图 9-26 设置多片石灰石瓦片

Step11 选择【材质】工具，打开【材质】编辑器，选择【颜色】中的【颜色 A01】材质，如图 9-27 所示。

Step12 设置柱子广场雕塑颜色 A01，如图 9-28 所示。

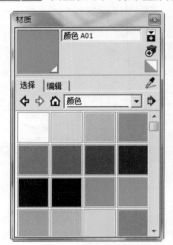

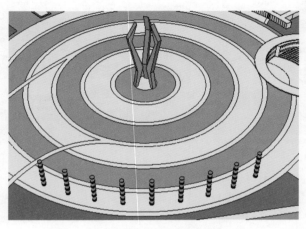

图 9-27 【材质】对话框的
参数设置

图 9-28 设置柱子广场雕塑颜色 A01

Step13 选择【材质】工具，打开【材质】编辑器，选择【瓦片】中的【2 英寸石灰华瓦片】材质，如图 9-29 所示。

Step14 设置广场地面为【2 英寸石灰华瓦片】材质，如图 9-30 所示。

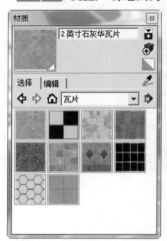

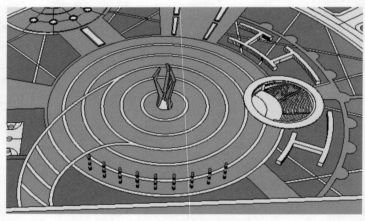

图 9-29 【材质】对话框的
参数设置

图 9-30 设置广场地面为【2 英寸石灰华瓦片】材质

Step15 选择【材质】工具，打开【材质】编辑器，选择【沥青和混凝土】中的【新沥青】材质，如图 9-31 所示。

Step16 设置路面材质，如图 9-32 所示。

Step17 选择【材质】工具，打开【材质】编辑器，选择【水纹】中的【浅水池】材质，如图 9-33 所示。

Step18 设置水池材质，如图 9-34 所示。

图 9-31　【材质】对话框的
　　　　参数设置

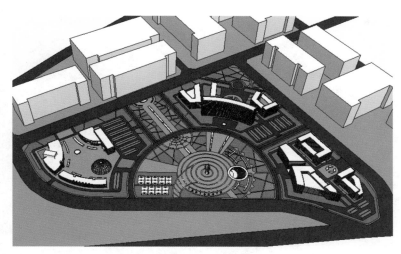

图 9-32　设置路面材质

图 9-33　【材质】对话框的
　　　　参数设置

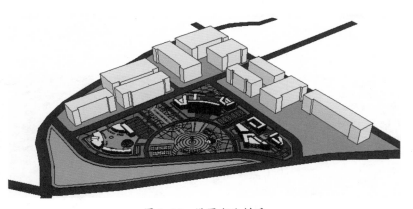

图 9-34　设置水池材质

Step19 选择【材质】工具，打开【材质】编辑器，选择【半透明材质】中的【灰色半透明玻璃】
材质，如图 9-35 所示。

Step20 设置建筑玻璃材质，如图 9-36 所示。

图 9-35　【材质】对话框的
　　　　参数设置

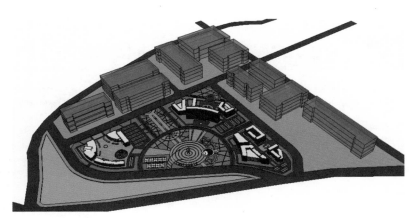

图 9-36　设置建筑玻璃材质

Step21 在景观中添加树木组件，如图 9-37 所示。

图 9-37　添加树木组件

Step22 在景观中添加汽车人物组件，如图 9-38 所示。

图 9-38　添加汽车人物组件

9.4　渲染和 Photoshop 后期处理

Step01 使用SketchUp【材质】编辑器的【提取材质】工具，提取材质，V-Ray 材质面板会自动跳到该材质的属性上，并选择该材质，然后单击鼠标右键，在弹出的菜单中执行【CreateLayer】（创建图层）|【Reflection】（反射）命令，如图 9-39 所示，并将【反射】调整为 1.0，接着单击反射层后面的 m 符号，并在弹出的对话框中选择【TexFresnel】（菲涅尔）模式，如图 9-40 所示，最后单击【OK】按钮。

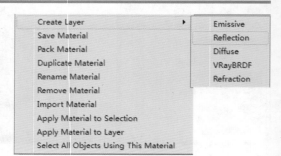

图 9-39　反射

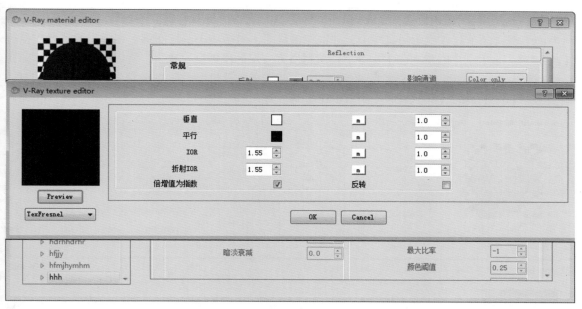

图 9-40　选择【TexFresnel】模式

Step02 同理调整水纹材质，【反射】调整为 16，如图 9-41 所示，单击 m 符号，接着在弹出的对话框中渲染【TexNoise】（噪波）模式，如图 9-42 所示。

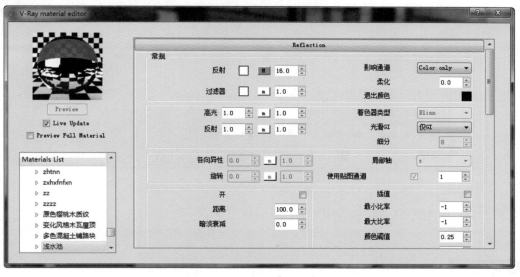

图 9-41　调整【反射】

图 9-42　选择噪波模式

Step03 金属材质的设置，用 SketchUp【材质】对话框的【提取材质】工具 ✐，提取材质，V-Ray 材质面板会自动跳到该材质的属性上，并选择该材质，然后单击鼠标右键，在弹出的菜单中执行【Create Layer】｜【Reflection】命令，金属材质有一定的模糊反射效果，所以要把【高光】的光泽度调整为 0.8，【反射】的光泽度调整为 0.85，接着单击反射层后面的 m 符号，并在弹出的对话框中选择【TexFresnel】模式，将【折射 IOR】调整为 6，如图 9-43 所示，最后单击【OK】按钮。

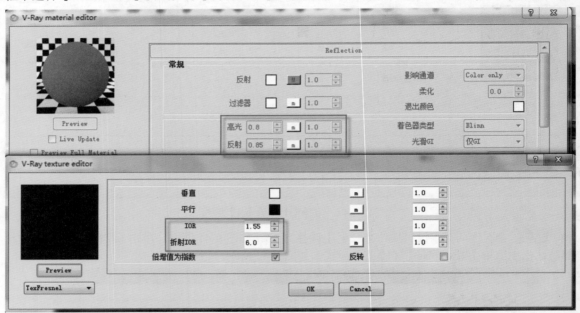

图 9-43　设置参数

Step04 打开 V-Ray 渲染设置面板，进行环境（Environment）设置，如图 9-44 所示。

图 9-44　环境设置

Step05 全局光颜色的设置，如图 9-45 所示。

图 9-45　全局光颜色的设置

Step06 背景颜色的设置，如图 9-46 所示。

图 9-46　背景颜色的设置

Step07 将采样器类型更改为【自适应 DMC】，并将【最大细分】设置为 16，提高细节区域的采样，然后将【抗锯齿过滤器】激活，并选择常用的【Catmull Rom】过滤器，如图 9-47 所示。

图 9-47　参数设置

Step08 进一步提高【DMC sampler】（纯蒙特卡罗采样器）的参数，主要提高了【噪波阈值】，使图面噪波进一步减小，如图 9-48 所示。

DMC sampler			
自适应数量	0.85	最小采样	12
噪波阈值	0.01	全局细分倍增	1.0

图 9-48　参数设置

Step09 修改【Irradiance map】（发光贴图）中的数值，将【最小比率】改为 – 3，【最大比率】改为 0，如图 9-49 所示。

Irradiance map			
基本参数			
最小比率	-3	颜色阈值	0.4
最大比率	0	法线阈值	0.3
半球细分	50	距离极限	0.1
插值采样	20	帧插值采样	2

图 9-49　参数设置

Step10 在【Light cache】（灯光缓存）中将【细分】修改为 1200，如图 9-50 所示。

图 9-50　参数设置

Step11 设置完成后就可以渲染了。效果如图 9-51 所示。

Step12 打开【9-1.jpg】图片，如图 9-52 所示。

图 9-51　渲染效果

图 9-52　打开图片

Step13 选择【图像】|【调整】|【曲线】菜单命令，打开【曲线】对话框，设置参数并调整曲线，如图 9-53 和图 9-54 所示。

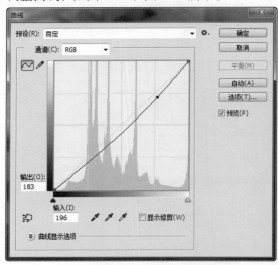

图 9-53　【曲线】对话框

图 9-54　调整曲线后效果

Step14 选择【图像】|【调整】|【色相 / 饱和度】菜单命令，打开【色相 / 饱和度】对话框，设置参数并调整色相和饱和度，如图 9-55 和图 9-56 所示。

图 9-55　【色相 / 饱和度】对话框

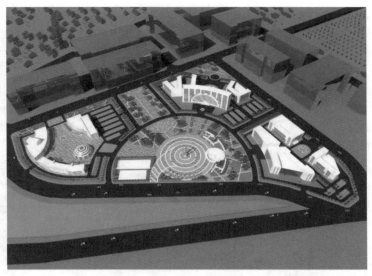

图 9-56 调整【色相 / 饱和度】的效果

Step15 选择【图像】|【调整】|【自然饱和度】菜单命令，打开【自然饱和度】对话框，设置参数并调整自然饱和度，如图 9-57 和图 9-58 所示。

图 9-57 【自然饱和度】对话框

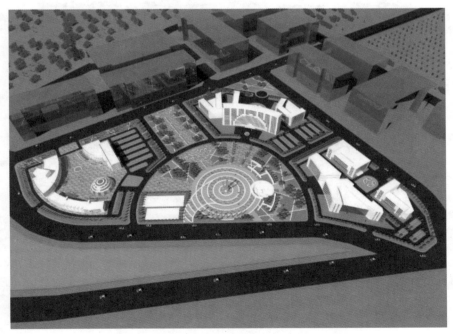

图 9-58 调整【自然饱和度】的效果

第
9
章

271

Step16 选择【魔棒工具】，删除水面部分，如图 9-59 所示。

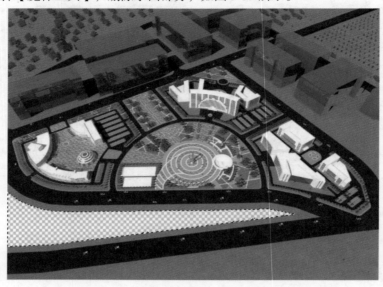

图 9-59　删除水面部分

Step17 将水面图片导入，调整图片位置，完成图片处理，如图 9-60 所示。

图 9-60　完成图片处理

9.5　本章小结

　　本章主要讲解了植物与道路铺装的组合，即植物与道路的铺装要考虑道路的功能来选择适宜的树种及种植方式，植物和道路设计要多层多样的形式，让游客和居民在步行时有安全感和观景的欣赏感。

第 10 章
欧式园林景观设计

本章导读

　　欧式园林可分为自然式和规则式。自然式的代表为英国自然式园林，其特点是原生态、朴素、大方，植物没有过多的人工修剪，配置多是自然的群落化，这与英国人悠闲和散漫的生活态度有关。规则式的代表国家有法国和德国，法国的凡尔赛宫是典型的规则式园林，其特点是轴线清晰，分区多为几何形状，植物也多经修剪，给人以庄严和宏伟的感受，这与法国园林风格形成的时期（工业革命时期）有关。德国为台地式园林，其风格与法国相仿，但德国多为山地地形，为了顺应地势的变化，遂形成了台地式园林。

学习要求	知识点 \ 学习目标	认　识	理　解	应　用
	模型的绘制			√
	模型景观的摆放			√
	材质和贴图的应用			√
	最终处理模型景观的方法			√

10.1　案例分析

实例源文件	ywj/10/10-1.skp
视频课堂教程	资源文件→视频课堂→第 10 章→10.1

　　欧洲园林景观（图 10-1）可以从多个角度进行剖析与理解。芬兰的自然主、巴黎的华奢与整合、德国的朴实而清新、意大利的热情与理想主义，都给人们留下非常深刻的回忆。但总体来说，还是不难发现有几条主线始终贯穿着各国千变现象后的共同风景本质。

图 10-1　欧式园林景观效果

10.1.1 欧式景观设计观点

1. 美表现在比例的和谐上

在西方，自古希腊哲学家到文艺复兴时期的古典主义者，一贯主张美表现在比例的和谐上，规整式的园林手法保证了这一点，因为尺寸严谨的线条和各种景观要素保证了比例和谐这一原则。

2. 以人为本的景观基点

芬兰与德国自然的湖畔游园，法国恢弘的凡尔赛与意大利的圣马克广场，都是那种能够让全世界的游人感到美丽而感动的地方。假如说前者更符合风景景观中人的生物性属性的话，那后者则更有人文色彩痕迹的东西。以人为本，以人的身体与心理感受为创作基点来进

行景观布局是这次参观学习最大的收获之一，经典的东西总是能够反映出那些能够引起人本能共鸣的。欧洲尽管是以理性与科学主义为主导的大陆，但欧洲的各个城市与景观中却不乏细腻的关心人体贴人的细节与小品。

10.1.2 欧式景观发展历史

一般认为欧洲园林起源于古代西亚、北非以及爱琴海地区，后来随着阿拉伯帝国征服西班牙，继承西亚波斯园林衣钵的伊斯兰园林传入西欧，欧洲园林体系逐渐完成奠基。

西方的造园起于西亚的古代波斯，即古波斯所称的"天国乐园"。这种造园的特点是用纵横轴线把平地分作四块，形成方形的"田"字，在十字林荫路交叉处设中心喷水池，中心水池的水通过十字水渠来灌溉周围的植株。这样的布局是由于西亚的气候干燥，干旱与沙漠的环境使人们只能在自己的庭院里经营一小块绿洲。在波斯人的心目中，水和绿荫对于身处万顷黄沙中的他们显得特别珍贵，认为天堂（即后来基督教所说的伊甸园）就是一个大花园，里面有潺潺流水和绿树鲜花。在古代西亚的园林中，那个交叉处的中心喷水池就象征着天堂，后来水的作用又得到不断的发挥，由单一的中心水池演变为各种明渠暗沟与喷泉，这种水池的运用后来深刻地影响了欧洲各国的园林。

起源。埃及位于非洲大陆北部，尼罗河从南到北纵穿其境，冬季温暖，夏季酷热，全年干旱少雨，砂石资源丰富，森林稀少，日照强烈，温差较大。尼罗河的定期泛滥，使两岸河谷及下游三角洲成为肥沃的良田。约公元前 3100 年，南方上埃及王朝的美尼斯（埃及第一王朝的开国国王，后在一次狩猎中被河马杀死）统一了上、下埃及，开创了法老专制政体，即所谓的前王朝时代（公元前 3100 年—公元前 2686 年），并发明了象形文字。从古王国时代（公元前 2686 年—公元前 2034 年）开始，埃及出现种植果木、蔬菜和葡萄的实用园，与此同时出现了供奉太阳神的神庙和崇拜祖先的金字塔陵园，成为古埃及园林的标志。中王国时代（公元前 2033 年—公元前 1568 年）的中上期，重新统一埃及的底比斯贵族重视灌溉农业，大型宫殿、神庙及陵寝园林，使埃及再现繁荣昌盛的气象。新王国时代（公元前 1567 年—公元前 1085 年）的埃及国力曾经十分强盛，古埃及园林也进入繁荣阶段。园林中最初只种植一些乡土树种，如埃及榕和棕榈，后来又引进了黄槐、石榴和无花果等。从公元前 671 年开始，古埃及又先后遭到亚述人、波斯人和马其顿人的入侵，到公元 332 年终于结束了长达 3000 多年的"法老时代"。

觉醒。古希腊是欧洲文明的摇篮，给文化复兴运动以曙光和力量。古希腊园林艺术和情趣，也对后来的欧洲园林产生了深远的影响。古波斯帝国经过长年的扩张，在大流士二世时期达到鼎盛，成为名副其实的世界帝国，此时它的疆域西起中亚里海东至小亚细亚半岛，毗邻地中海，南至埃及和阿拉伯半岛。在充分吸收两河文明和古埃及文明后，结合自身特色发展成影响深远的古波斯文明，它是伊斯兰文明的文化土壤。园林艺术方面也充分吸收了两河流域和古埃及的艺术成果，

形成独特的波斯造园艺术。经过数次波希战争，西亚文明与爱琴海文明充分交融，古希腊于公元前 5 世纪逐渐学仿古波斯的造园艺术，后来发展成为四周住宅围绕，中央为绿地，布局规则方正的柱廊园，古希腊园林风格形成。

发展和传播。古希腊的园林为古罗马所继承，古罗马帝国初期尚武，对艺术和科学不甚重视，公元前 190 年征服了古希腊之后才全盘接受了古希腊文化。古罗马在学习古希腊的建筑、雕刻和园林艺术基础上，进一步发展了古希腊园林文化，他们将其发展为大规模的山庄园林，不仅继承了以建筑为主体的规则式轴线布局，而且出现了整形修剪的树木与绿篱，几何形的花坛以及由整形常绿灌木形成的迷宫。古罗马帝国疆域辽阔，是继古波斯和马其顿之后第三个世界帝国，古罗马帝国跨亚、非、欧三大洲，是高度发展的奴隶制政体，在蒙昧未脱得当时，古罗马是文明的标杆，象征着秩序、道德和繁荣，是"文明世界"的坚盾，也是当时西方世界的中心。古罗马的征服不但带去了杀戮，同时也带去了它的文化，古希腊—罗马园林也因此传播到了整个帝国疆域。古罗马帝国的征服为欧洲园林的传播做出了巨大的贡献。

枯潮。中世纪是西欧历史上光辉思想泯灭、科技文化停滞、宗教蒙昧主义盛行的"黑暗时代"。从 5 世纪古罗马帝国瓦解到 14 世纪伟大的文艺复兴运动开始，历经大约 1000 年。在这个蛮族不断入侵，充满血泪的动荡岁月中，人们纷纷皈依基督教，或安身立命，或求精神解脱，因而教会势力长足发展，占据政治、经济、文化和社会生活的各个方面。所以中世纪的文明主要是基督教文明，与此呼应，中世纪的园林建筑则以寺院庭园为代表。公元 5 世纪，古罗马帝国陷入政治危机，内战频仍，民不聊生，395 年分裂为东、西罗马。东罗马建都于拜占庭，西罗马仍以罗马为首都。从此，西罗马历经日耳曼和斯拉夫等大举南侵蹂躏，476 年，飘摇的西罗马帝国覆灭。同时，基督教也分裂为东正教和天主教，在分裂与动乱中收揽人心，获得了出人意料的发展。在西罗马灭亡后一千多年间，教皇同时兼世俗政权的统治者，形成政教合一的局面。同时存在的地主阶层有教皇、国王、大贵族领主和其他较低级贵族，教皇则是最大的地主，在全盛时期拥有全欧洲 30% 的土地，国王的加冕都要通过教皇的应允。贵族领主们要么依附国王，要么依附教廷。领主们在自己的封地内享受特殊权利，并层层分封，登记森严。11 世纪后，欧洲大部分地区采取世袭制，领主权利进一步集中，国王权力相对削弱，出现城堡林立的现象。由于中世纪社会动荡，战争频仍，政治腐败，经济落后，加之教会仇视一切世俗文化，采取愚民政策，排斥古希腊和古罗马文化，不利于欧洲园林建筑艺术的发展。在美学思想方面，中世纪虽然仍有古希腊和古罗马的影响，但却与宗教神学相联系，把"美"加以神学化和宗教化，把"美"看作是上帝的创造。由于数百年的政教合一，促使教权大于王权，王权分散且孤立，因而中世纪的欧洲并没有出现像中国皇家园里那样壮丽恢弘的宫苑，却只有以实用为目的的寺院园林和简朴的城堡园林。而且，就园林发展而论，中世纪前期以寺院园林为主，后期以城堡庭院为主。

中世纪的明星。同时期的中东，阿拉伯帝国崛起，撒拉逊人在一个多世纪的时间里建立了强大的阿拉伯帝国。帝国东接中国和印度，环绕波斯湾，毗邻印度洋，往西蔓延至比利牛斯山脉。公元 711 年，摩尔人（撒拉逊人）入侵西班牙，受伊斯兰文化的影响，发展成别具一格的西班牙伊斯兰园林。当西欧在中世纪宗教统治下，文化艺术处于停滞之时，摩尔治下的西班牙却截然不同。

早在古希腊时期，中东就有来自希腊的移民，后又成了罗马帝国的属地。8 世纪初，信奉伊斯兰教的摩尔人侵入伊比利亚半岛，平定了半岛的大部分地区，建立了以科尔多瓦为首都的西哈里发王国。摩尔人大力移植西亚文化，尤其是波斯、叙利亚的伊斯兰文化，在建筑和园林上，创造富有东方情趣的西班牙伊斯兰样式。

8 世纪 ~ 15 世纪，西班牙处于西班牙人和葡萄牙人驱逐阿拉伯人，收复失地的斗争中，史称收复失地运动。七百多年的时间里战争不断，但摩尔人仍然在伊比利亚半岛南部创造了高度的人类文明，当时的科尔多瓦人口达到一百万，是欧洲规模最大、文明程度最高的城市之一，摩尔人建造了许多宏伟壮阔，带有鲜明伊斯兰艺术特色的清真寺、宫殿和园林，可惜留下来的遗迹不多。1492 年，信奉天主教的西班牙人攻占了阿拉伯人在伊比利亚半岛上的最后一个据点，建立了西班牙王国，中世纪接近尾声。

复兴。文艺复兴时期，欧洲的园林出现新的飞跃。以往的蔬菜园及城堡里的小块绿地变成了大规模的别墅庄园。园内一切都突出表现人工安排，布局规划方整端正，充分显示出人类征服自然的成就与豪情壮志。到法国的路易十四称霸欧洲的时代，随着 1661 年凡尔赛宫的开始兴建，这种几何的欧洲古典园林达到了它辉煌的高峰。在这一时期乃至随后的数百年内，欧洲大陆上从维也纳到柏林，从彼得堡到枫丹白露（位于巴黎市中心东南偏南 55 公里处。枫丹白露属于塞纳马恩省的枫丹白露区，该区下属 87 个市镇，枫丹白露是区府所在地。枫丹白露是法兰西岛最大的市镇，也是该地区仅有的比巴黎市还大的市镇。枫丹白露与毗邻的 4 个市镇组成了拥有 36713 名居民的市区，是巴黎的卫星城之一），到处都可见到这些闪现着王家与皇室荣耀的灿烂光辉的园林，巴洛克和洛可可艺术在其中得到了尽情的展现。此后，受东方园林的影响，欧洲园林中出现了以英国自然风致园与图画园为代表的偏向自然的园林，这种园林发展到现在，就成为当代美国新园林。

文艺复兴是 14 ~ 16 世纪欧洲新兴资产阶级以复兴古希腊和古罗马文化为名，提出人文主义思想体系，反对中世纪的禁欲主义和宗教神学，从而使科学、文学和艺术整体水平远迈前代。文艺复兴开始于意大利，后来发展到整个欧洲。佛罗伦萨是意大利乃至整个欧洲文艺复兴的策源地和最大中心。

文艺复兴使欧洲从此摆脱中世纪教会神权和封建等级制度的束缚，使生产力和精神文化得到彻底解放。文学艺术的世俗化和对古典文化的传承弘扬标志着欧洲文明出现了古希腊之后的第二次高峰，在各个领域产生了巨大的影响，也为欧洲园林开辟了新天地。

10.1.3　欧式景观风格和类型

欧洲园林主要表现为开朗、活泼、规则、整齐、豪华、热烈和激情，有时甚至是奢侈地讲究排场。从古希腊哲学家就开始推崇"秩序是美的"，他们认为野生大自然是未经驯化的，充分体现人工造型的植物形式才是美的，所以植物形态都修剪成规整几何形式，园林中的道路都是整齐笔直的。18 世纪以前的西方古典园林景观都是沿中轴线对称展现。从古希腊和古罗马的庄园别墅，到文艺复兴时期意大利的台地园，再到法国的凡尔赛宫苑，在规划设计中都有一个完整的中轴系统。从海神、农神、酒神、花神、阿波罗、丘比特、维纳斯以及山林水泽等到华丽的雕塑喷泉，都放置在轴线交点的广场上，园林艺术主题是有神论的"人体美"。宽阔的中央大道，含有雕塑的喷泉水池，修剪成几何形体的绿篱，大片开阔平坦的草坪，树木成行列栽植。地形、水池、瀑布和喷泉的造型都是人工几何形体，全园景观是一幅"人工图案装饰画"。西方古典园林的创作主导思想是以人为自然界的中心，大自然必须按照人的头脑中的秩序、规则、条理、模式来进行改造，以中轴对称规则形式体现出超越自然的人类征服力量，人造的几何规则景观超越一切自然。造园中的建筑、草坪和树木无不讲究完整性和逻辑性，以几何形的组合达到数的和谐和完美，就如古希腊数学家毕达哥拉斯所说："整个天体与宇宙就是一种和谐，一种数"。欧洲园林讲求的是一览无余，追求图案的美、人工的美、改造的美和征服的美，是一种开放式园林，一种供多数人享乐的"众乐园"。

归纳起来，西方园林基本上是写实的、理性的和客观的，注重图形、人工、秩序和规律，以一种天生的对理性思考的崇尚而把园林也纳入严谨、认真和仔细的科学范畴。

10.2 创建园林模型

Step01 选择【直线】工具和【圆弧】工具，创建园林的轮廓弧度，如图 10-2 所示。

Step02 选择【圆弧】工具，绘制草坪地面部分轮廓，如图 10-3 所示。

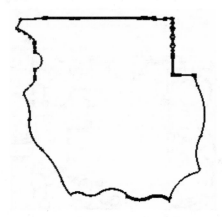

图 10-2 绘制轮廓弧度

图 10-3 绘制草坪地面部分轮廓

Step03 选择【沙河】工具中的【根据等高线创建】工具，创建地面草坪，如图 10-4 所示。

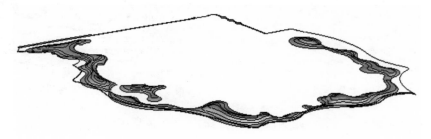

图 10-4 绘制草坪地面

Step04 选择【圆弧】工具，绘制湖水水面轮廓，如图 10-5 所示。

Step05 选择【圆弧】工具，绘制出草坪与铺砖路面分隔区域轮廓，如图 10-6 所示。

Step06 选择【圆弧】工具，绘制出地面铺砖分隔轮廓线，如图 10-7 所示。

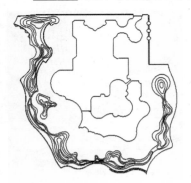

图 10-5 绘制水面轮廓

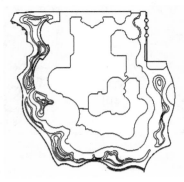

图 10-6 绘制草坪与铺砖路面
分隔区域轮廓

图 10-7 绘制地面铺砖分
隔轮廓线

第 10 章

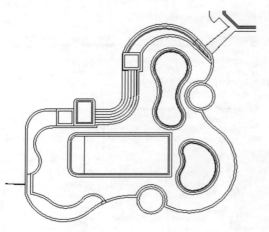

图 10-8　绘制湖中心小岛轮廓

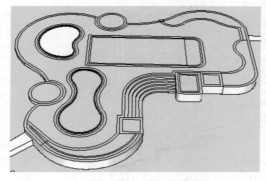

图 10-9　推拉到一定厚度

Step07 选择【圆弧】工具，绘制湖中心小岛轮廓，如图 10-8 所示。

Step08 选择【推 / 拉】工具，推拉到一定厚度，如图 10-9 所示。

Step09 绘制出其他休息区与台阶部分，如图 10-10 所示。

图 10-10　绘制其他休息区与台阶部分

Step10 选择【圆弧】工具，绘制模型中的地面图案与休息区和台阶部分轮廓，如图 10-11 和图 10-12 所示。

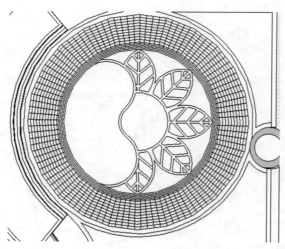

图 10-11　绘制地面图案

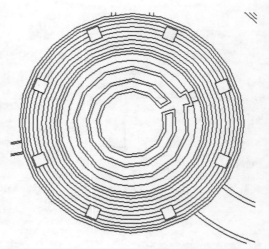

图 10-12　绘制其他休息区与台阶部分轮廓

Step11 选择【推 / 拉】工具，推拉出水池面，如图 10-13 所示。

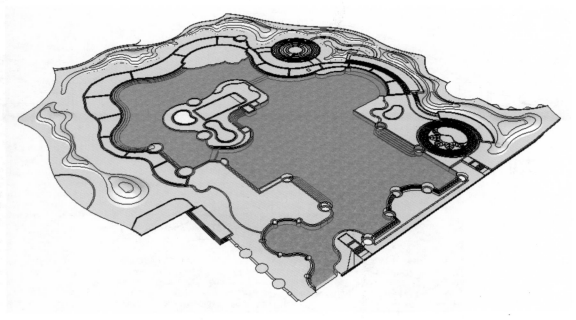

图 10-13 推拉水池面

Step12 选择【推 / 拉】工具，推拉墙体部分，如图 10-14 所示。

Step13 选择【直线】工具，绘制石头，如图 10-15 所示。

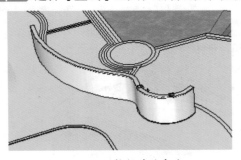

图 10-14 推拉墙体部分

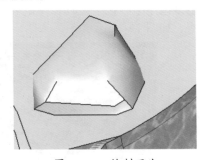

图 10-15 绘制石头

Step14 选择【移动】工具，移动并复制模型石头，选择边或点来调整外观形状，如图 10-16 所示。

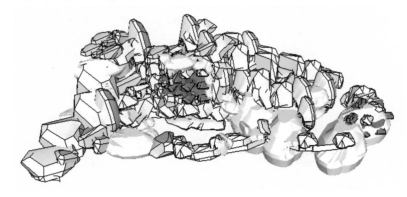

图 10-16 绘制石头

Step15 运用【直线】工具和【圆弧】工具，绘制桥的侧面轮廓，如图 10-17 所示。

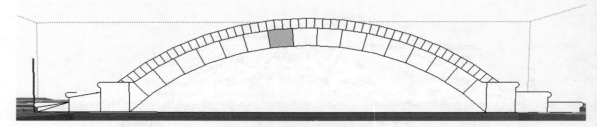

图 10-17　绘制桥的侧面轮廓

Step16 选择【推 / 拉】工具，推拉到一定厚度，如图 10-18 所示。

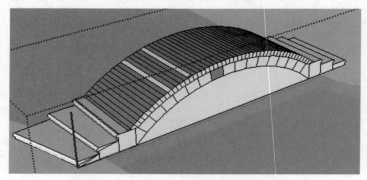

图 10-18　推拉到一定厚度

Step17 运用【圆弧】工具和【矩形】工具，绘制截面与路径，选择【路径跟随】工具，绘制桥的扶手，如图 10-19 所示。

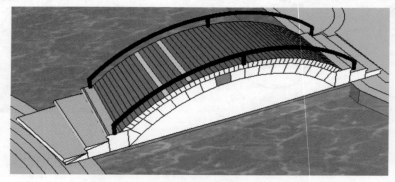

图 10-19　绘制扶手

Step18 选择【直线】工具，绘制地面图形，如图 10-20 所示。

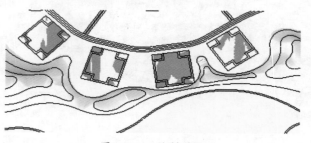

图 10-20　绘制图形

Step19 园林的基本模型创建完成，如图 10-21 所示。

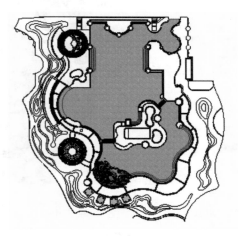

图 10-21　园林的基本模型

10.3　材质和贴图处理

Step01 选择【材质】工具，打开【材质】编辑器，选择【10-1.jpg】材质，如图 10-22 所示。

Step02 设置假山材质，并添加人物与树木，如图 10-23 所示。

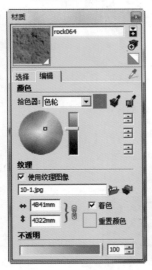

图 10-22　【材质】对话框
　　的参数设置

图 10-23　设置假山材质

Step03 选择【材质】工具，打开【材质】编辑器，选择【植被】材质中的【草皮植被 1】材质，如图 10-24 所示。

Step04 设置草坪植被材质，如图 10-25 所示。

图 10-24 【材质】对话框的参数设置

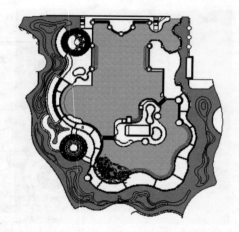

图 10-25 设置草坪植被材质

Step05 选择【材质】工具，打开【材质】编辑器，选择【10-2.jpg】材质，如图 10-26 所示。

Step06 设置路面材质，结果如图 10-27 所示。

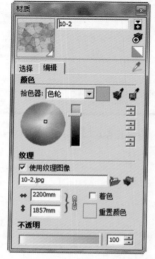

图 10-26 【材质】对话框的参数设置

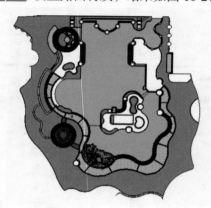

图 10-27 设置路面材质

Step07 选择【材质】工具，打开【材质】编辑器，选择【10-3.jpg】材质，如图 10-28 所示。

Step08 设置休息区地面材质，如图 10-29 所示。

图 10-28 【材质】对话框的参数设置

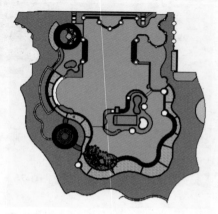

图 10-29 设置休息区地面材质

10.4　导入建筑模型

选择【窗口】|【组件】菜单命令，添加树木与树木组件，如图 10-30 ~ 图 10-32 所示。

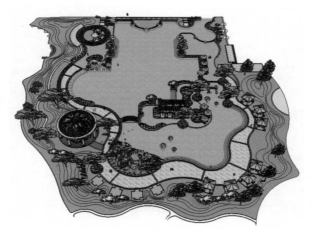

图 10-30　添加组件 1

图 10-31　添加组件 2

图 10-32　添加组件 3

第 10 章

10.5 渲染出图和 Photoshop 后期处理

Step01 选择 SketchUp【材质】编辑器的【提取材质】工具，提取材质，V-Ray 材质面板会自动跳到该材质的属性上，并选择该材质，然后单击鼠标右键,在弹出的菜单中执行【Create Layer】（创建图层）|【Reflection】（反射）命令，如图 10-33 所示，并将反射值调整为 1.0，接着单击反射层后面的 m 符号，并在弹出的对话框中选择【TexFresnel】（菲涅尔）的模式，如图 10-34 所示，最后单击【OK】按钮。

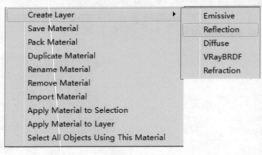

图 10-33 反射

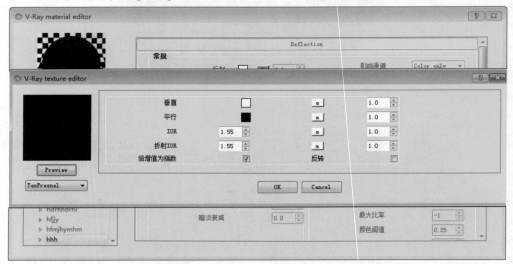

图 10-34 选择【TexFresnel】模式

Step02 同理调整水纹材质，【反射】调整为 16，如图 10-35 所示，单击 m 符号，接着在弹出的对话框中渲染【TexNoise】（噪波）模式，如图 10-36 所示。

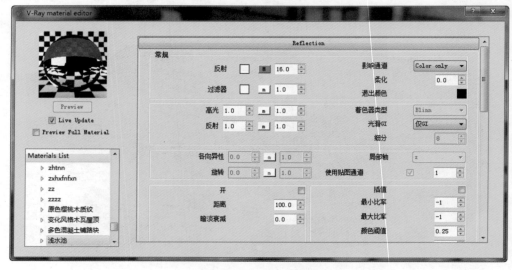

图 10-35 调整反射值

图 10-36 选择噪波模式

Step03 金属材质的设置，用 SketchUp【材质】对话框的【提取材质】工具 ✐，提取材质，V-Ray 材质面板会自动跳到该材质的属性上，并选择该材质，然后单击鼠标右键，在弹出的菜单中执行【Create Layer】|【Reflection】命令，金属材质有一定的模糊反射的效果，所以要把【高光】的光泽度调整为 0.8，【反射】的光泽度调整为 0.85，接着单击反射层后面的 m 号，并在弹出的对话框中选择【TexFresnel】模式，将【折射 IOR】调整为 6，如图 10-37 所示，最后单击【OK】按钮。

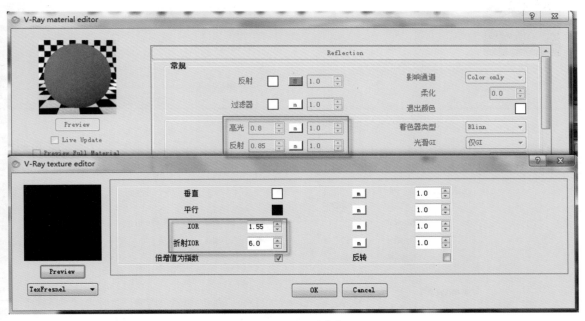

图 10-37 设置参数

Step04 打开 V-Ray 渲染设置面板，进行环境（Environment）设置，如图 10-38 所示。

图 10-38 环境设置

Step05 全局光颜色的设置，如图 10-39 所示。

图 10-39 全局光颜色的设置

Step06 背景颜色的设置，如图 10-40 所示。

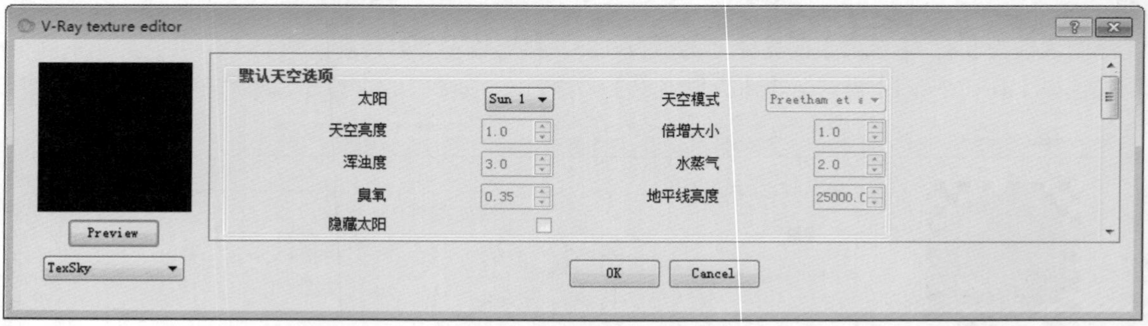

图 10-40 背景颜色的设置

Step07 将采样器类型更改为【自适应 DMC】，并将【最大细分】设置为 16，提高细节区域的采样，然后将【抗锯齿过滤器】激活，并选择常用的【Catmull Rom】过滤器，如图 10-41 所示。

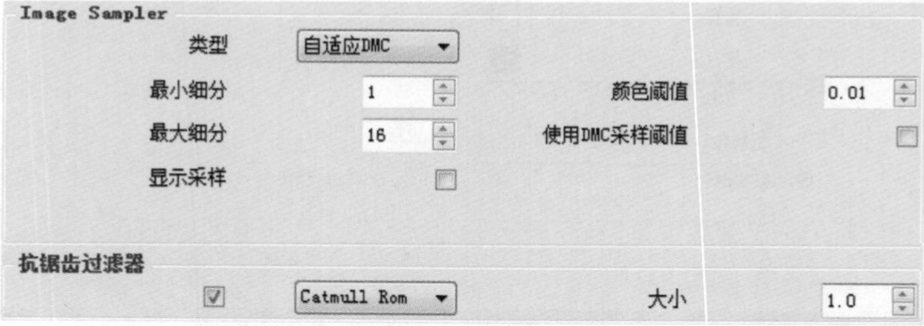

图 10-41 参数设置

Step08 进一步提高【DMC sampler】（纯蒙特卡罗采样器）的参数，主要提高了【噪波阈值】，使图面噪波进一步减小，如图 10-42 所示。

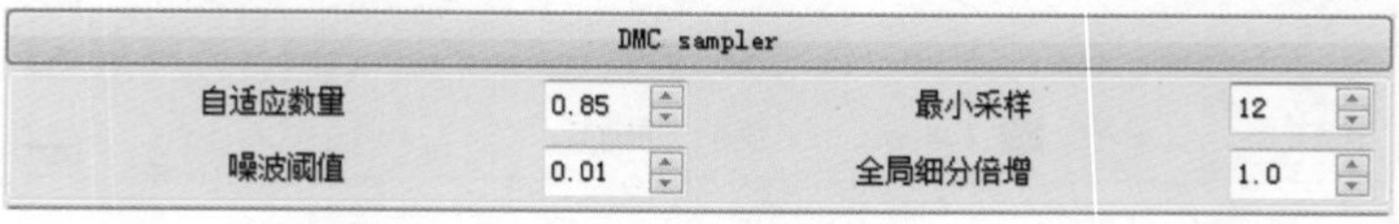

图 10-42 参数设置

Step09 修改【Irradiance map】（发光贴图）中的数值，将【最小比率】改为 - 3，【最大比率】改为 0，如图 10-43 所示。

Irradiance map			
基本参数			
最小比率	-3	颜色阈值	0.4
最大比率	0	法线阈值	0.3
半球细分	50	距离极限	0.1
插值采样	20	帧插值采样	2

图 10-43　参数设置

Step10【Light cache】（灯光缓存）中将【细分】修改为 1200，如图 10-44 所示。

Light cache			
计算参数			
细分	1200	储存直接光照	☑
采样大小	0.02	显示计算过程	☑
单位	场景	自适应追踪	☐
进程数	0	只对直接光照使用	☐
深度	100	每个采样的最小路径	16
使用相机路径	☐		

图 10-44　参数设置

Step11 设置完成后就可以渲染了。效果如图 10-45 所示。

图 10-45　渲染效果

Step12 打开【10-1.jpg】图片，如图 10-46 所示。

图 10-46　打开图片

Step13 选择【图像】|【调整】|【曲线】菜单命令，打开【曲线】对话框，设置参数并调整曲线，如图 10-47 和图 10-48 所示。

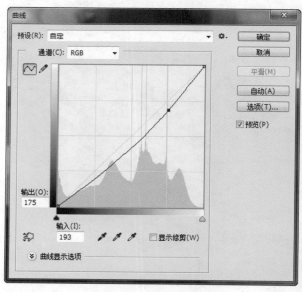

图 10-47　【曲线】对话框

图 10-48　调整曲线后效果

Step14 选择【图像】|【调整】|【色相／饱和度】菜单命令，打开【色相／饱和度】对话框，设置参数并调整色相和饱和度，如图 10-49 和图 10-50 所示。

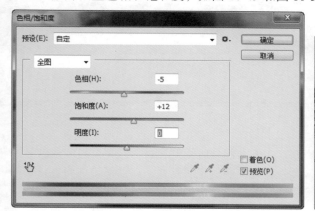

图 10-49　【色相／饱和度】对话框

图 10-50　调整后效果

Step15 选择【图像】|【调整】|【自然饱和度】菜单命令，打开【自然饱和度】对话框，设置参数并调整自然饱和度，如图 10-51 所示，完成欧式园林景观设计，如图 10-52 所示。

图 10-51　【自然饱和度】对话框

图 10-52　调整自然饱和度效果

10.6　本章小结

　　欧洲园林（西方园林）是世界园林体系的组成部分，其中充满的人文关怀是和自由主义是其特色。现在的中国，城市化发展迅猛，城市人口不断增加，新兴城市如雨后春笋般不断涌现。此时的中国与 20 世纪中期的美国很相似，面领着同样的城市问题，而美国在园林建设中的人文关怀恰恰是中国现阶段最需要学习的，学习美国园林的人文特质和科学内涵，能更好地改变中国城市规划中常见的浮躁和穷奢风气，谨记以人为本、为人民服务的工作理念和宗旨。

第 11 章
公共绿地景观设计和动画

本章导读

随着我国经济的发展，人们生活品质的提高，人们大部分时间都在居住区中度过，居住区也因此成为人类生活中高度聚集的场所，是人类生存与发展的定居基地，居住环境成为直接影响人类生存质量的重要因素。人们向往的理想居住环境应是自然的、和谐的，应是人文和自然水乳交融、相互契合的。公共绿地一般占地面积较大，具有一定的规模，是居民就近使用频率最高的绿地。同时，中心绿地一般位于小区的中心地带，并以各种形式与各片区相联系，成为整个居住区组团的"结合部"，是居民日常交往、休闲和游憩的主要场地。

学习要求	学习目标 知识点	认 识	理 解	应 用
	模型的绘制			√
	模型景观的摆放			√
	最终处理模型景观的方法			√
	漫游动画的制作方法			√

11.1 案例分析

实例源文件	ywj/11/11-1.skp
视频课堂教程	资源文件→视频课堂→第 11 章→ 11.1

城市生态公园是保护及改善城市系统的生态基础和生态结构，能够减少大气污染，改善生存环境，保护自然景观以及物种的多样性。城市生态公园的本质还是公园，可以供游人休息、散步、锻炼身体、享受清新空气。人有亲近自然的天性和权利，城市生态公园，不应该以隔离人的活动为代价，而应适当引导和规范人的活动，使之遵循生态原理，创建人与自然和谐共生的场所。下面介绍远景设计研究院提出的几点要素，本章案例如图 11-1 所示。

图 11-1　公共绿地景观效果

11.1.1 设计指导思想

生态公园是以森林植物与生态环境等自然景观为主体的郊野型公园,其规划设计应突出自然景观,而以人文景观为辅。生态公园在整体上应该是点、线、片、面相结合形成的生态植物群体,并且通过植物、水体、地形、道路和建筑等要素创造森林公园环境和园林景观;在植物配置上,采用乔木、灌木、草地相结合的形式,使具有不同生态特性的植物能够各得其所,充分利用环境因子,构成和谐有序且稳定的群落;在景观上应该体现丰富多彩城市风貌,体现健康向上的文化氛围。

11.1.2 公共绿地特征

城市生态公园具有"真""健""美"的基本特点。所谓"真",就是生态公园的建设要体现自然,减少人工雕琢的痕迹,给人们建设真正的自然生态环境。"健",首先是生态健康,就是生态公园的建设要注重生态效益,要科学的配置,起到防风固沙、涵养水源、避免水土流失等作用;其次是能为人们提供一个旅游、休闲、散步、锻炼和娱乐等生态良性循环的生活环境。"美",就是景观美学功能,生态公园是通过绿色植物与建筑、雕塑与绘画相结合,营造出自然与意境美,使置身其中的人们心情愉悦,能够陶冶情操、提高艺术修养。

11.1.3 公共绿地景观格局的原则

1)生态优先原则。公共绿地是建立在以人工生态系统为主导的城市区域内,它以保护自然生态系统为目标。因此,其景观规划应服从生态优先的原则,即城市生态公园的景观格局规划应首先满足"有利于生态保护的设计目标",其余的使用功能和美学功能应该尽可能地服从和协调于生态设计的要求。

2)空间异质性和多样性原则。异质性是景观的重要特征之一,景观空间异质性的维持与发展是景观生态规划与设计的重要原则。景观多样性是描述景观中嵌块体复杂性的指标,包括斑块多样性、类型多样性和格局多样性。多样性对于景观的生存与发展具有重要意义,它是景观规划设计的准则。

空间异质性依赖于空间尺度,景观中不同斑块的类型与尺度都有不同的变异性和复杂性。空间异质性可以根据其斑块类型的数目和比例、空间排列、斑块形状、相邻板块之间的对比度、相同类型板块之间的连接度来形成。

多样性原则不仅讲究的是空间的多样性,也应充分体现在植物品种的丰富性和植物群落的多样性特征上,营造丰富多样的植物景观首先依赖于丰富多样的环境空间的塑造,同时也是为各种植物群落营造更加适宜的生存环境。

3)生态可协调性原则。生态可协调性原则是指景观格局的构成并不是被动的,完全依据当前的自然状况、过程以及现有资源条件来营造生态景观的过程,可以主动结合生态、经济和社会等诸多因素来反复协调以最终达到一个满意方案的过程。

11.1.4 设计方法

营造完美的植物群落景观,在现代景观设计,尤其是"生态节约型公园"中,占有较大比重,形成以植物群落为主、人工设施为辅的发展趋势。营造优美的生态植物群落景观应注意以下几方面。

利用植物材料的不同色彩、姿态进行搭配,配合景区功能形成空间的变化。以总体规划功能和景区布局要求为依据,合理布置植物群落,植物像其他建筑和山水一样,具有构成分隔空间和引导空间的变化功能,植物在空间上的变化,可以借助借景和障景等手法来实现,形成开放、半开放、封闭或半封闭空间,闭而不封、透而不通、似连非连的空间可达到步移景异的效果。

利用植物景观的时序性。四季分明,植物可直接提供春季繁花烂漫、夏季浓荫盖地、秋季枫叶如火和硕果累累、冬季银干琼枝的景色。植物的生长变化塑造了景观的时序变化,赋予了景观的生命力,丰富了景观的季相构图,形成三时有花、四季有景的景观效果。

利用植物景观塑造诗化意境。自古以来,植物的美都让文人赞叹,留下无数赋予植物人格化的优美诗篇。"百载山体满峭壁,今朝岁月尽园林。路旁绿树轻轻舞,天上白云细细吟。针灌千行游目醉,枝叶五鼓赋诗频。万花拙笔文辞愧,唯见真情一寸心"给后人无限的遐想空间。

利用植物特性调节生态环境。植物本身具有它的生活习性,根据植物的生活特性,合理配置树种的结构,调节净化生态环境。

景观元素的有机组合。植物、建筑、山体、水体和道路铺装是构成景观的五大要素,各个要素相互补充、相辅相成。

植物与建筑的组合。植物与建筑的组合是自然美与人工美的组合,设计时要考虑建筑的风格、功能、体量、质感与色彩,使建筑与植物和谐统一。同时要考虑植物的生长习性,选择植物种植的位置,避免建筑的遮挡影响植物生长。建筑的线条比较硬直,而植物的线条却较柔和、活泼。若要形成静态与动态均衡构图,应使植物与建筑周围的环境更为协调。

植物与山体的组合。所谓古语"山籍树而为衣,树籍山而为骨,树不可繁,要见山之秀丽,山不可乱,须见树之光辉",既呈现了植物与山体的结合效果,又说明了植物与山体相辅相成,构成山体的美丽景观。

植物与水体的组合。明净和清澈的水体是园林公园的灵魂,而园林公园的水体又借助植物来丰富山体景观。水中和水旁的植物在丰富山体景观层次的同时,其姿态、色彩及所形成的倒影均加强了水体的美感。植物在与水体结合时要考虑植物的生长习性,选择适当位置进行种植,才能确保水体景观的形成。

11.2 创建公路及广场

Step01 选择【矩形】工具,绘制公共绿地位置轮廓,如图 11-2 所示。
Step02 运用【直线】工具和【圆弧】工具,绘制公共绿地道路轮廓,如图 11-3 所示。
Step03 运用【直线】工具和【圆弧】工具,绘制广场中心轮廓,如图 11-4 所示。

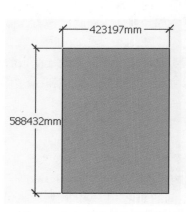
图 11-2　公共绿地位置轮廓

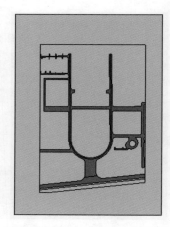
图 11-3　公共绿地道路轮廓

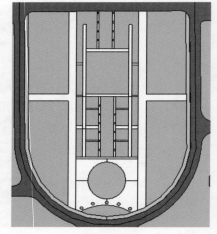
图 11-4　广场中心轮廓

Step04 运用【直线】工具和【圆】工具,绘制广场中心圆盘区域,如图 11-5 所示。
Step05 选择【推/拉】工具,推拉到一定厚度,如图 11-6 所示。

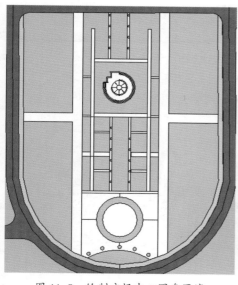

图 11-5　绘制广场中心圆盘区域

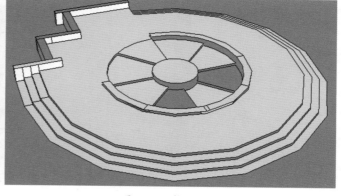

图 11-6　推拉模型

Step06 运用【直线】工具和【圆弧】工具，绘制道路轮廓，如图 11-7 所示。

Step07 运用【直线】工具和【圆弧】工具，绘制其他分隔区域轮廓，如图 11-8 所示。

Step08 运用【直线】工具和【圆弧】工具，绘制主楼底下广场，如图 11-9 所示。

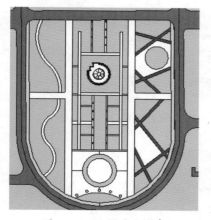

图 11-7　绘制道路轮廓

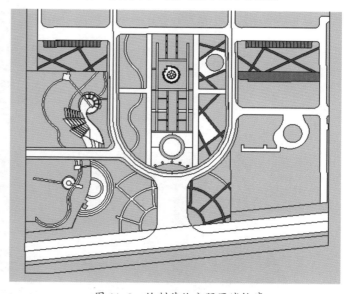

图 11-8　绘制其他分隔区域轮廓

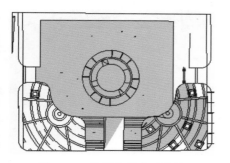

图 11-9　绘制主楼底下广场

11.3 创建园林模型

Step01 选择【推/拉】工具，推拉模型到一定厚度，如图 11-10 所示。

Step02 运用【直线】工具和【推/拉】工具，推拉模型到一定厚度，如图 11-11 所示。

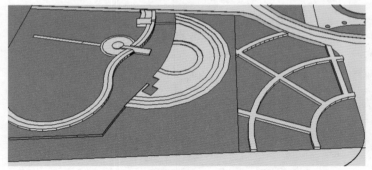

图 11-10 推拉模型

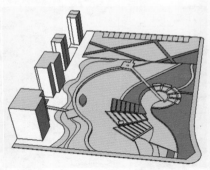

图 11-11 推拉模型

Step03 选择【推/拉】工具，推拉广场中心轮廓高度，如图 11-12 所示。

Step04 选择【推/拉】工具，推拉主楼底部广场厚度，如图 11-13 所示。

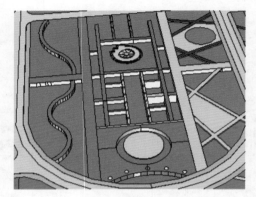

图 11-12 推拉广场中心轮廓高度

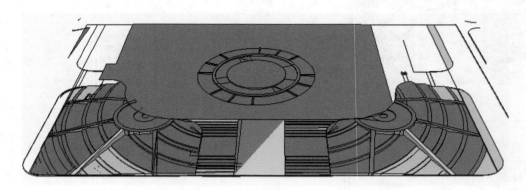

图 11-13 推拉主楼底部广场厚度

Step05 运用【圆弧】工具和【矩形】工具，绘制篮球场部分，如图 11-14 所示。

Step06 运用【直线】工具和【圆弧】工具，绘制简易楼体模型，如图 11-15 所示。

Step07 运用【矩形】工具和【推/拉】工具，绘制出小木架，如图 11-16 所示。

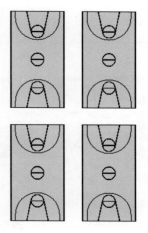

图 11-14　绘制篮球场部分

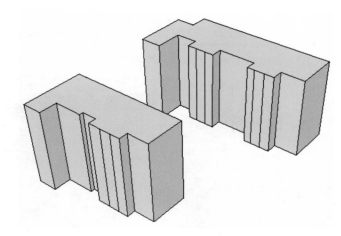

图 11-15　绘制简易楼体模型

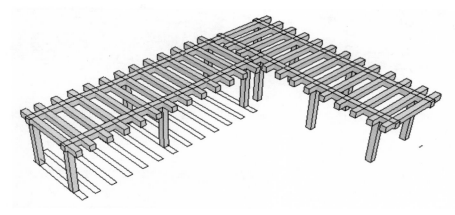

图 11-16　绘制小木架

Step08 运用【圆形】工具和【推 / 拉】工具，绘制圆柱体，如图 11-17 所示。

Step09 运用【矩形】工具和【推 / 拉】工具，绘制小亭子的顶部，如图 11-18 所示。

Step10 选择【直线】工具，绘制完成小亭子顶部，如图 11-19 所示。

图 11-17　绘制圆柱体

图 11-18　绘制小亭子顶部

图 11-19　绘制完成小亭子顶部

第 11 章

11.4　添加组件材质并渲染出图

Step01 在场景中添加树木和人物组件，如图 11-20 所示。

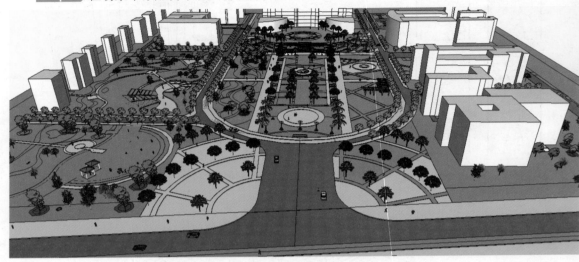

图 11-20　添加组件

Step02 选择【材质】工具，打开【材质】编辑器，选择【植被】中的【人工草皮植被】材质，如图 11-21 所示。

Step03 设置地面草坪材质，如图 11-22 所示。

图 11-21　【材质】对话框的
参数设置

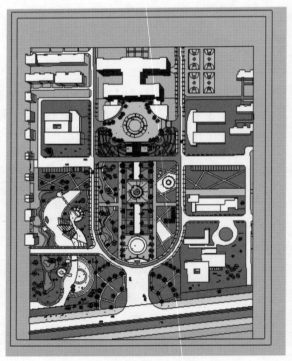

图 11-22　设置地面草坪材质

Step04 选择【材质】工具，打开【材质】编辑器，使用纹理图像选择【11-1.jpg】材质，如图 11-23 所示。

Step05 设置广场中心的圆形地面材质，如图 11-24 所示。

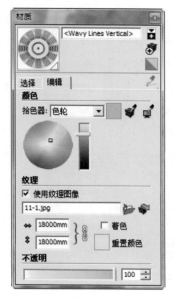

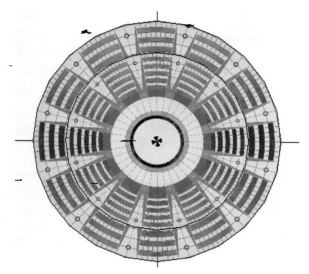

图 11-23 【材质】对话框的
参数设置

图 11-24 设置广场中心的圆形地面材质

Step06 选择【材质】工具，打开【材质】编辑器，选择【11-2.jpg】材质，如图 11-25 所示。

Step07 设置广场侧边的圆形地面材质，如图 11-26 所示。

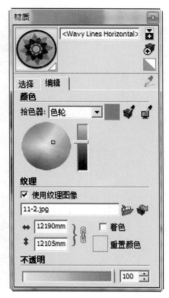

图 11-25 【材质】对话框

图 11-26 设置广场侧边的圆形地面材质

第 11 章

Step08 选择【材质】工具，打开【材质】编辑器，选择【沥青和混凝土】中的【新沥青】材质，如图 11-27 所示。

Step09 设置路面材质，如图 11-28 所示。

图 11-27 【材质】对话框的
参数设置

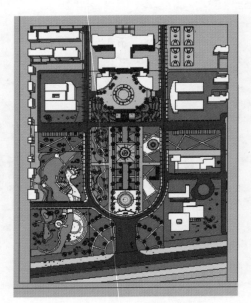

图 11-28 设置路面材质

Step10 选择【材质】工具，打开【材质】编辑器，使用【11-3.jpg】材质，如图 11-29 所示。

Step11 设置休息区地面与水池路边材质，如图 11-30 所示。

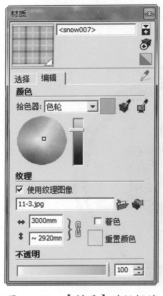

图 11-29 【材质】对话框的
参数设置

图 11-30 设置水池路边材质

Step12 选择【材质】工具，打开【材质】编辑器，使用【11-4.jpg】材质，如图 11-31 所示。

Step13 设置小路材质，如图 11-32 所示。

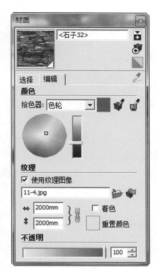

图 11-31　【材质】对话框的
　　　　　参数设置

图 11-32　设置小路材质

Step14　选择【材质】工具，打开【材质】编辑器，使用【11-5.jpg】材质，如图 11-33 所示。

Step15　设置木质平台材质，如图 11-34 所示。

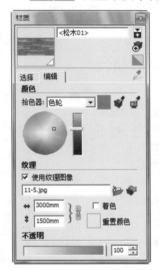

图 11-33　【材质】对话框的
　　　　　参数设置

图 11-34　设置木质平台材质

Step16　用 SketchUp【材质】编辑器的【提取材质】工具，提取材质，V-Ray 材质面板会自动跳到该材质的属性上，并选择该材质，然后单击鼠标右键，在弹出的菜单中执行【CreateLayer】（创建图层）|【Reflection】（反射）命令，如图 11-35 所示，并将【反射】调整为 1.0，接着单击反射层后面的 m 符号，并在弹出的对话框中选择【TexFresnel】（菲涅尔）的模式，如图 11-36 所示，最后单击【OK】按钮。

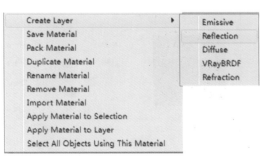

图 11-35　反射

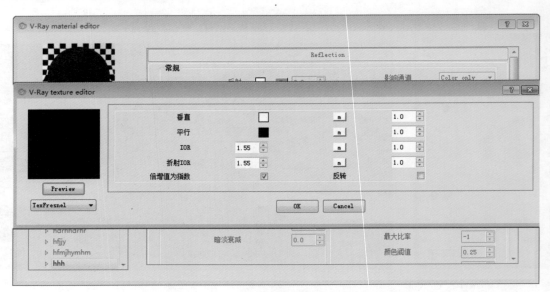

图 11-36　选择【TexFresnel】模式

Step17 同理调整水纹材质，【反射】调整为 16，如图 11-37 所示，单击 m 符号，接着在弹出的对话框中渲染【TexNoise】（噪波）模式，如图 11-38 所示。

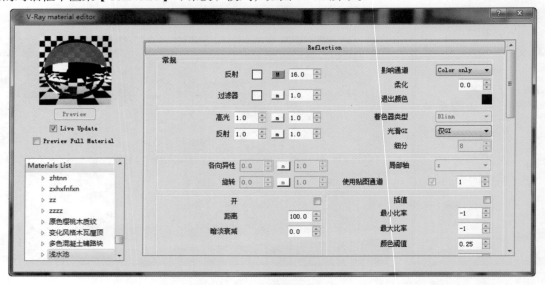

图 11-37　调整反射值

图 11-38　选择噪波模式

Step18 金属材质的设置，用 SketchUp【材质】对话框的【提取材质】工具 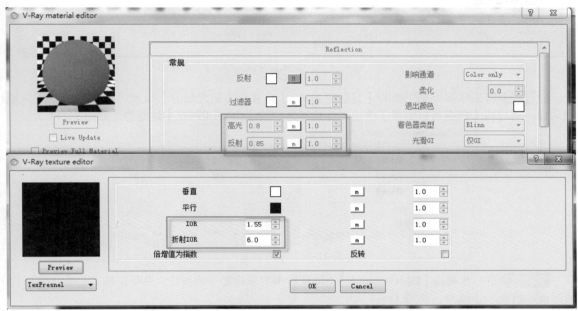，提取材质，V-Ray 材质面板会自动跳到该材质的属性上，并选择该材质，然后单击鼠标右键，在弹出的菜单中执行【CreateLayer】|【Reflection】命令，金属材质有一定的模糊反射的效果，所以要把【高光】的光泽度调整为 0.8，【反射】的光泽度调整为 0.85，接着单击反射层后面的 m 符号，并在弹出的对话框中选择【TexFresnel】的模式，将【折射 IOR】调整为 6，如图 11-39 所示，最后单击【OK】按钮。

图 11-39　设置参数

Step19 打开 V-Ray 渲染设置面板，进行环境（Environment）设置，如图 11-40 所示。

图 11-40　环境设置

Step20 全局光颜色的设置，如图 11-41 所示。

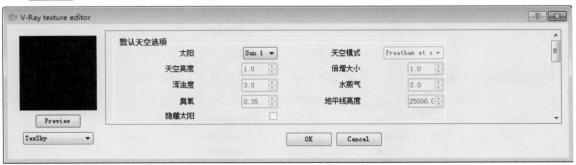

图 11-41　全局光颜色的设置

Step21 背景颜色的设置，如图 11-42 所示。

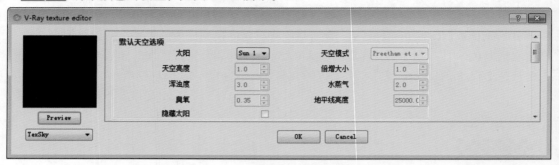

图 11-42　背景颜色的设置

Step22 将采样器类型更改为【自适应 DMC】，并将【最大细分】设置为 16，提高细节区域的采样，然后将【抗锯齿过滤器】激活，并选择常用的【CatmullRom】过滤器，如图 11-43 所示。

图 11-43　参数设置

Step23 进一步提高【DMCsampler】（纯蒙特卡罗采样器）的参数，主要提高了【噪波阈值】，使图面噪波进一步减小，如图 11-44 所示。

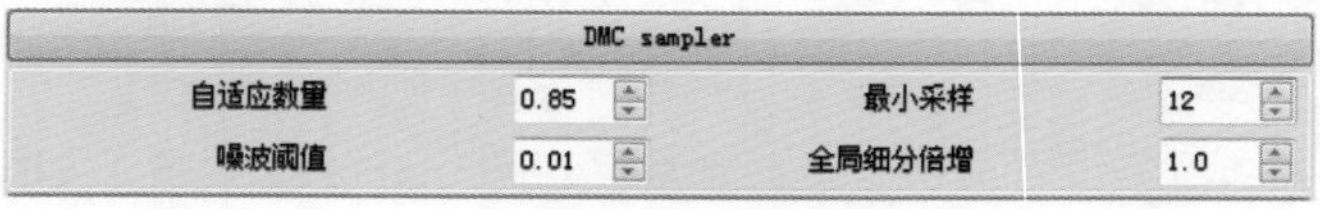

图 11-44　参数设置

Step24 修改【Irradiancemap】（发光贴图）中的数值，将其【最小比率】改为 - 3，【最大比率】改为 0，如图 11-45 所示。

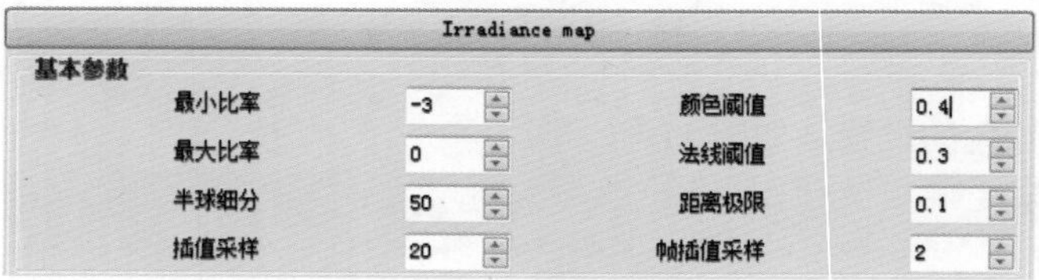

图 11-45　参数设置

Step25 在【Lightcache】（灯光缓存）中将【细分】修改为 1200，如图 11-46 所示。

图 11-46　参数设置

Step26 设置完成后就可以渲染了。效果如图 11-47 所示。

图 11-47　渲染效果

11.5　Photoshop 后期处理

Step01 打开【11-1.jpg】图片，如图 11-48 所示。

图 11-48　打开图片

Step02 选择【图像】|【调整】|【曲线】菜单命令，打开【曲线】对话框，设置参数并调整曲线，如图 11-49 和图 11-50 所示。

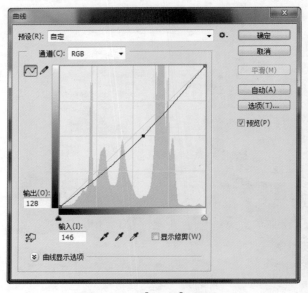

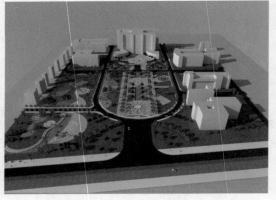

图 11-49 【曲线】对话框　　　　　　　　　图 11-50 调整曲线后效果

Step03 选择【图像】|【调整】|【色相/饱和度】菜单命令，打开【色相/饱和度】对话框，设置参数并调整色相和饱和度，如图 11-51 和图 11-52 所示。

图 11-51 【色相/饱和度】对话框　　　　　　图 11-52 调整后效果

Step04 选择【图像】|【调整】|【自然饱和度】菜单命令，打开【自然饱和度】对话框，设置参数并调整自然饱和度，如图 11-53 和图 11-54 所示。

图 11-53 【自然饱和度】对话框

图 11-54　调整后效果

11.6　制作页面漫游动画

Step01 选择【窗口】|【场景】菜单命令，打开【场景】管理器，单击【添加场景】按钮⊕，完成【场景号 1】的添加，如图 11-55 所示。

图 11-55　添加【场景号 1】

Step02 调整视图，单击【添加场景】按钮⊕，完成【场景号 2】的添加，如图 11-56 所示。

图 11-56　添加【场景号 2】

第11章

305

Step03 采用相同方法，完成其他场景的添加，如图 11-57~ 图 11-62 所示。

图 11-57　添加【场景号 3】

图 11-58　添加【场景号 4】

图 11-59　添加【场景号 5】

图 11-60　添加【场景号 6】

图 11-61　添加【场景号 7】

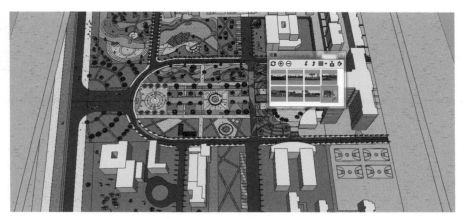

图 11-62　添加【场景号 8】

Step04 现在将场景导出为动画。选择【文件】|【导出】|【动画】|【视频】菜单命令，如图 11-63 所示。

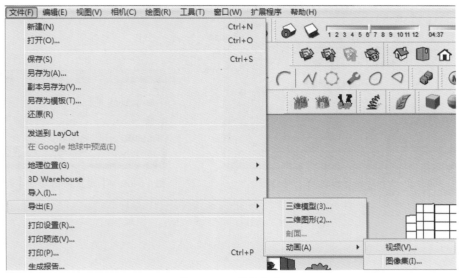

图 11-63　菜单命令

Step05 在弹出的【输出动画】对话框中设置文件保存的位置和文件名称，然后选择正确的导出格式（AVI 格式），如图 11-64 所示。

图 11-64 【输出动画】对话框

Step06 接着单击【选项】按钮，在弹出的【动画导出选项】对话框中，设置【分辨率】为【408p 标准】、【帧速率】为 24 帧 /s，勾选【循环至开始场景】复选框，绘图表现勾选【抗锯齿渲染】复选框，如图 11-65 所示，然后单击【确定】按钮。

Step07 导出动画文件，导出进程如图 11-66 所示。

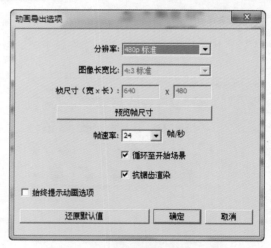

图 11-65 【动画导出选项】对话框

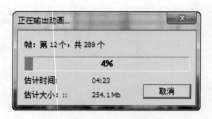

图 11-66 【正在输出动画】对话框

Step08 导出的动画页面效果，如图 11-67~ 图 11-70 所示。

图 11-67　导出的动画效果 1

图 11-68　导出的动画效果 2

图 11-69　导出的动画效果 3

图 11-70　导出的动画效果 4

11.7　本章小结

　　我国城市目前正处于快速发展建设的过程中，城市中合理的绿化景观规划，合理设置公共绿地、生产绿地和风景林地等是广大学者研究的重要部分。由此可见，城市生态公园的合理规划设计是城市公共绿地的重要组成部分，同时也是城市化进程中的重中之重，如何为城市居民提供更舒适宜人的生存环境是生态城市发展的重要课题。